全国电子信息类和财经类优秀教材
新工科建设·应用型本科规划教材
广东省重点学科建设、应用型专业转型、广东省质量工程项目成果

计算机应用基础

（第5版）

苑俊英　张鉴新　钟晓婷　主编

郭中华　何伟宏　副主编

电子工业出版社
Publishing House of Electronics Industry
北京·BEIJING

内容简介

本书依据教育部非计算机专业计算机基础课程教学指导分委员会"白皮书"中对大学计算机基础课程的要求,结合《全国计算机等级考试大纲》编写而成。

本书内容充实,知识点丰富,主要包括:计算机基础知识、Windows 10 操作系统、办公软件 Office 2016(含 Word 2016、Excel 2016、PowerPoint 2016)、网络与搜索等。

本书为教师提供电子课件及习题解答,本书配套教材为《计算机应用基础实验教程(第 5 版)》(ISBN 978-7-121-36939-1),包括与本书配套的实验指导、习题及解答等。

本书可作为高等学校"大学计算机"及相关课程的教材,也可供计算机入门人员参考。

图书在版编目(CIP)数据

计算机应用基础 / 苑俊英,张鉴新,钟晓婷主编. —5 版. —北京:电子工业出版社,2019.8
ISBN 978-7-121-36940-7

Ⅰ. ① 计… Ⅱ. ① 苑… ② 张… ③ 钟… Ⅲ. ① 电子计算机-高等学校-教材 Ⅳ. ① TP3

中国版本图书馆 CIP 数据核字(2019)第 124535 号

责任编辑:章海涛
印　　刷:三河市鑫金马印装有限公司
装　　订:三河市鑫金马印装有限公司
出版发行:电子工业出版社
　　　　　北京市海淀区万寿路 173 信箱　　邮编　100036
开　　本:787×1092　1/16　　印张:19.25　　字数:493 千字
版　　次:2010 年 9 月第 1 版
　　　　　2019 年 8 月第 5 版
印　　次:2022 年 7 月第 9 次印刷
定　　价:52.00 元

前　言

计算机技术是当今世界发展最快和应用最广的技术。目前，计算机技术已经深入社会的每个领域，计算机在人们的工作、学习和生活中起着越来越重要的作用。因此，普及信息技术是现代社会发展和人们生活水平提高的迫切需要，而对于高等学校的计算机基础教育而言，"计算机应用基础"课程承担着重要的任务。

正是在这种背景下，我们编写了本书。本书以"大学计算机"课程的教学基本要求为前提，侧重于应用型本科院校的教学内容及学生实际的需求，重点培养该层次高校学生的实际应用能力。本书的每位作者都具有丰富的教学经验，把对教学经验的总结融入本书的编写过程中。

本书为广东省重点学科建设、应用型专业转型、广东省质量工程项目建设过程中教学成果的经验总结。

本书在 2016 年被中国电子教育学会评为"**全国电子信息类和财经类优秀教材**"。

本书内容充实，知识点丰富，对于初入大学的学生来说是一本不可不读的教材。本书以计算机基础知识为主要内容，突出对学生能力的培养，使读者能够掌握对计算机基础知识的理解，同时掌握最流行、最实用的计算机操作技能，进而帮助自己谋求一个合适的工作或职位。

本书共 6 章，主要内容包括：第 1 章介绍计算机的发展过程、计算机中的数据与编码、计算机系统的组成、多媒体技术、计算机病毒与防治等；第 2 章介绍 Windows 10 的基本操作、文件管理、磁盘管理、控制面板、附件、计算机的故障与维护等内容；第 3 章介绍文字处理软件 Word 2016；第 4 章介绍表格处理软件 Excel 2016；第 5 章介绍演示文稿软件 PowerPoint 2016；第 6 章介绍网络基础和搜索引擎。每章后面都有小结对知识点进行总结。

本书注重理论联系实际，教师在授课过程中应采用先进的教学手段，将理论教学与实验相结合。为了提高读者的实际应用能力，本书配套有实验教材——《计算机应用基础实验教程（第 5 版）》（ISBN 978-7-121-36939-1），主要包括与本书配套的实验、习题及解答。

本书由苑俊英、张鉴新、钟晓婷等编写，主要编写人员和分工如下：第 1 章由苑俊英编写，第 2 章、第 6 章由郭中华编写，第 3 章由张鉴新编写，第 4 章由钟晓婷编写，第 5 章由何伟宏编写。全书由苑俊英、张鉴新负责统稿和定稿。

在本书编写过程中，中山大学数据科学与计算机学院的杨智教授提出了许多宝贵的建议和意见，在此表示衷心感谢。

限于作者水平有限，书中难免有不妥之处，敬请指正。

为了让学生了解全国计算机等级考试的内容及形式，我们对计算机等级考试一级至四级的考试大纲进行了总结，有需要者，请登录 http://www.hxedu.com.cn 下载。同时，该网站提供本书配套的电子课件。

作　者

目　　录

第 1 章　计算机基础知识

冯·诺依曼　美籍匈牙利科学家，最早提出程序存储的思想，并成功将其运用在计算机的设计中。根据该原理制造的计算机被称为冯·诺依曼结构计算机，世界上第一台冯·诺依曼计算机是 1949 年研制的 EDVAC。由于冯·诺依曼对现代计算机技术的突出贡献，因此他又被称为"计算机之父"。

计算机无疑是人类社会 20 世纪最伟大的发明之一，几十年的时间里，它一直以令人难以置信的速度发展着。计算机的出现彻底改变了人类社会的文化生活，并对人类的整个历史发展都有着不可估量的影响，电子计算机的出现标志着人类文明的发展进入了一个崭新的阶段。随着计算机技术和应用的发展，电子计算机已经成为人们进行信息处理的一种必不可少的工具。

本章主要介绍计算机的基本知识，使读者通过本章的学习，对计算机有概况性的了解，为以后的学习奠定基础。

1.1　计算机概述

1.1.1　计算机的起源与发展

基础理论的研究与先进思想的出现推动了计算机的发展。1854 年，英国数学家布尔（George Boole，1824—1898）提出了符号逻辑的思想，数十年后形成了计算科学软件的理论基础。1936 年，英国数学家图灵（Alan Turing，1912—1954）提出了著名的"图灵机"模型，探讨了现代计算机的基本概念，从理论上证明了研制通用数字计算机的可行性。1945 年，匈牙利出生的美籍数学家冯·诺依曼（John von Neumann，1903—1958）提出了在数字计算机内部的存储器中存放程序的概念。这是所有现代计算机的范式，被称为"冯·诺依曼结构"。按这种结构制造的计算机称为存储程序计算机，又称为通用计算机。几十年过去了，虽然现在的计算机系统从性能指标、运算速度、工作方式、应用领域和价格等方面与当时的计算机有很大差别，但基本结构没有变，都属于冯·诺依曼计算机。冯·诺依曼因此被人们誉为"计算机之父"。

图 1-1　ENIAC

1946 年，由宾夕法尼亚大学的工程师们开发出了世界上第一台多用途的计算机 ENIAC（Electronic Numerical Integrator And Calculator），这是一台真正现代意义上的计算机，如图 1-1 所示。ENIAC 共使用了 18000 个电子管，1500 个电子继电器，70000 个电阻器，18000 个电容器，占地面积 170 m^2，重达 30 t，耗电 140 kW，堪称"巨型机"。ENIAC 能在 1 s 内完成 5000 次加法运算，ENIAC 产生后立即用于军事计算。它虽然庞大笨重，不可与后来的各式计算机同日而语，但是标志着计算机的诞生。

计算机从诞生之日起，就以惊人的速度发展着，一般将电子计算机的发展分成四个阶段，见表 1.1。

表 1.1　各发展阶段计算机

代　别	起止年份	代表产品	硬　件			处理方式	应用领域
			逻辑单元	主存储器	其　他		
第一代	1946—1957	ENIAC EDVAC IBM-705	电子管	磁鼓 磁芯	输入、输出主 要采用穿孔卡片	机器语言 汇编语言	科学计算
第二代	1958—1964	IBM-7090 ATLAS	晶体管	磁芯	外存开始采用 磁带、磁盘	作业连续处 理，编译语言	科学计算、数据处 理、事务管理
第三代	1965—1970	IBM-360 PDP-11 NOVA1200	集成电路	磁鼓 磁芯 半导体	外存普遍采用 磁带、磁盘	多道程序实 时处理	实现标准化系 列，应用于各领域
第四代	1971 年至今	IBM-370 VAX-11 CRAY Ⅱ	超大规模 集成电路	半导体	普遍使用各种 专业外设，大容 量磁盘	网络结构，实 时、分时处理	广泛用于各领域

1.1.2　个人计算机的发展

在计算机的发展史中，个人计算机（Personal Computer，PC）的出现及普及是计算机发展中最重大的事件。个人计算机又称为微型计算机（Microcomputer），是以微处理器芯片为核心构成的计算机。

随着集成电路的出现，在单个芯片上集成大量的电子元件已经成为现实。Intel 公司于 1971 年顺利开发出全球第一块 4 位微处理器 Intel 4004 芯片，于是产生了世界上第一台 4 位微型电子计算机 MCS-4。这台计算机揭开了世界微型计算机发展的序幕。

1972 年，Intel 公司成功研制了 8 位微处理器 Intel 8008，即第一代微处理器，由它装备起来的微型计算机称为第一代微型机。Intel 公司在 1974 年推出了新一代 8 位微处理器 Intel 8080，集成了 6000 个晶体管，并一举突破 1 MHz 的工作频率大关，达到 2 MHz。8080 是一个划时代的产品，它的诞生使得 Intel 有了自己真正意义上的个人计算机微处理器。1975 年 1 月，由 MITS 公司研制的以 8080 为 CPU 的全球第一台计算机 Altair 问世。另外，8080 芯片和 Altair 计算机的出现也催生了 Apple 计算机。1976 年，乔布斯和沃兹制作出 Apple Ⅰ；1977 年 4 月，Apple Ⅱ 上市。Apple 计算机的出现宣布了个人计算机时代的到来。

1978 年，Intel 公司首先成功开发了 16 位微处理器 Intel 8086，由于采用了 H-MOS（High performance MOS）新工艺，因此比 8085 的性能提高了将近 10 倍。1981 年，IBM 的工程师们在佛罗里达的 Boca Raton，采用 8086 与 8088 微处理器芯片设计出了自己的个人计算机——IBM-PC，并且建立了个人计算机的标准。由于 IBM 的品牌效应，个人计算机迅速获得了成功，它的影响一直持续到了今天。

1982 年 2 月 1 日，Intel 80286 芯片正式发布。此后，以"微处理器"称谓的个人计算机沿着 Intel 所划定的 80286、80386、80486 一路走来。1993 年，Intel 公司推出 32 位微处理器芯片 Pentium，中文名称为"奔腾"，其外部数据总线为 64 位，工作频率为 66～200 MHz。随后，微处理器市场经历了高能奔腾（Pentium Pro）、多能奔腾（Pentium MMX）、Pentium Ⅱ、Pentium Ⅲ、Pentium 4 几代产品。现在流行的 64 位双核微处理器的工作频率达到了 2.4 GHz 以上。

1993 年后是奔腾（Pentium）系列微处理器时代，通常称为第 5 代。典型产品是 Intel 公司的奔腾系列芯片及与之兼容的 AMD 的 K6 系列微处理器芯片。随着 MMX（Multi Media eXtended）微处理器的出现，使微机的发展在网络化、多媒体化和智能化等方面跨上了更高的台阶。

2005 年至今是酷睿（Core）系列微处理器时代，通常称为第 6 代。"酷睿"是一款领先节能的新型微架构，早期的酷睿是基于笔记本处理器的。2010 年 6 月，Intel 再次发布革命性处理器——第二代 Core i3/i5/i7，2011 年初发布新一代处理器微架构 SNB（sandy bridge），2012年正式发布 ivy bridge（IVB）处理器。

1.1.3　我国计算机的发展

我国从 1957 年开始研制通用数字电子计算机，1958 年和 1959 年分别研制出 103 小型数字计算机和 104 大型通用数字计算机，这两台机器标志着我国最早的电子数字计算机的诞生。

1983 年 12 月，我国第一个巨型机系统——"银河"超高速电子计算机系统在长沙研制成功，并通过了国家鉴定，其向量运算速度为每秒 1 亿次以上。1989 年，"银河Ⅱ"10 亿次巨型机研制成功，计算速度每秒 10 亿次以上，主频 50 MHz，其性能令世界瞩目。

从 20 世纪 90 年代初开始，国际上采用主流的微处理器芯片研制高性能并行计算机已成为一种发展趋势。国家智能计算机研究开发中心于 1993 年研制成功曙光Ⅰ号全对称共享存储多处理机。1995 年，国家智能计算机中心又推出了国内第一台具有大规模并行处理机结构的并行机曙光 1000（含 36 个处理机），峰值速度每秒 35 亿次浮点运算。

1997 年，"银河Ⅲ"百亿次巨型并行计算机系统研制成功，采用可扩展分布共享存储并行处理体系结构，由 130 多个处理节点组成，峰值性能为每秒 130 亿次浮点运算，系统综合技术达到当时的国际先进水平。

国家智能计算机中心与曙光公司于 1997 年至 1999 年，先后在市场上推出具有机群结构的曙光 1000A、曙光 2000-Ⅰ、曙光 2000-Ⅱ超级服务器，峰值计算速度已突破每秒 1000 亿次浮点运算，机器规模已超过 160 个处理机；2000 年，推出每秒 3000 亿次浮点运算速度的曙光 3000 超级服务器；2004 年上半年，推出每秒 1 万亿次浮点运算速度的曙光 4000 超级服务器。

2009 年 6 月 15 日，国内首台百万亿次超级计算机"魔方"在上海正式启动；同年 10 月，中国第一台千万亿次超级计算机"天河一号"在湖南长沙亮相；2010 年 8 月，第三代处理器神威蓝光千万亿次超级计算机成功运行。

综观 50 多年来我国高性能通用计算机的研制历程，从 103 机到曙光机，走过了一段不平凡的历程。总之，国内的代表性计算机为 103、109 乙、150、银河、曙光 1000、曙光 2000 等。

1.1.4　计算机的主要特点

① 运算速度快。计算机的运算速度是指在单位时间内执行的平均指令数。目前，计算机的运算速度已达数万亿次/秒，极大地提高了工作效率。

② 运算精度高。当前计算机字长为 32 位或 64 位，计算结果的有效数字可精确到几十位甚至上百位数字。

③ 存储功能强。计算机具有存储"信息"的存储装置，可以存储大量的数据，需要时又可准确无误地取出来。计算机这种存储信息的"记忆"能力，使它能成为信息处理的有力工具。

④ 具有记忆和逻辑判断能力。计算机不仅能进行计算，还可以把原始数据、中间结果、指令等信息存储起来，随时调用，并能进行逻辑判断，从而完成许多复杂问题的分析。

⑤ 具有自动运行能力。计算机能够按照存储在其中的程序自动工作，不需要用户直接干预运算、处理和控制。这是计算机与其他计算工具的本质区别。

1.1.5 计算机的应用领域

计算机的应用已经渗透到社会的各行各业，正在改变着传统的工作、学习和生活方式，推动着社会的发展。归纳起来，计算机主要应用于以下几方面。

① 科学计算。科学计算也称为数值计算，通常是指完成科学研究和工程技术中提出的数学问题的计算。随着科学技术的发展，各领域中的计算模型日趋复杂，人工计算已无法解决这些复杂的计算问题，需要依靠计算机进行复杂的运算。科学计算的特点是计算工作量大、数值变化范围大。

② 数据处理。数据处理也称为非数值计算，是指对大量的数据进行加工处理，如统计分析、合并、分类等。与科学计算不同，数据处理涉及的数据量大，但计算方法简单。数据处理包括数据的采集、记载、分类、排序、存储、计算、加工、传输和统计分析等方面的工作，结果一般以表格或文件的形式存储或输出，常常泛指非科学计算方面、以管理为主的所有应用。例如，企业管理、财务会计、统计分析、仓库管理、商品销售管理、资料管理和图书检索等。

③ 过程控制。过程控制又称为实时控制，是指用计算机及时采集检测数据，按照最佳值迅速对控制对象进行自动控制或自动调节。利用计算机进行过程控制，不仅可以大大提高控制的自动化水平，还可以提高控制的及时性和准确性，从而改善劳动条件、提高质量、节约能源、降低成本。计算机过程控制已在军事、冶金、化工、机械、航天等领域得到广泛的应用。

④ CAD/CAM。计算机辅助设计（Computer Aided Design，CAD）就是用计算机帮助设计人员进行设计，如飞机船舶设计、建筑设计、机械设计、大规模集成电路设计等。计算机辅助制造（Computer Aided Manufacturing，CAM）就是用计算机进行生产设备的管理、控制和操作的过程。

除了 CAD、CAM，计算机辅助系统还有计算机辅助教学（Computer Aided Instruction，CAI）、计算机辅助教育（Computer Based Education，CBE）、计算机辅助工程（Computer Aided Engineering，CAE）、计算机辅助工艺规划（Computer Aided Process Planning，CAPP）、计算机集成制造系统（Computer Integrated Manufacture System，CIMS）等。

⑤ 多媒体技术。多媒体（Multimedia）是一种以交互方式将文本、图形、图像、音频、视频等多种媒体信息，经过计算机设备的获取、操作、编辑、存储等综合处理后，将这些媒体信息以单独或合成的形态表现出来的技术和方法。多媒体技术以计算机技术为核心，将现代声像技术和通信技术融合为一体，追求更自然、更丰富的界面，因而其应用领域十分广泛。

⑥ 网络技术。20 世纪 80 年代发展起来的因特网（Internet）正在促进全球信息产业化的发展，对全球的经济、科学、教育、政治、军事等领域起着巨大的作用，可以实现各部门、地区、国家之间的信息资源共享和交换。

⑦ 虚拟现实。虚拟现实是利用计算机生成一种模拟环境，通过多种传感设备，使用户"投入"该环境，实现用户与环境直接进行交互的目的。这种模拟环境是用计算机构成的具有表面色彩的立体图形，可以是某一特定现实世界的真实写照，也可以是构想出来的虚拟世界。

⑧ 电子商务。电子商务（E-Business）是指利用计算机和网络进行的商务活动，具体地说，是指综合利用 LAN（局域网）、Intranet（企业内部网）和 Internet 进行商品与服务交易、金融汇兑、网络广告或提供娱乐节目等商业活动。交易的双方可以是企业与企业（B-to-B），也可以是企业与消费者（B-to-C）。

⑨ 人工智能。人工智能（Artificial Intelligence，AI）是指用计算机来模拟人类的智能。虽

然计算机的能力在许多方面（如计算速度）远远超过了人类，但是真正要达到人类的智能还是非常遥远的事情。不过，目前一些智能系统已经能够代替人的部分脑力劳动，获得了实际的应用，尤其是在机器人、专家系统、模式识别等方面。

随着网络技术的不断发展，计算机的应用会进一步深入到社会的各行各业，通过高速信息网实现数据与信息的查询、高速通信服务（如电视会议、电子邮件）、电子教育、电子娱乐、电子购物、远程医疗、交通信息查询与管理等。计算机的应用将推动信息社会更快地向前发展。

1.1.6　计算机的分类

从不同的角度，计算机的分类如下。

- ❖ 按工作原理分类：计算机可以分为数字计算机和模拟计算机。
- ❖ 按用途分类：计算机可以分为专用计算机和通用计算机。
- ❖ 按功能分类：计算机分为巨型机、小巨型机、大型机、小型机、工作站和微型机。
- ❖ 按使用方式分类：计算机分为掌上电脑、笔记本电脑、台式计算机、网络计算机、工作站、服务器、主机等。

还有一些其他分类方法，这里不再详述。本书所讨论的计算机都是电子数字计算机，而实际操作主要针对个人计算机系列的微型计算机。

1.1.7　计算机的发展趋势

随着新技术、新发明的不断涌现和科学技术水平的提高，计算机技术也将会继续高速发展下去。从目前计算机科学的现状和趋势看，它将向以下 4 个方向发展。

① 巨型化。为了适应尖端科学技术的需要，将发展出一批高速度、大容量的巨型计算机。巨型机的发展集中体现了国家计算机科学的发展水平，推动了计算机系统结构、硬件和软件理论与技术、计算数学及计算机应用等方面的发展，是一个国家综合国力的反映。

② 微型化。随着信息化社会的发展，微型计算机已经成为人们生活中不可缺少的工具，所以计算机将会继续向着微型化的趋势发展。从笔记本电脑到掌上电脑，再到嵌入到各种家电中的计算机控制芯片，进入到人体内部甚至能嵌入到人脑中的微计算机不久也会成为现实。

③ 网络化。随着网络带宽的增大，计算机和计算机网络一起成为人们生活的一个不可或缺的部分。通过网络，用户可以下载自己喜欢的电影，控制远在万里之外的家电设备，完成一切想要做的事情。

④ 智能化。智能化计算机的研究领域包括自然语言的生成与理解、模式识别、自动定理证明、专家系统、机器人等。智能化计算机的发展将使计算机科学和计算机应用达到一个崭新的水平。

1.2　计算机中的数据与编码

1.2.1　数字化信息编码的概念

使用电子计算机进行信息处理，首先必须使计算机能够识别信息。信息的表示有两种形态：一是人类可识别、理解的信息形态；二是电子计算机能够识别和理解的信息形态。电子计算机只能识别机器代码，即用 0 和 1 表示的二进制数据。用计算机进行信息处理时，必须将信息进行数字化编码后，才能方便地进行存储、传输和处理等操作。

所谓编码，是采用有限的基本符号，通过某些确定的原则，对这些基本符号加以组合，用来描述大量的、复杂多变的信息。信息编码的两大要素是基本符号的种类及符号组合的规则。日常生活中常遇到类似编码的实例，如用 10 个阿拉伯数码表示数字，用 26 个英文字母表示词汇等。

冯·诺依曼计算机采用二进制编码形式，即用 0 和 1 两个基本符号的组合表示各种类型的信息。虽然计算机的内部采用二进制编码，但是计算机与外部的信息交流还是采用大家熟悉和习惯的形式。

1.2.2 数制

数制（Numbering System），即表示数值的方法，有非进位数制和进位数制两种。表示数值的数码与它在数中的位置无关的数制称为非进位数制，如罗马数字就是典型的非进位数制。按进位的原则进行计数的数制称为进位数制，简称"进制"。对于任何进位计数制，它有以下基本特点。

（1）数制的基数确定了所采用的进位计数制

表示一个数时所用的数字符号的个数称为基数（Radix），如十进制数的基数为 10、二进制数的基数为 2。N 进位数制有 N 个数字符号。如十进制数有 10 个数字符号，分别是 0～9；二进制有 2 个符号，分别是 0 和 1；八进制有 8 个符号，分别是 0～7；十六进制有 16 个符号，分别为 0～9、A～F。

（2）逢 N 进 1

十进制采用逢 10 进 1，二进制采用逢 2 进 1，八进制采用逢 8 进 1，十六进制采用逢 16 进 1，如表 1.2 所示。

表 1.2 0～15 之间整数的 4 种常用进制表示

十进制数	二进制数	八进制数	十六进制数	十进制数	二进制数	八进制数	十六进制数
0	0	0	0	8	1000	10	8
1	1	1	1	9	1001	11	9
2	10	2	2	10	1010	12	A
3	11	3	3	11	1011	13	B
4	100	4	4	12	1100	14	C
5	101	5	5	13	1101	15	D
6	110	6	6	14	1110	16	E
7	111	7	7	15	1111	17	F

（3）采用位权表示法

处在不同位置上的相同数字所代表的值不同，一个数字在某个固定位置上所代表的值是确定的，这个固定的位置称为位权或权（Weight）。各种进位制中位权的值恰好是基数的整数次幂。小数点左边的第一位的位权为基数的 0 次幂，第二位的位权为基数的 1 次幂，以此类推；小数点右边第一位的位权为基数的-1 次幂，第二位位权为基数的-2 次幂，以此类推。根据这个特点，任何一种进位计数制表示的数都可以写成按位权展开的多项式之和。

位权和基数是进位计数制中的两个要素。在计算机中常用的进位计数制是二进制、八进制和十六进制。表 1.3 给出了不同进制中的数按位权展开式的例子。

表 1.3　不同进制中的数按位权展开

进　制	原 始 数	按位权展开	对应的十进制数
十进制	923.56	$9\times10^2+2\times10^1+3\times10^0+5\times10^{-1}+6\times10^{-2}$	923.56
二进制	1101.1	$1\times2^3+1\times2^2+0\times2^1+1\times2^0+1\times2^{-1}$	13.5
八进制	472.4	$4\times8^2+7\times8^1+2\times8^0+4\times8^{-1}$	314.5
十六进制	3B2.4	$3\times16^2+11\times16^1+2\times16^0+4\times16^{-1}$	946.25

1.2.3　不同进制之间的转换

（1）r 进制数转换成十进制数

将 r 进制数转换为十进制数，其转换公式为：

$$N=\pm\sum_{i=-m}^{n-1}K_i\times r^i$$

该公式提供了将 r 进制数转换为十进制数的方法。例如，将二进制数转换为相应的十进制数，只要将二进制数中出现 1 的位权相加即可。

$(1101)_2$ 可表示为：$(1101)_2=1\times2^3+1\times2^2+0\times2^1+1\times2^0=(13)_{10}$

【例 1-1】 $(10011.101)_2$ 可表示为：

$$(10011.101)_2=1\times2^4+0\times2^3+0\times2^2+1\times2^1+1\times2^0+1\times2^{-1}+0\times2^{-2}+1\times2^{-3}$$
$$=(19.625)_{10}$$

【例 1-2】 $(125.3)_8$ 可表示为：

$$(125.3)_8=1\times8^2+2\times8^1+5\times8^0+3\times8^{-1}=(85.375)_{10}$$

【例 1-3】 $(1CF.A)_{16}$ 可表示为：

$$(1CF.A)_{16}=1\times16^2+12\times16^1+15\times16^0+10\times16^{-1}=(463.625)_{10}$$

（2）十进制数转换成 r 进制数

将十进制数转换成 r 进制数时，可将此数分成整数与小数两部分分别转换，然后再拼接起来。下面分别加以介绍。

整数部分的转换：把十进制整数转换成 r 进制整数采用除 r 取余法，即将十进制整数不断除以 r 取余数，直到商为 0，将余数从右到左排列，首次取得的余数放在最右一位。

【例 1-4】 将十进制数 57 转换为二进制数。

所以，$(57)_{10}=(111001)_2$。

小数部分的转换。小数部分转换成 r 进制小数采用乘 r 取整法，即将十进制小数不断乘以 r 取整数，直到小数部分为 0 或达到所求的精度为止（小数部分可能永不为 0）。所得的整数从小数点自左往右排列，取有效精度，首次取得的整数放在最左边。

【例 1-5】 将十进制数 0.3125 转换成二进制数。

		整数	高位
$0.3125 \times 2 = 0.625$		0	
$0.625 \times 2 = 1.25$		1	
$0.25 \times 2 = 0.5$		0	
$0.5 \times 2 = 1.0$		1	低位

所以，$(0.3125)_{10} = (0.0101)_2$。

注意：十进制小数常常不能准确地换算为等值的二进制小数（或其他进制数），有换算误差存在。

若将十进制数 57.3125 转换成二进制数，可分别进行整数部分和小数部分的转换，再加在一起，结果为 $(57.3125)_{10} = (111001.0101)_2$。

（3）二进制数、八进制数、十六进制数间的转换

由例 1-5 看到，十进制数转换成二进制数转换过程的书写比较长，为了转换方便，人们常把十进制数转换八进制数或十六进制数，再转换成二进制数。由于二进制数、八进制数和十六进制数之间存在特殊关系：$8^1 = 2^3$，$16^1 = 2^4$，即 1 位八进制数相当于 3 位二进制数，1 位十六进制数相当于 4 位二进制数，因此转换方法比较容易，如表 1.4 所示。

表 1.4　二进制数、八进制数和十六进制数之间的关系

二进制数	八进制数	二进制数	十六进制数	二进制数	十六进制数
000	0	0000	0	1000	8
001	1	0001	1	1001	9
010	2	0010	2	1010	A
011	3	0011	3	1011	B
100	4	0100	4	1100	C
101	5	0101	5	1101	D
110	6	0110	6	1110	E
111	7	0111	7	1111	F

根据这种对应关系，二进制数转换成八进制数时，以小数点为中心向左右两边分组，每 3 位为一组，两头不足 3 位补 0 即可，然后根据表 1.4 即可完成转换。

同样，二进制数转换成十六进制数时，只要将二进制数以 4 位为一组即可。

将八（十六）进制数转换为二进制数只要 1 位化 3（4）位即可。

【例 1-6】 将二进制数 1101101110.110101 转换成八进制数和十六进制数。

$$(\underline{001} \quad \underline{101} \quad \underline{101} \quad \underline{110} . \underline{110} \quad \underline{101})_2 = (1556.65)_8$$
$$\quad 1 \qquad 5 \qquad 5 \qquad 6 \quad . \quad 6 \qquad 5$$
$$(\underline{0011} \quad \underline{0110} \quad \underline{1110} . \underline{1101} \quad \underline{0100})_2 = (36E.D4)_{16}$$
$$\quad 3 \qquad 6 \qquad E \quad . \quad D \qquad 4$$

【例 1-7】 将八（十六）进制数转换为二进制数。

$$(2C1D.A1)_{16} = (\underline{0010} \quad \underline{1100} \quad \underline{0001} \quad \underline{1101} . \underline{1010} \quad \underline{0001})_2$$
$$\qquad\qquad 2 \qquad C \qquad 1 \qquad D \quad . \quad A \qquad 1$$
$$(7123.14)_8 = (\underline{111} \quad \underline{001} \quad \underline{010} \quad \underline{011} . \underline{001} \quad \underline{100})_2$$
$$\qquad\qquad 7 \qquad 1 \qquad 2 \qquad 3 \quad . \quad 1 \qquad 4$$

1.2.4　数据存储单位

在计算机中，数据存储的最小单位为位（bit，b），1 位为 1 个二进制位（也称为比特）。

1 位太小，无法用来表示数据的信息含义，所以又引入了"字节"（Byte，B）作为数据存储的基本单位。在计算机中规定，1 字节为 8 个二进制位。除字节外，还有千字节（KB）、兆字节（MB）、吉字节（GB）、太字节（TB）、拍字节（PB）、爱字节（EB）等单位。它们的换算关系是：

$$1 \text{ KB} = 1024 \text{ B} = 2^{10} \text{ B}$$
$$1 \text{ MB} = 1024 \text{ KB} = 1024 \times 1024 \text{ B} = 2^{20} \text{ B}$$
$$1 \text{ GB} = 1024 \text{ MB} = 1024 \times 1024 \text{ KB} = 1024 \times 1024 \times 1024 \text{ B} = 2^{30} \text{ B}$$
$$1 \text{ TB} = 1024 \text{ GB} = 2^{40} \text{ B}$$

在谈到计算机的存储容量或某些信息量的大小时，常常使用上述的数据存储单位，如目前个人计算机的内存容量一般达到 4 GB，硬盘容量可达 2 TB。

1.2.5　英文字符编码

计算机除进行数值计算外，还能进行各种数据的处理。其中字符处理占有相当大的比重。由于计算机是以二进制数的形式存储和处理的，因此字符也必须按特定的规则进行二进制编码才能进入计算机。字符编码的方法很简单：首先，确定需要编码的字符总数，然后，将每个字符按照顺序确定顺序编号，编号值的大小无意义，仅作为识别与使用这些字符的依据。字符形式的多少涉及编码的位数。这如同必须有一个学号来唯一地表示某个学生，学校的招生规模决定了学号的位数一样。对西文与中文字符，由于形式的不同，使用不同的编码。

在计算机中，最常用的英文字符编码为 ASCII（American Standard Code for Information Interchange，美国信息交换标准码），如表 1.5 所示，它原为美国的国家标准，1976 年确定为国际标准。

表 1.5　7 位 ASCII 代码表

$d_3d_2d_1d_0$	$d_6d_5d_4$							
	000	**001**	**010**	**011**	**100**	**101**	**110**	**111**
0000	NUL	DLE	SP	0	@	P	`	p
0001	SOH	DC1	!	1	A	Q	a	q
0010	STX	DC2	"	2	B	R	b	r
0011	ETX	DC3	#	3	C	S	c	s
0100	EOT	DC4	$	4	D	T	d	t
0101	ENQ	NAK	%	5	E	U	e	u
0110	ACK	SYN	&	6	F	V	f	v
0111	BEL	ETB	‘	7	G	W	g	w
1000	BS	CAN	(	8	H	X	h	x
1001	HT	EM	)	9	I	Y	i	y
1010	LF	SUB	*	:	J	Z	j	z
1011	VT	ESC	+	;	K	[	k	{
1100	FF	PS	,	>	L	\	l		
1101	CR	GS	-	=	M	]	m	}
1110	SO	RS	.	<	N	^	n	~
1111	SI	US	/	?	O	_	o	DEL

ASCII 用 7 个二进制位表示 1 个字符，排列次序为 $d_6d_5d_4d_3d_2d_1d_0$，d_6 为高位，d_0 为低位。而一个字符在计算机内实际用 8 位表示。在正常情况下，最高位 d_7 为"0"，在需要奇偶校验

时，这一位可用于存储奇偶校验的值，此时称这一位为校验位。

ASCII 是 128 个字符组成的字符集，其中 94 个为可打印或可显示的字符，其他为不可打印或不可显示的字符。在 ASCII 应用中，也经常用十进制数或十六进制数表示。在这些字符中，"0" ～ "9" "A" ～ "Z" "a" ～ "z" 都是顺序排列的，且小写字母比大写字母的 ASCII 值大 32，即位值 d_5 为 0 或 1，这有利于大、小写字母之间的编码转换。

有些特殊的字符编码需要记住，例如：

❖ "a" 字母字符的编码为 1100001，对应的十进制数为 97，十六进制数为 61H。

❖ "A" 字母字符的编码为 1000001，对应的十进制数为 65，十六进制数为 41H。

❖ "0" 数字字符的编码为 0110000，对应的十进制数为 48，十六进制数为 30H。

❖ " " 空格字符的编码为 0100000，对应的十进制数为 32，十六进制数为 20H。

❖ "LF（换行）" 控制符的编码为 0001010，对应的十进制数为 10，十六进制数为 0AH。

❖ "CR（回车）" 控制符的编码为 0001101，对应的十进制数为 13，十六进制数为 0DH。

1.2.6 汉字编码

用计算机处理汉字时必须先将汉字代码化，即对汉字进行编码。汉字是象形文字，种类繁多，编码比较困难，而且在一个汉字处理系统中，输入、内部存储和处理、输出等部分对汉字代码的要求不尽相同，使用的代码也不尽相同。因此，在处理汉字时需要进行一系列的汉字代码转换。计算机对汉字的输入、保存和输出过程如下：在输入汉字时，操作者在键盘上输入输入码，通过输入码找到汉字的国际区位码，再计算出汉字的机内码后保存内码。而当显示或打印汉字时，则先从指定地址取出汉字的内码，根据内码从字模库中取出汉字的字形码，再通过一定的软件转换，将字形输出到屏幕或打印机上，如图 1-2 所示。

图 1-2　汉字信息处理系统模型

1. 输入码

为了能直接使用英文键盘进行汉字输入，必须为汉字设计相应的编码。汉字编码主要分为三类：数字编码、拼音编码和字形编码。

① 数字编码：用一串数字表示一个汉字，如区位码。区位码将国家标准局公布的 6763 个两级汉字分成 94 个区，每个区有 94 位，实际上是把汉字表示成二维数组，区码和位码各两位十进制数字。因此，输入一个汉字需要按键 4 次。数字码缺乏规律，难于记忆，通常很少用。

② 拼音编码：以汉语拼音为基础的输入方法，如全拼、讯飞输入法等。拼音法的优点是学习速度快，学过拼音就可以掌握，但重码率高，打字速度慢。

③ 字形编码：按汉字的形状进行编码，如五笔字型、郑码等。字形编码的优点是平均触键次数少，重码率低，缺点是需要背字根，不易掌握。

2. 国际区位码

为了解决汉字的编码问题，1980 年我国公布了 GB2312—1980 国家标准。此标准中含有 6763 个简化汉字，其中一级汉字 3755 个，属常用字，按汉语拼音顺序排列；二级汉字 3008 个，属非常用字，按部首排列。在该标准的汉字编码表中，汉字和符号按区位排列，分成 94 个区，每个区有 94 位。一个汉字的编码由它所在的区号和位号组成，称为区位码。

3. 机内码

机内码是字符在设备或信息处理内部最基本的表达形式，也是在设备和信息处理系统内部存储、处理、传输字符用的代码。在西文计算机中，没有交换码和机内码之分。目前，世界各大计算机公司一般均以 ASCII 为机内码来设计计算机系统。由于汉字数量多，用 1 字节无法区分，一般用 2 字节来存放汉字的内码。2 字节共 16 位，可以表示 2^{16}（65536）个可区别的码；如果 2 字节各用 7 位，则可表示 2^{14}（16384）个可区别的码。一般来说，这已经够用了。现在我国的汉字信息系统一般采用这种与 ASCII 相容的 8 位编码方案，用两个 8 位码字符构成一个汉字内部码。另外，汉字字符必须与英文字符能相互区别开，以免造成混淆。英文字符的机内码是 7 位 ASCII 编码，最高位为"0"，汉字机内码中 2 字节的最高位均为"1"。

为了统一地表示世界各国的文字，1993 年，国际标准化组织公布了"通用多八位编码字符集"的国际标准 ISO/IEC 10646，简称 UCS（Universal Code Set）。UCS 包含了中、日、韩等国的文字，这一标准为包括汉字在内的各种正在使用的文字规定了统一的编码方案。我国相应的国家标准为《GB13000.1—1993 信息技术 通用多八位编码字符集（UCS）第 1 部分：体系结构与基本多文种平面》。

4. 字形码

汉字字形码又称为汉字字模，用于在显示屏或打印机输出汉字。汉字字形码通常有两种表示方式：点阵和矢量。

用点阵表示字形时，汉字字形码指的就是这个汉字字形点阵的代码。根据输出汉字的要求不同，点阵的多少也不同。简易型汉字为 16×16 点阵，提高型汉字为 24×24 点阵、32×32 点阵、48×48 点阵等。点阵规模越大，字形越清晰美观，所占存储空间也越大。

矢量表示方式存储的是描述汉字字形的轮廓特征，当要输出汉字时，通过计算机的计算，由汉字字形描述生成所需大小和形状的汉字点阵。矢量化字形描述与最终文字显示的大小、分辨率无关，因此可产生高质量的汉字输出。

点阵方式的编码、存储方式简单，不需转换直接输出，但字形放大后产生的效果差，而且同一种字体不同的点阵需要不同的字库。矢量方式正好与前者相反。

1.3　计算机系统的组成

计算机系统由硬件（Hardware）系统和软件（Software）系统两部分组成，如图 1-3 所示。硬件系统是组成计算机系统的各种物理设备的总称，是计算机系统的物质基础。按照冯·诺依曼体系结构，计算机硬件包括输入设备、运算器、控制器、存储器、输出设备五部分。只有硬件系统的计算机称为裸机，裸机只能识别由 0、1 组成的机器代码，对于一般用户来说几乎是没有用的。软件系统是为运行、管理和维护计算机而编制的各种程序、数据和文档的总称。实际上，用户所面对的是经过若干层软件"包装"的计算机。计算机的功能不仅仅取决于硬件系统，在更大程度上是由所安装的软件系统决定的。

1. 计算机系统的基本硬件组成

总体来说，计算机硬件包括运算器、控制器、存储器、输入设备和输出设备五大功能部件，计算机五大功能部件组成及工作原理如图 1-4 所示。

图 1-3　计算机系统的组成

图 1-4　计算机基本硬件组成及工作原理

（1）运算器

运算器又叫算术逻辑单元（Arithmetic Logic Unit，ALU），是计算机对数据进行加工处理的部件，包括算术运算（加、减、乘、除等）部件和逻辑运算（与、或、非、异或、比较等）部件。

（2）控制器

控制器负责从存储器中取出指令，并对指令进行译码；根据指令的要求，按时间的先后顺序，负责向其他各部件发出控制信号，保证各部件协调一致地工作，一步一步地完成各种操作。控制器主要由指令寄存器、译码器、程序计数器、操作控制器等组成。

运算器和控制器组成硬件系统的核心部件——中央处理器（Central Processing Unit，CPU），CPU 采用大规模集成电路工艺制成，又称为微处理器。

（3）存储器

存储器是用来存放程序和数据的部件，分为内存储器、外存储器、高速缓冲存储器。

内存储器简称内存，也叫主存储器，分为只读存储器（Read Only Memory，ROM）和随机存储器（Random Access Memory，RAM）。内存空间的大小（一般指 RAM 部分）也叫内存的容量，对计算机的性能影响很大。内存容量越大，能保存的数据就越多，从而减少了与外存储器交换数据的频度，因此效率越高。目前，个人计算机内存一般达到 4 GB，甚至更多。

外存储器简称外存，也叫辅存，用来长期存放程序和数据。通常，外存不与计算机的其他部件直接交换数据，只与内存交换数据，而且不是按单个数据进行存取，而是成批地进行数据交换。常用的外存有磁盘、磁带、光盘、移动硬盘等。目前，硬盘的存储容量可达 2 TB。

高速缓冲存储器（Cache）也叫高速缓存，是 CPU 与内存之间设立的一种高速缓冲器。由于与高速运行的 CPU 数据处理速度相比，内存的数据存取速度太慢，为此在内存与 CPU 之间设置了高速缓存，其中可以保存下一步将要处理的指令和数据，以及在 CPU 运行的过程中重复访问的数据和指令，从而减少了 CPU 直接到速度较慢的内存中访问的次数。

（4）输入设备

输入设备是计算机输入信息的设备，是重要的人机接口，负责将输入的信息（包括数据和指令）转换成计算机能识别的二进制代码，通过运算器再送入存储器保存。常用的输入设备包括键盘、鼠标、扫描仪、麦克风、触摸屏等。

（5）输出设备

输出设备是输出计算机处理结果的设备。在大多数情况下，输出设备将这些结果转换成便于人们识别的形式。常用的输出设备有显示器、打印机、绘图仪、音响等。

2．系统软件

系统软件是维持计算机系统的正常运行，支持用户应用软件运行的基础软件，包括操作系统、程序设计语言和数据库管理系统等。

（1）操作系统

为了使计算机系统的所有资源（包括中央处理器、存储器、各种外部设备及各种软件）协调一致，有条不紊地工作，就必须有一个软件来进行统一管理和统一调度，这种软件称为操作系统（Operating System，OS）。操作系统的功能就是管理计算机系统的全部硬件资源、软件资源及数据资源，使计算机系统的所有资源最大限度地发挥作用，为用户提供方便、有效、友善的服务界面。

操作系统的功能如下：CPU 管理、存储管理、设备管理、文件管理和进程管理。实际的操作系统是多种多样的，根据侧重面和设计思想不同，操作系统的结构和内容存在很大差别。微机上常见的操作系统有 DOS、Windows 系列、OS/2、UNIX、XENIX、Linux、NetWare 等。DOS 是单用户单任务操作系统，Windows 是单用户多任务操作系统。

（2）程序设计语言

程序设计语言是程序设计的最重要工具，是指计算机能够接受和处理的、具有一定格式的语言。从计算机诞生至今，计算机语言发展经历了三代。

① 机器语言：由 0、1 代码组成，能被机器直接理解、执行的指令集合。机器语言的编程质量高，所占空间小，执行速度快，是机器唯一能够执行的语言，但机器语言不易学习，代码不易修改，且不同类型计算机的机器语言不同，只适合专业人员使用。

② 汇编语言：用助记符来代替机器语言中的指令和数据。汇编语言在一定程度上克服了机器语言难读难改的缺点，同时保持了编程质量高、占用存储空间小、执行速度快的优点。不同计算机一般有不同的汇编语言。汇编语言程序必须翻译成机器语言的目标程序后再执行。

③ 高级语言：一种完全符号化的语言，采用自然语言（英语）中的词汇和语法习惯，容易被人们理解和掌握；完全独立于具体的计算机，具有很强的可移植性。用高级语言编写的程序称为源程序，源程序必须被翻译或解释成目标程序后，才能为计算机所理解和执行。高级语言的种类繁多，如面向过程的 FORTRAN、Pascal、C、BASIC 等，面向对象的 C++、Java、Visual Basic、Visual C++、Python 等。

（3）数据库管理系统

数据库管理系统主要面向解决数据处理的非数值计算问题，用于档案管理、财务管理、图书资料管理及仓库管理等的数据处理。这类数据的特点是数据量比较大，数据处理的主要内容为数据的存储、查询、修改、排序、分类等。目前，常用的数据库管理系统有 Access、FoxPro、SQL Server、Oracle、Sybase、DB2 等。

3．应用软件

利用计算机的软件、硬件资源为某一专门的应用目的而开发的软件称为应用软件。应用软件可以分为三大类：通用应用软件、专用应用软件及定制应用软件。一些常见的应用软件有办公软件（如 Microsoft Office）、信息管理软件（如财务管理系统、仓库管理系统、人事档案管理系统）、浏览器（如 Microsoft Internet Explorer）、图形图像处理软件（如 CorelDraw、Photoshop）、工程设计软件（如 AutoCAD、MATLAB）等。

1.4　多媒体技术简介

多媒体技术是当今计算机软件发展的一个热点。多媒体技术使得计算机可以同时交互地接收、处理并输出文本（Text）、图形（Graphics）、图像（Image）、声音（Sound）、动画（Animation）、视频（Video）等信息。

1．多媒体的基本概念

① 媒体。媒体（Medium）在计算机领域中主要有两种含义：一是指用以存储信息的实体，如磁带、磁盘、光盘、半导体存储器等；二是指用以承载信息的载体，如数字、文字、声音、图形、图像、动画等。在计算机领域，媒体一般分为感觉媒体、表示媒体、表现媒体、存储媒体和传输媒体五类。

② 多媒体。多媒体（Multimedia），简单地说，是一种以交互方式将文本、图形、图像、声音、动画、视频等多种媒体信息，经过计算机设备的获取、操作、编辑和存储等综合处理后，以单独或合成的形态表现出来的技术和方法。

③ 多媒体技术。多媒体技术涉及许多学科，如图像处理技术、声音处理技术、视频处理技术及三维动画技术等，它是一门跨学科的综合性技术。多媒体技术用计算机把各种不同的电子媒体集成并控制起来，这些媒体包括计算机屏幕显示、CD-ROM、语言和声音的合成及计算机动画等，且使整个系统具有交互性。因此，多媒体技术又可被看成一种界面技术，使得人机界面更为形象、生动、友好。

2．多媒体的关键技术

多媒体的关键技术主要包括数据压缩与解压缩、媒体同步、多媒体网络、超媒体等。其中以视频和音频数据的压缩与解压缩技术最重要。

视频和音频信号的数据量大，同时要求传输速度要高，目前的微机还不能完全满足要求，因此对多媒体数据必须进行实时的压缩与解压缩。

数据压缩技术又称为数据编码技术，目前对多媒体信息的数据编码技术主要如下。

① JPEG 标准。JPEG（Joint Photographic Experts Group）是 1986 年制定的主要针对静止图像的第一个图像压缩国际标准。该标准制定了有损和无损两种压缩编码方案，对单色和彩色图像的压缩比通常分别为 10:1 和 15:1，常用于 CD-ROM、彩色图像传真和图文管理。许多 Web 浏览器都将 JPEG 图像作为一种标准文件格式，以供欣赏。

② MPEG 标准。MPEG（Moving Picture Experts Group）标准实际上是数字电视标准，包括 3 部分：MPEG-Video、MPEG-Audio、MPEG-System。MPEG 是针对 CD-ROM 式有线电视（Cable-TV）传播的全动态影像，严格规定了分辨率、数据传输速率和格式，MPEG 平均压缩比为 50:1。

③ H.261 标准。这是国际电报电话咨询委员会（CCITT）为可视电话和电视会议制定的标准，是关于视像和声音双向传输的标准。

几十年来，已经产生了各种不同用途的压缩算法、压缩手段和实现这些算法的大规模集成电路和计算机软件，人们还在不断地研究更为有效的算法。

3．多媒体计算机系统组成

多媒体计算机具有能捕获、存储、处理和展示文字、图形、声音、动画及活动影像等多种类型信息的能力。完整的多媒体计算机系统由多媒体硬件系统和多媒体软件系统组成。

（1）多媒体计算机硬件系统

多媒体计算机硬件系统主要包括以下几部分：

- ❖ 多媒体主机，支持多媒体指令的 CPU。
- ❖ 多媒体输入设备，如录像机、摄像机、CD-ROM、话筒等。
- ❖ 多媒体输出设备，如音箱、耳机、录像带等。
- ❖ 多媒体接口卡，如音频卡、视频卡、图形压缩卡、网络通信卡等。
- ❖ 多媒体操纵控制设备，如触摸式显示屏、鼠标、操纵杆、键盘等。

（2）多媒体计算机软件系统

多媒体计算机软件系统主要包括以下几部分：

- ❖ 支持多媒体的操作系统。
- ❖ 多媒体数据库管理系统。
- ❖ 多媒体压缩与解压缩软件。
- ❖ 多媒体通信软件。

（3）多媒体个人计算机

能够处理多媒体信息的个人计算机称为多媒体个人计算机（Multimedia Personal Computer，MPC）。目前，市场上的主流个人计算机都是 MPC，配置已经远远超过了国际 MPC 标准。

在 MPC 中，声卡、CD-ROM 驱动器是必须配置的，其他装置可根据需要选配。下面介绍MPC 涉及的主要硬件技术。

① 声卡的配置。声卡又称为音频卡，是 MPC 必选配件，是计算机进行声音处理的适配器。其作用是从话筒中捕获声音，经过模数转换器，对声音模拟信号以固定的时间进行采样，变成数字化信息，经转换后的数字信息便可存储到计算机中。在重放时，再把这些数字信息输入声卡数模转换器中，以同样的采样频率还原为模拟信号，经放大后作为音频输出。有了声卡，计算机便具有了听、说、唱的功能。

② 视频卡的配置。图像处理已经成为多媒体计算机的热门技术。图像的获取一般可通过两种方法：一是利用专门的图形、图像处理软件创作所需要的图形；二是利用扫描仪或数字照相机把照片、艺术作品或实景输入计算机。然而，上述方法只能采集静止画面，要想捕获动态画面，就得借助电视设备。视频卡的作用就是为多媒体个人计算机和电视机、录像机或摄像机提供一个接口，用来捕获动态图像，进行实时压缩生成数字视频信号，可以存储、进行各种特殊处理，像一般数据一样进行传输。

4．音频信息

（1）音频的数字化

在多媒体系统中，声音是指人耳能识别的音频信息。计算机内采用二进制表示各种信息，所以计算机内的音频信号必须是数字形式的，必须把模拟音频信号转换成有限个数字表示的离散序列，即实现音频数字化。这种处理技术涉及音频的采样、量化和编码。

（2）数字音频的技术指标

数字音频的技术指标有采样频率、量化位数和声道数。采样频率是指 1 秒内采样的次数。

量化位数是对模拟信号的幅度轴进行数字化，决定了模拟信号数字化以后的动态范围。由于按字节运算，一般的量化位数为 8 位和 16 位。量化位数越高，信号的动态范围越大，数字化后的音频信号就越可能接近原始信号，但所需要的存储空间也越大。

声道数包含单声道和双声道。双声道又称为立体声，在硬件中要占两条线路，音质、音色好，但立体声数字化后所占空间比单声道多 1 倍。

（3）数字音频的文件格式

音频文件通常分为两类：声音文件和 MIDI 文件。声音文件是指通过声音录入设备录制的原始声音，直接记录了真实声音的二进制采样数据，通常文件较大；MIDI 文件则是一种音乐演奏指令序列，相当于乐谱，可以利用声音输出设备或与计算机相连的电子乐器进行演奏，由于不包含声音数据，其文件尺寸较小。

数字音频是将真实的数字信号保存起来，播放时通过声卡将信号恢复成悦耳的声音。声音文件采用了不同的音频压缩算法，在保持声音质量基本不变的情况下尽可能获得更小的文件。

① Wave 文件（.wav）：Microsoft 公司开发的一种声音文件格式，符合 RIFF（Resource Interchange File Format）文件规范，用于保存 Windows 平台的音频信息资源，被 Windows 平台及其应用程序广泛支持。

② Audio 文件（.au）：Sun Microsystems 公司推出的一种经过压缩的数字声音格式，是 Internet 中常用的声音文件格式。

③ MPEG 音频文件（.mp1/.mp2/.mp3）：MPEG 标准中的音频部分，即 MPEG 音频层（MPEG Audio Layer）。MPEG 音频文件的压缩是一种有损压缩，根据压缩质量和编码复杂程度的不同可分为三层（MPEG Audio Layer 1/2/3），分别对应 MP1、MP2、MP3 三种声音文件。MPEG 音频编码具有很高的压缩率，MP1 和 MP2 的压缩率分别为 4:1 和 6:1～8:1，MP3 的压缩率则高达 10:1～12:1，目前使用最多的是 MP3 文件格式。

④ MIDI（Musical Instrument Digital Interface，乐器数字接口）文件（.mid/.rmi）：数字音乐的标准，几乎所有的多媒体计算机都遵循这个标准。它规定了不同厂家的电子乐器与计算机连接的方案及设备间数据传输的协议。

5．图形与图像

图像所表现的内容是自然界的真实景物，而图形实际上是对图像的抽象，组成图形的画面元素主要是点、线、面或简单立体图形等，与自然界景物的真实感相差很大。

（1）图形与图像的基本属性

① 分辨率。分辨率是一个统称，分为显示分辨率、图像分辨率等。显示分辨率是指在某种显示方式下，显示屏上能够显示出的像素数目，以水平和垂直的像素数表示。图像分辨率是指组成数字图形与图像的像素数目，以水平和垂直的像素数表示。

② 颜色深度。图像中每个像素的颜色（或亮度）信息所占的二进制数位数，记为位/像素（bits per pixel，b/p）。常见颜色深度种类如下。

❖ 4 位：VGA 标准支持的颜色深度，共 16 种颜色。

❖ 8 位：数字媒体应用中的最低颜色深度，共 256 种颜色。

❖ 16 位：其中的 15 位表示 R、G、B 三种颜色，每种颜色 5 位，用余下的 1 位表示图像的其他属性。

❖ 24 位：用 3 个 8 位分别表示 R、G、B，称为 3 个颜色通道，可生成的颜色数为 16 777 216 种，约 16M 种颜色，这已成为真彩色。

❖ 32 位：同 24 位颜色深度一样，也是用 3 个 8 位通道分别表示 R、G、B（红、绿、蓝）三种颜色，剩余 8 位用来表示图像的其他属性。

③ 文件的大小。图形与图像文件的大小（也称为数据量）是指在磁盘上存储整幅图像所有点的字节数，反映了图像所需数据存储空间的大小。

（2）图形与图像的数字化

计算机存储和处理的图形与图像信息都是数字化的，因此，无论以什么方式获取图形与图像信息，最终都要转换为一系列二进制代码表示的离散数据的集合。这个集合就是数字图像信息，即图形与图像的获取过程就是图形与图像的数字化过程。

数字化图像可以分为位图和矢量图两种基本类型。位图（Bit-mapped Graphics）是由许多的像素组合而成的平面点阵图。其中每个像素的颜色、亮度和属性是用一组二进制像素值来表示的。矢量图（Vector Graphics）用一系列计算机指令集合的形式来描述或处理一幅图，描述的对象包括一幅图中所包含的各图元的位置、颜色、大小、形状、轮廓和其他一些特性，也可以用更复杂的形式表示图像中的曲面、光照、阴影、材质等效果。

（3）图形与图像文件的格式

① BMP 格式。BMP 是英文 Bitmap（位图）的缩写，是 Windows 操作系统中的标准图像文件格式。这种格式的特点是包含的图像信息较丰富，几乎不进行压缩，占用磁盘空间大。最典型的应用程序就是 Windows 的画笔。

② GIF 格式。GIF（Graphics Interchange Format，图形交换格式）是用来交换图片的。GIF 是一种经过压缩的 8 位图像的格式，文件存储量很小，所以在网络上得到广泛应用，传输速度比其他格式的图像文件快得多。但是 GIF 格式不能存储超过 256 色的图形。

③ JPEG 格式。JPEG 是由联合照片专家组（Joint Photographic Experts Group）开发的，其文件扩展名为 .jpg 或 .jpeg，在获取到极高的压缩率的同时，能得到较好的图像质量。JPEG 文件的应用非常广泛，特别是在网络和光盘读物上。目前，大多数 Web 页面都可以看到这种格式的文件，其原因就是 JPEG 格式的文件尺寸较小，下载速度快，有可能以较短的下载时间提供大量美观的图像。

④ JPEG2000 格式。JPEG2000 同样是由 JPEG 组织负责制定的。与 JPEG 相比，其压缩率提高约 30%左右。JPEG2000 同时支持有损压缩和无损压缩，因此适合保存重要图片。JPEG2000 能提高渐进传输，即先传输图像的轮廓，然后逐步传输数据，不断提高图像质量。

⑤ TIFF 格式。TIFF（Tag Image File Format）是由 Aldus 为 Macintosh 机开发的一种图形文件格式，最早流行于 Macintosh，现在 Windows 上主流的图像应用程序都支持该格式。目前，它是 PC 上使用最广泛的位图格式，在 Macintosh 和 Windows 硬件平台上移植 TIFF 图形图像十分便捷，大多数扫描仪都可以输出 TIFF 格式的图像文件，支持的色彩数最高可达 16M。其特点如下：存储的图像质量高，占用的存储空间也非常大，大小是相应 GIF 图像的 3 倍、JPEG 图像的 10 倍。

⑥ PSD 格式。这是著名的 Adobe 公司的图像处理软件 Photoshop 的自建标准文件格式。

PSD 其实是 Photoshop 进行平面设计的一张"草稿图"，里面包含各种图层、通道、遮罩等多种设计的样稿，以便于下次打开文件时可以修改上一次的设计。由于 Photoshop 应用越来越广泛，这种格式也逐步流行起来。

⑦ PNG 格式。PNG（Portable Network Graphics）是一种新兴的网络图像格式，汲取了 GIF 和 JPEG 两者的优点，存储形式丰富，能把图像文件压缩到极限以利于网络传输，但又能保留所有与图像品质有关的信息。目前，越来越多的软件开始支持这种格式，可能在整个 Web 上广泛流行。

⑧ DXF 格式。DXF（Autodesk Drawing Exchange Format）是 AutoCAD 中的矢量文件格式，以 ASCII 方式存储文件，在表现图形方面十分精确。

⑨ WMF 格式。WMF（Windows Metafile Format）是 Windows 中常见的一种图元文件格式，属于矢量文件格式。WMF 具有文件短小、图案造型化的特点，整个图形由各独立的组成部分拼接而成，其图形往往较粗糙。

还有其他图形图像文件格式，这里不再赘述。

6．视频信息

视频一词译自英文单词 Video。我们看到的电影、电视、DVD、VCD 等都属于视频的范畴。视频是活动的图像，是由一系列图像组成的，在电视中每幅图像称为一帧（Frame），在电影中每幅图像称为一格。

与静止图像不同，视频是活动的图像。当以一定的速率将一幅画面投射到屏幕上时，由于人眼的视觉暂留效应，人的视觉就会产生动态画面的感觉，这就是电影和电视的原理。对于人眼来说，若每秒播放 24 帧（电影的播放速率）、25 帧（PAL 制电视的播放速率）或 30 帧（NTSC 制电视的播放速率），就会产生平滑和连续的画面效果。

目前有多种视频压缩编码方法，下面简单介绍一些流行的视频格式。

① AVI 格式（.avi）。AVI（Audio Video Interleaved，音频视频交错）是 Microsoft 公司开发的一种符合 RIFF 文件规范的数字音频与视频文件格式，最初用于 Microsoft Video for Windows（VFW）环境，现在已被 Windows 系列、OS/2 等操作系统直接支持。AVI 文件目前主要应用在多媒体光盘上，用来保存电影、电视等影像信息，有时出现在 Internet 上，供用户下载、欣赏新影片的精彩片段。

② MPEG 格式（.mpeg/ .mpg/ .dat）。MPEG 文件格式是运动图像压缩算法的国际标准，采用有损压缩方法，减少了运动图像中的冗余信息，同时保证每秒 30 帧的图像动态刷新率，已被几乎所有的计算机平台共同支持。MPEG 标准包括 MPEG 视频、MPEG 音频和 MPEG 系统（视频、音频同步）三部分，前文介绍的 MP3 音频文件就是 MPEG 音频的一个典型应用，Video CD（VCD）、Supper VCD（SVCD）、DVD（Digital Versatile Disk）则是全面采用 MPEG 技术所产生出来的新型消费类电子产品。

③ QuickTime 格式（.mov/ .qt）。QuickTime 是 Apple 公司开发的一种音频、视频文件格式，用于保存音频和视频信息，具有先进的视频和音频功能（包括 Apple Mac OS、Microsoft Windows 95/98/NT 在内的所有主流计算机平台支持）。QuickTime 文件格式支持 25 位彩色，支持 RLE、JPEG 等领先的集成压缩技术，提供 150 多种视频效果，并提供 200 多种 MIDI 兼容音响和设备的声音装置。

④ ASF 格式。ASF（Advanced Streaming Format）是 Microsoft 开发的一种可以直接在网

上观看视频节目的文件压缩格式。它使用了 MPEG-4 的压缩算法，所以压缩率和图像的质量都很不错。

⑤ nAVI 格式。nAVI 是 newAVI 的缩写，是一个名为 ShadowRealm 的组织发展起来的一种新视频格式（与上面所说的 AVI 格式没有太大联系）。它是由 Microsoft ASF 压缩算法修改而来的，以牺牲原有 ASF 视频文件视频"流"特性为代价，而通过增加帧率来大幅提高 ASF 视频文件的清晰度。

⑥ RM 格式。Real Networks 公司所制定的音频视频压缩规范称为 Real Media，用户可以使用 RealPlayer 或 RealOne Player，对符合 RealMedia 技术规范的网络音频/视频资源进行实况转播，并且可以根据不同的网络传输速率制定出不同的压缩比率，从而实现在低速率的网络上进行影像数据实时传送和播放。这种格式的另一个特点是，用户使用 RealPlayer 或 RealOne Player 播放器可以在不下载音频/视频内容的条件下实现在线播放。另外，RM 作为目前主流网络视频格式，还可以通过其 Real Server 服务器将其他格式的视频转换成 RM 视频，并由 Real Server 服务器负责对外发布和播放。RM 和 ASF 格式可以说各有千秋，通常 RM 视频更柔和一些，ASF 视频则相对清晰一些。

⑦ RMVB 格式。RMVB 是一种多媒体视频文件格式。RMVB 中的 VB 指 Variable Bit Rate（可改变比特率），较上一代 RM 格式画面要清晰了很多，原因是降低了静态画面下的比特率，可以用 RealOne Player 多媒体播放器来播放。

⑧ WMV 格式，一种独立于编码方式的在 Internet 上实时传播多媒体的技术标准。Microsoft 公司希望用其取代 QuickTime 之类的技术标准及 WAV、AVI 之类的文件扩展名。WMV 的主要优点为：可扩充的媒体类型、本地或网络回放、可伸缩的媒体类型、流的优先级化、多语言支持、扩展性等。

⑨ MP4 格式。MP4（MPEG-4 Part 14）是一种使用 MPEG-4 标准的多媒体计算机档案格式，后缀为 .mp4，以存储数码音频及视频为主。另外，MP4 又可理解为 MP4 播放器，是一种集音频、视频、图片浏览、电子书、收音机等于一体的多功能播放器。MP4 播放器都将以便携、播放视频为准则，可以通过 USB 或 1394 端口传输文件，方便地将视频文件下载到设备中进行播放，而且应当自带 LCD 屏幕，以满足随时播放视频的需要。

7．计算机动画

计算机动画（Computer Animation）是利用计算机二维和三维图形处理技术，并借助动画编程软件直接生成，或对一系列人工图形进行一种动态处理后，生成的一系列可供实时演播的连续画面。

动画文件的格式如下。

① GIF 格式（.gif）。Graphics Interchange Format（图形交换格式）在 20 世纪 80 年代由美国一家著名的在线信息服务机构 CompuServe 开发而成。GIF 格式的特点是压缩比高，得以在网络上大行其道。目前，Internet 上大量采用的彩色动画文件多为这种格式的文件，也称为 GIF89a 格式文件。很多图像浏览器如 ACDSee 等都可以直接观看该类动画文件。

② Flic 格式（.fli/ .flc）。Flic 格式由 Autodesk 公司研制而成，在 Autodesk 公司出品的 Autodesk Animator、Animator Pro 和 3D Studio 等动画制作软件中均采用了这种彩色动画文件格式。Flic 是 FLC 和 FLI 的统称：FLI 是最初的基于 320×200 分辨率的动画文件格式，而 FLC 进一步扩展，采用了更高效的数据压缩技术，所以具有比 FLI 更高的压缩比，其分辨率也有了

不少提高。

③ SWF 格式（.swf）。Flash 是 Macromedia 公司的产品，严格地说，Flash 是一种动画（电影）编辑软件，可以制作出一种后缀名为 .swf 的动画，这种格式的动画能用比较小的体积来表现丰富的多媒体形式，并且可以与 HTML 文件达到一种"水乳交融"的境界。Flash 动画其实是一种"准"流（Stream）形式的文件，也就是说，我们在观看的时候，可以不必等到动画文件全部下载到本地再观看，而是随时可以观看，哪怕后面的内容还没有完全下载到硬盘中，也可以开始欣赏动画。而且，Flash 动画是利用矢量技术制作的，不管将画面放大多少倍，画面仍然清晰流畅。

1.5　计算机病毒与防治

随着计算机技术的发展和广泛应用，计算机病毒如同瘟疫对人的危害一样侵害计算机系统。计算机病毒会导致存储介质上的数据被感染、丢失和破坏，甚至整个计算机系统完全崩溃，近来更有损坏硬件的病毒出现。计算机病毒严重威胁着计算机信息系统的安全，有效预防和控制计算机病毒的产生、蔓延，清除入侵到计算机系统内的计算机病毒，是用户必须关心的问题。

1994 年 2 月 18 日，我国正式颁布实施了《中华人民共和国计算机信息系统安全保护条例》，在第二十八条中明确指出："计算机病毒，是指编制或者在计算机程序中插入的破坏计算机功能或者毁坏数据，影响计算机使用，并能自我复制的一组计算机指令或者程序代码。"此定义具有法律性和权威性。

1．病毒的产生

病毒是如何产生的呢？其过程可分为：程序设计、传播、潜伏、触发、运行、实行攻击等。究其产生的原因可有以下几种。

① 恶作剧。某些爱好计算机并精通计算机技术的人士为了炫耀自己的高超技术和智慧，凭借对软件、硬件的深入了解，编制一些特殊程序。这些程序通过载体传播出去后，在一定条件下被触发，如显示动画、播放音乐等，这种程序流传出去就演变成了计算机病毒，此类病毒破坏性一般不大。

② 个别人的报复心理。对社会不满而心怀不轨的编程高手，可能编制一些危险性的程序，如 CIH 病毒。

③ 版权保护。计算机发展初期，由于在法律上对于软件版权保护还没有像今天如此完善，很多商业软件被非法复制。有些开发商为了保护自己的利益制作出一些特殊程序，附在产品中。目前，这种病毒已不多见。

④ 特殊目的。某些组织或个人为了达到某种特殊目的，对政府机构、单位的特殊系统进行的宣传或破坏。

⑤ 产生于游戏。编程人员在无聊时互相编制一些程序输入计算机，让程序去销毁对方的程序，如最早的"磁芯大战"，这样新的病毒又产生了。

2．病毒的特性

计算机病毒一般具有以下特征。

① 隐蔽性。计算机病毒为了不让用户发现，用尽一切手段将自己隐藏起来，一些广为流传的计算机病毒都隐藏在合法文件中。一些病毒以合法的文件身份出现，如电子邮件病毒，当

用户接收邮件时，同时收下病毒文件，一旦打开文件或满足发作条件，将对系统造成影响。当计算机加电启动时，病毒程序从磁盘上被读入内存常驻，使计算机染上病毒并有传播的条件。

② 传染性。计算机病毒能够主动将自身的复制品或变种传染到系统其他程序上。当用户对磁盘进行操作时，病毒程序通过自我复制而很快传播到其他正在执行的程序中，被感染的文件又成了新的传染源，在与其他计算机进行数据交换或是通过网络接触时，计算机病毒会继续进行传染，从而产生连锁反应，造成病毒的扩散。

③ 潜伏性。计算机病毒侵入系统后，一般不会马上发作，它可长期隐藏在系统中，不会干扰计算机的正常工作，只有在满足其特定条件时才执行其破坏功能。

④ 破坏性。计算机病毒只要入侵系统，都会对计算机系统及应用程序产生不同程度的影响。轻则降低计算机工作效率、占用系统资源；重则破坏数据、删除文件或加密磁盘、格式化磁盘、造成系统崩溃，甚至造成硬件的损坏。病毒程序的破坏性会造成严重的危害，因此不少国家包括我国都把制造和有意扩散计算机病毒视为一种刑事犯罪行为。

⑤ 触发性。计算机病毒一般都有一个或者几个触发条件。满足其触发条件或者激活病毒的传染机制，使病毒进行传染；或者激活病毒的表现部分或破坏部分。触发的实质是一种条件的控制，病毒程序可以依据设计者的要求，在一定条件下实施攻击。这个条件可以是输入特定字符、使用特定文件、某个特定日期或特定时刻，或者是病毒内置的计数器达到一定次数等。

3．病毒的分类

从第一个病毒问世以来，病毒的种类多得已经难以准确统计。时至今日，病毒的数量仍在不断增加。据国外统计，计算机病毒数量正以 10 种/周的速度递增，另据我国公安部统计，国内以 4～6 种/月的速度在递增。

计算机病毒的分类方法有很多种。因此，同一种病毒可能有多种分类方法。

（1）按照计算机病毒攻击的系统分类

计算机病毒分为攻击 DOS 系统的病毒、攻击 Windows 系统的病毒、攻击 UNIX 系统的病毒、攻击 OS/2 系统的病毒。

（2）按照病毒攻击的机型分类

计算机病毒分为攻击微型计算机的病毒、攻击小型机的计算机病毒、攻击工作站的计算机病毒。

（3）按照计算机病毒的链接方式分类

① 源码型病毒：攻击高级语言编写的程序，该病毒在高级语言所编写的程序编译前插入到源程序中，经编译成为合法程序的一部分。

② 嵌入型病毒：将自身嵌入到现有程序中，把计算机病毒的主体程序与其攻击的对象以插入的方式链接。这种计算机病毒是难以编写的，一旦侵入程序体后也较难消除。

③ 外壳型病毒：将自身包围在主程序的四周，对原来的程序不做修改。这种病毒最为常见，易于编写，也易于发现，一般通过测试文件的大小可知。

④ 操作系统型病毒：用它自己的程序意图加入或取代部分操作系统代码进行工作，具有很强的破坏力，可以导致整个系统的瘫痪。圆点病毒和大麻病毒就是典型的操作系统型病毒。

（4）按照计算机病毒的破坏情况分类

① 良性计算机病毒：指不包含对计算机系统产生直接破坏作用的代码。这类病毒为了表现其存在，只是不停地进行扩散，从一台计算机传染到另一台，并不破坏计算机内的数据。有

些只是表现为恶作剧。这类病毒取得系统控制权后，会导致整个系统的运行效率降低，系统可用内存总数减少，使某些应用程序暂时无法执行。

② 恶性计算机病毒：指在其代码中包含损伤和破坏计算机系统的操作，在其传染或发作时会对系统产生直接的破坏作用。这类病毒有很多，如米开朗琪罗病毒。当米开朗琪罗病毒发作时，硬盘的前 17 个扇区将被彻底破坏，使整个硬盘上的数据无法恢复，造成的损失是无法挽回的。有的病毒甚至还会对硬盘做格式化等破坏操作。

（5）按照计算机病毒的寄生部位或传染对象分类

① 磁盘引导区传染的计算机病毒：磁盘引导区传染的病毒主要是用病毒的全部或部分逻辑取代正常的引导记录，而将正常的引导记录隐藏在磁盘的其他地方。由于引导区是磁盘能正常使用的先决条件，因此，这种病毒在运行的一开始（如系统启动时）就能获得控制权，其传染性较大。由于在磁盘的引导区内存储着需要使用的重要信息，因此，如果对磁盘上被移走的正常引导记录不进行保护，在运行过程中就会导致引导记录的破坏。引导区传染的计算机病毒较多，如"大麻"和"小球"病毒就是这类病毒。

② 操作系统传染的计算机病毒：操作系统是计算机应用程序得以运行的支持环境，由 SYS、EXE 和 DLL 等许多可执行的程序及程序模块构成。操作系统型病毒就是利用操作系统中的一些程序及程序模块寄生并传染的病毒。通常，这类病毒成为操作系统的一部分，只要计算机开始工作，病毒就处在随时被触发的状态。而操作系统的开放性和不完善性给这类病毒出现的可能性与传染性提供了方便。"黑色星期五"就是这类病毒。

③ 可执行程序传染的计算机病毒：通过可执行程序传染的病毒通常寄生在可执行程序中，一旦程序被执行，病毒就会被激活，病毒程序首先被执行，并将自身驻留内存，然后设置触发条件进行传染。

（6）按照计算机病毒激活的时间分类

病毒可以分为：定时病毒，仅在某一特定时间才发作；随机病毒，一般不是由时钟来激活。

（7）按照传播媒介分类

① 单机病毒：单机病毒的载体是磁盘，在一般情况下，病毒从 U 盘、移动硬盘传入硬盘，感染系统，再传染其他 U 盘和移动硬盘，接着传染其他系统，如 CIH 病毒。

② 网络病毒：网络病毒的传播介质不再是移动式存储载体，而是网络通道，这种病毒的传染能力更强，破坏力更大，如"尼姆达"病毒。

4．病毒发作症状

当计算机感染病毒后，主要表现在以下几方面：① 系统无法启动，启动时间延长，重复启动或突然重启；② 出现蓝屏，无故死机或系统内存被耗尽；③ 屏幕上出现一些乱码；④ 出现陌生的文件，陌生的进程；⑤ 文件时间被修改，文件大小变化；⑥ 磁盘文件被删除，磁盘被格式化等；⑦ 无法正常上网或上网速度很慢；⑧ 某些应用软件无法使用或出现奇怪的提示；⑨ 磁盘可利用的空间突然减少。

5．病毒的预防、检测和清除

（1）计算机病毒的预防

病毒在计算机之间传播的途径主要有两种：一种是通过存储媒体载入计算机，如硬盘、软盘、盗版光盘、网络等；另一种是在网络通信过程中，通过不同计算机之间的信息交换，造成病毒传播。随着 Internet 的快速发展，Internet 已经成为计算机病毒传播的主要渠道。

对计算机用户而言，预防病毒的较好方法是借助主流的防病毒卡或软件。国内外不少公司和组织研制出了许多防病毒卡和防病毒软件，对抑制计算机病毒的蔓延起到很大的作用。在对计算机病毒的防治、检测和清除三个步骤中，预防是重点，检测是预防的重要补充，而清除是亡羊补牢。

（2）计算机病毒的检测

阻塞计算机病毒的传播比较困难，我们应经常检查病毒，及早发现，及早根治。要想正确消除计算机病毒，必须对计算机病毒进行检测。一般说来，计算机病毒的发现和检测是一个比较复杂的过程，许多计算机病毒隐藏得很巧妙。不过，病毒侵入计算机系统后，系统常常会有前面介绍的发作症状，可以作为判断的依据。

（3）计算机病毒的清除

清除计算机病毒一般有两种方法：人工清除和软件清除。

人工清除法：一般只有专业人员才能进行，是指利用实用工具软件对系统进行检测，清除计算机病毒。

软件清除法：利用专门的防治病毒软件，对计算机病毒进行检测和清除。常见的计算机病毒清除软件有：金山毒霸、瑞星杀毒软件、卡巴斯基杀毒软件、Norton Antivirus、360 安全卫士等。

1.6 大数据和云计算简介

1. 大数据

2010 年前后，随着"第三次信息化浪潮"，云计算、大数据的快速发展，标志着大数据时代已经到来。"大数据"已经成为互联网信息技术行业的流行词汇。

大数据，又可以称为巨量数据、海量数据，指的是所涉及的数据量规模巨大到目前无法通过人工在合理时间内达到截取、管理、处理并整理为人类所能解读的信息。

大数据有以下 4 个特征。

① 数据量大（Volume）：存储的数据量巨大，PB 级别是常态，"数据爆炸"成为大数据时代的鲜明特征。

② 数据类型繁多（Variety）：数据的来源及格式多种多样，数据格式除了传统的结构化数据外，还包括半结构化或非结构化数据，如音频、视频、微信、微博、位置信息、网络日志等。

③ 处理速度快（Velocity）：数据增长速度快，且越新的数据价值越大，这就要求对数据的处理速度也要快，以便能够从数据中及时提取知识、发现价值。

④ 价值密度低（Value）：在大数据时代，很多有价值的信息分散在海量数据中。在成本可接受的条件下，通过快速采集、发现和分析，从大量、多种类别的数据中提取有价值的数据。

大数据决策成为一种新的决策方式，大数据应用促进信息技术与各行业的深度融合，大数据开发推动新技术和新应用的不断涌现，大数据将对社会发展产生深远的影响，

2. 云计算

2006 年 8 月 9 日，Google 首席执行官埃里克·施密特在搜索引擎大会（SES San Jose 2006）首次提出"云计算（Cloud Computing）"的概念，源于 Google 工程师克里斯托弗·比希里亚所做的"Google 101"项目中的"云端计算"。2008 年年初，Cloud Computing 在中文中开始被翻

译为"云计算"。

美国国家标准与技术研究院给出了关于"云计算"的定义：云计算是一种能够通过网络以便利的、按需付费的方式获取计算资源（包括网络、服务器、存储、应用和服务等）并提高其可用性的模式。这些资源来自一个共享的、可配置的资源池，并能够以最省力和无人干预的方式获取和释放。

云计算技术具有可靠性较强、服务性、可用性高、经济性、多样性服务和编程便利性共六大特征。

云计算按服务类型大致分为 3 类。

① 基础设施即服务（Infrastructure as a Service，IaaS）：服务提供商把计算基础（服务器、网络技术、存储和数据中心空间）作为一项服务提供给用户。

② 平台即服务（Platform as a Service，PaaS）：服务提供商将软件开发环境和运行环境等以开发平台的形式提供给用户。

③ 软件即服务（Software as a Service，SaaS）：服务提供商将应用软件提供给用户。

1.7 人工智能简介

人工智能（Artificial Intelligence，AI）从 1956 年正式提出，现已经成为一门广泛的交叉和前沿学科，是一门基于计算机科学、生物学、心理学、神经科学、数学和哲学等学科，研究、开发用于模拟、延伸和扩展人的智能的理论、方法、技术及应用的一门新的技术科学。

人工智能是计算机科学的一个分支，企图了解智能的实质，并生产出一种新的能以人类智能相似的方式做出反应的智能机器，该领域的研究包括深度学习、计算机视觉、智能机器人、自然语言处理、情境感知计算、手势控制、推荐引擎等。

人机大战中的 AlphaGo、百度机器人"小度"、医疗成像分析、人脸识别、安防监控等都是人工智能的应用案例。

1.8 AR 和 VR 简介

1．AR

AR（Augmented Reality，增强现实）是一种全新的人机交互技术，通过一定的设备去增强在现实世界的感官体验。AR 技术可以让用户与虚拟对象进行实时互动，能够突破空间、时间、以及其他客观限制条件，获得一种身临其境的体验。

随着 AR 技术的成熟，AR 与行业的融合越来越深入，如苹果的 ARKit、谷歌的 ARCore、亚马逊的 Sumerian 等都是 AR 技术的应用产品。AR 技术需要实时呈现出图像，AR 技术对网速的要求是非常高的，而现有的互联网基础设施、包括云计算设施还不足以支撑大规模的消费级 AR 应用，所以消费级 AR 发展相对缓慢。

2．VR

VR（Virtual Reality，虚拟现实）通过计算机技术生成一种模拟环境，使用户沉浸到创建出的三维动态实景，是一种对现实世界的仿真系统。

VR 技术主要包括模拟环境、感知、自然技术和传感设备等方面，具有多感知性、存在感、交互性和自主性的特征。

现在的 VR 技术已经被应用于多个领域中，如教育、娱乐、影视、建筑、旅游等行业，其中以影视和娱乐方面的应用发展最快，包括 VR 游戏、VR 电影、VR 新闻等。

本章小结

本章对计算机基础知识进行了总体介绍，为读者学习和了解后面章节打下基础。本章重点掌握的内容包括以下几点：计算机的发展、特点及分类；计算机中的数据及编码；计算机系统的组成；多媒体的基本概念，音频、图形与图像、视频、动画的基本概念；计算机病毒与防治。

第2章 计算机操作系统

吉姆·阿尔钦 1951年出生于美国密歇根州。在佛罗里达大学短暂学习电子工程后，曾中途辍学，后又重返斯坦福大学、乔治亚工学院等高校深造；经历多家公司，是Vines网络操作系统的主要负责人，被尊称为"Windows之父"。在他的带领下，Windows NT取代了Novell的地位，从网络操作系统的跟随者变成领跑者，并让Windows成为主流桌面平台。现在，吉姆·阿尔钦已经成为Windows操作系统的同义词。

操作系统是安装到计算机中的第一个系统软件，学习和掌握操作系统的基本操作，可以帮助用户更好地管理计算机中各种软件、硬件资源，使计算机能更好地为用户提供服务。

2.1 Windows 10 基础知识

操作系统是连接用户与其他应用程序的平台，是第一个被安装到计算机中的软件。在操作系统没有安装之前，不能安装其他任何应用软件。因此，可以将操作系统定义为：操作系统是一个大型的程序系统，负责计算机的全部软件、硬件资源的分配和调度工作，控制并协调其他活动，实现信息的存取和保护。操作系统提供用户接口，使用户获得的良好的工作环境，也使整个计算机系统实现高效率和高度自动化。

从1985年微软公司开始推广Windows操作系统至今，经历了Windows 3.1、Windows 95、Windows NT 4.0、Windows 98、Windows 98 SE、Windows ME、Windows 2000、Windows XP、Windows Server 2003、Windows Vista、Windows Server 2008、Windows 7、Windows 8以及现在的Windows 10。

Windows 10是美国微软公司研发的新一代跨平台及设备应用的操作系统，正式版已于2015年7月29日发布。微软将Windows 10作为统一品牌，覆盖所有品类和不同尺寸的Windows设备，包括台式机、笔记本电脑、平板电脑和手机等，实现One Windows。

目前，Windows 10共包含7个发行版本，分别是Windows 10家庭版，Windows 10专业版、Windows 10企业版、Windows 10教育版、Windows 10移动版、Windows 10企业移动版、Windows 10物联网核心版。本书介绍的是Windows 10家庭版。相比之前的操作系统，Windows 10有如下新特点。

1. 弱化开始屏幕，回归传统桌面

Windows 10开机后默认进入传统桌面，而不是开机屏幕，这样用户不需要再单击Windows 8系统的Metro界面的"桌面"磁贴进入传统桌面。

2. 恢复开始菜单

Windows 8中取消了经典的"开始"菜单，引起了一些用户的不满。熟悉的桌面"开始"菜单在Windows 10中正式回归，不过它的旁边新增了一个Modern风格的区域（如图2-1所示），改进的传统风格与新的现代风格有机地结合在一起。

图 2-1 恢复的"开始"菜单

3．虚拟桌面

新增的 Multiple Desktops 功能可以让用户在同个操作系统下使用多个桌面环境，即用户可以根据自己的需要在不同桌面环境之间进行切换。Windows 10 还在 Task view 模式中增加了应用排列建议选择——即不同的窗口会以某种推荐的排版显示在桌面环境中，单击右侧的加号既可添加一个新的虚拟桌面，如图 2-2 所示。

图 2-2 虚拟桌面

4．窗口化程序

来自 Windows 应用商店中的应用可以与桌面程序一样以窗口化方式运行，可以随意拖动位置与拉伸大小，也可以通过快速访问工具栏按钮实现最小化/最大化和关闭应用的操作（如图 2-3 所示），当然也可以像 Windows 8 那样全屏运行。

图 2-3　窗口化程序

5．分屏多窗口功能增强

用户可以在屏幕中同时摆放 4 个窗口，Windows 10 会在单独窗口内显示正在运行的其他应用程序，同时会智能地给出分屏建议。Windows 10 侧边新加入了一个 Snap Assist 按钮，可以将多个不同桌面的应用展示在此，并与其他应用自由组合成多任务模式。

6．多任务管理界面

Windows 10 的任务栏出现了一个全新的"查看任务"按钮。在桌面模式下可以运行多个应用和对话框，并且可以在不同桌面间自由切换。用户能将所有已开启的窗口缩放并排列，以便迅速找到目标任务。

7．CMD 窗口中支持快捷复制

相比过去将所有用户都视为初级用户的做法，Windows 10 特别照顾到高级用户的使用习惯，如在命令提示符（Command Prompt）中增加了对粘贴快捷键（Ctrl+V）的支持，用户终于可以直接在指令输入窗口下快速粘贴文件夹路径（如图 2-4 所示）。在 CMD 窗口中还可自行进行选择。另外，Windows 10 的命令提示符可以增加大量新选项和热键，使用户能够更方便地执行命令和启动软件。

图 2-4　CMD 窗口中支持快捷复制

8．操作中心

操作中心将所有软件和系统的通知集中在一起，方便用户查看和管理，如图 2-5 所示。底部也添加了一些常用开关按钮，如平板模式开关、OneNote 按钮、定位和所有设置等，既方便又快捷，更符合时下智能手机的操作习惯。

图 2-5　操作中心

9．设备与平台统一

Windows 10 恢复了原有的"开始"菜单，并将 Windows 8 中的"开始屏幕"集成至菜单中。Modern 应用（也称为 Windows 应用商店应用/Windows Store 应用）则允许在桌面以窗口化模式运行。

Windows 10 为所有的硬件提供了一个统一的平台，支持广泛的设备类型，包括互联网设备到全球企业数据中心服务器，覆盖所有尺寸和品种的 Windows 设备，所有设备共享一个应用商店。因为启用了 Windows RunTime，所以用户可以跨平台在 Windows 设备（手机、平板电脑、个人计算机、Xbox）上运行同一个应用。

10．语音助手 Cortana

语音助手 Cortana（如图 2-6 所示）位于底部任务栏"开始"按钮右侧，支持使用语音唤醒。Cortana（"小娜"）是用户的私人助手，不只是简单的语音交流，还可以帮助用户在计算机上查找资料、管理日历、跟踪程序包、查找文件、跟用户聊天，可以讲笑话。用户可以与她聊天，可以召唤她的妹妹"小冰"，只需要在搜索框中输入"召唤小冰"即可与"小冰"聊天。

11．Microsoft Edge 浏览器

Windows 10 使用全新的 Microsoft Edge 浏览器来代替默认的 Internet Explorer（IE 浏览器）。拥有全新内核的 Microsoft Edge 浏览器对 HTML5 等新兴标准和多媒体支持更好，新增涂鸦书写、书签导入、密码管理、与 Cortana 集成、阅读模式等功能，且兼容 Chrome、Firefox 等第三方扩展插件。Windows 10 中的 Internet Explorer 与 Edge 浏览器共存，前者使用传统排版引擎，以提供旧版兼容支持；后者采用全新排版引擎，带来不一样的浏览体验。

图 2-6　语音助手 Cortana

12．查找文件更快

文件资源管理器默认打开的是"快速访问"窗口，该界面中会显示桌面、下载、图片等用户文件夹，以及用户最近访问过的文件。如果用户觉得这项功能会泄露自己的隐私，可以将其关闭。

13．智能家庭控制

Windows 10 整合了一项名为 AllJoyn 的新技术，这种新技术是一种开源框架，作用是设鼓励 Windows 设备增强协作性。不管用户购买的是何种智能家庭产品，不管它是由哪家厂商生产的或用何种方式与网络连接，一旦它们被接入网络，就能被网络识别出来，并且与网络上的其他 AllJoyn 设备连接，从而实现智能家庭控制。

2.1.1　Windows 10 的安装

1．Windows 10 的硬件配置

在安装 Windows 10 之前，必须保证所使用的计算机配置已经达到了 Windows 10 的基本要求。Windows 10 对计算机硬件的最低要求如下表 2.1：

表 2.1　Windows 10 硬件配置要求

设备名称	基本要求
CPU	1 GHz 或更快处理器（支持 PAE、NX 和 SSE2）或 SOC
内存	1 GB RAM（32 位）或 2 GB RAM（64 位）
硬盘	16 GB（32 位）或 20 GB（64 位）
显卡	DirectX 9 图形设备或更高版本（包含 WDDM1.0 驱动程序）
分辨率	若要访问 Windows 应用商店并下载和运行程序，需要有效的 Internet 连接及至少 1024×768 的屏幕分辨率。若要拖到程序，需要至少 1366×768 的屏幕分辨率
其他	若要使用触控，需要支持多点触控的平板电脑或显示器

2．Windows 10 的安装

Windows10 的安装方法是比较传统的安装方法，但对于无光驱的上网本来说无法实现，因此 Windows 10 提供了从虚拟光驱安装、从硬盘安装和从 U 盘安装等安装方式，以满足不同用户的需求。

下面以光盘安装的方式为例，介绍 Windows 10 的安装过程。（注：若安装硬盘中已包含资料和数据，则需要将数据备份，才能进行以下安装操作。）

Step1：将 BIOS 设置为从光驱启动，然后将安装光盘放入光驱，等待安装环境载入内存。

Step2：当屏幕出现"Press any key to boot from CD or DVD…"字样，则按键盘上任意键继续，此时启动 Windows 10 安装程序，出现 Windows 徽标。

Step3：等待片刻，顺利启动安装程序后弹出"Windows 安装程序"窗口，选择语言、国家和键盘输入法，然后单击"下一步"按钮。

Step4：在弹出的窗口中，单击"现在安装"按钮。

Step5：在弹出的对话框中输入产品密匙已激活系统，然后单击"下一步"按钮，也可以单击"跳过"超链接，暂时不激活系统，待系统安装完成后再进行激活操作。

Step6：在弹出的对话框中选择你想安装的系统版本，然后单击"下一步"按钮。

Step7：稍后出现"许可条款"对话框，选择"我接受许可条款"复选框，单击"下一步"按钮。

Step8：弹出安装类型对话框，从中选择"自定义：仅安装 Windows（高级）"选项。

Step9：选择要将系统安装到硬盘的哪个分区。若硬盘还没有进行分区，可在此对硬盘进行分区操作。选择硬盘，然后单击"新建"超链接。

Step10：在弹出的对话框中输入硬盘分区大小，然后单击"应用"按钮。

Step11：弹出提示信息框，提示系统会创建额外的分区，单击"确定"按钮。此时在 Windows 10 系统中会创建 500 MB 大小的系统保留分区，主要用于系统启动及系统恢复，该分区在系统中为隐藏状态。

Step12：利用同样的方法创建其他分区。

Step13：切换至"正在安装 Windows"界面，此时 Windows 开始安装，这需要一段时间。

Step14：系统安装文件复制完成。用户需要重启计算机才能完成安装，单击"立即重启"按钮，即可重启计算机。

2.1.2　Windows 10 的启动和退出

启动操作系统实际上就是启动计算机，是把操作系统的核心程序从启动盘（通常为硬盘）中调入内存并执行的过程。这是用户在使用计算机不可缺少的首要操作步骤。虽然启动操作系统的内部处理过程非常复杂，但这一切都是自动执行，不需用户操心。对于 Windows 操作系统，一般的启动方法有以下 3 种。

方法 1：冷启动，也称为加电启动，用户只需打开计算机电源开关即可。这是计算机处于未通电状态下的启动方式。

方法 2：重新启动。可以通过"关闭计算机"对话框中的"重新启动"命令来实现。

方法 3：复位启动。用户只需长按主机箱面板上的 Reset 按钮（也称为复位按钮）即可实现。这是在系统完全崩溃，无论按什么键（包括按 Ctrl+ Alt＋Delete 组合键）计算机都没有反

应的情况下，对计算机强行复位重新启动操作系统（注：有的品牌机没有这个按钮）。

1．Windows 10 的启动

当 Windows 10 安装完毕后，系统会自动重新启动计算机。以后需要启动 Windows 10 时，只要打开计算机即可。启动 Windows 10 后，屏幕上出现一个登录对话框，提示用户输入在 Windows 10 中注册的用户名和口令。（注：打开计算机的操作步骤是：先按下显示器电源开关，再打开主机电源。）

2．Windows 10 的退出

当用户要结束对计算机的操作时，一定要先退出 Windows 10 系统，再关闭显示器，否则会丢失文件或破坏程序。如果用户在没有退出 Windows 系统的情况下就关机，系统将认为是非法关机，当下次再开机时，系统会自动执行自检程序。

退出 Windows 10 的正确操作如下。

Step1：单击"⊞"按钮。

Step2：弹出"开始"菜单，单击电源"⏻"按钮，在弹出的菜单中选择"关机"按钮。

Step3：退出 Windows 10 后，主机电源将自动关闭，最后关闭显示器电源按钮。

2.1.3 Windows 10 桌面布局

与 Windows 7 相似，Windows 10 的桌面包括桌面图标、桌面背景、任务栏等，如图 2-7 所示。

图 2-7 桌面布局

1．桌面图标

图标是系统资源的符号表示，包含了对象的相关信息，由图标和文字说明构成。图标下面的文字说明是图标打开后的窗口标题，图标可以表示应用程序、数据文件、文件夹、驱动器、打印机等对象。双击桌面图标，可以方便、快捷地打开窗口或启动相应的应用程序，提高工作效率。

2．任务栏

桌面底部横置的长条是"任务栏"，是桌面上最重要的对象，包括"任务按钮区""通知区域"和"桌面显示"等，如图 2-8 所示。

图 2-8　任务栏

2.2　Windows 10 的基本操作

Windows 10 的基本操作主要包括鼠标、键盘、窗口、对话框以及菜单的操作。

2.2.1　鼠标、键盘的操作

1．鼠标的操作

鼠标是用来控制屏幕中光标移动的一种设备，计算机的大部分操作都可以用鼠标来完成。鼠标的操作比较简单，主要使用以下基本操作来实现不同的功能，如表 2.2 所示。Windows 10 中常见的几种鼠标指针形状及含义如表 2.3 所示。

表 2.2　鼠标的操作方法

动　作	操作方法
单击	快速在一个对象上按鼠标一下，来选中一个对象。单击又分为单击左键和单击右键，单击左键主要用于选定图标或打开菜单等，单击右键主要用于打开当前的快捷菜单
双击	快速连续地在一个对象上单击两次鼠标左键，主要用于启动程序或是打开一个窗口
拖放	鼠标指向一个对象，按住左键并拖至目标位置，然后释放鼠标
指向	将鼠标指针指向对象，停留一段时间，即指向操作（或称为持续操作），主要用来显示指向对象的提示信息
滚轮	按住滚轮，然后前后滚动即可，主要用于屏幕窗口中内容的上下移动

表 2.3　不同鼠标指针形状及含义

指针形状	表示状态	具体作用
⌖	正常选择	表示准备接受用户指令
○	忙	正处于忙碌状态，此时不能执行其他操作
I	文本选择	出现在可输入文本位置，表示此处可输入文本内容
✥	移动	该光标在移动窗口或对象时出现，使用它可以移动整个窗口或对象
⍥	链接选择	表示该指针所在位置是一个超级链接
⊘	不可用	鼠标所在的按钮或某些功能不能使用

2．键盘的操作

键盘是用户与计算机交流信息的主要输入设备之一。Windows 10 使用一些特殊的组合按键，可以加快操作的速度，这些键的组合被称为快捷键。表 2.4 列出了 Windows 10 中常用的快捷键。

2.2.2　设置桌面图标

图标是文件、程序或快捷方式的图形化表示，桌面、任务栏、"开始"菜单及整个系统中有各种图标。添加到桌面上的大多数图标是快捷方式，下面将介绍如何在桌面上添加图标，更改图标样式，以及如何对桌面图标进行操作。

表 2.4　Windows 10 中常用的快捷键

快捷键	功　能	快捷键	功　能
Ctrl+Esc	打开"开始"菜单	Del/Delete	删除选中对象
F10（或 Alt）	激活当前程序中的菜单栏	Shift + Delete	永久删除
Alt + Enter	显示所选对象的属性	Esc	取消所选项目
Alt + Tab	在当前打开的各窗口间进行切换	Ctrl + Shift	在不同输入法之间切换
PrintScreen	复制当前屏幕图像到剪贴板	Shift + Space	全角/半角切换
Alt + PrintScreen	复制当前窗口或其他对象到剪贴板	Ctrl + Space	输入法/非输入法切换
Alt + F4	关闭当前窗口或退出程序	F1	显示被选中对象的帮助信息
Ctrl + A	选中所有显示的对象	Ctrl + X	剪切
Ctrl + C	复制	Ctrl + V	粘贴
Ctrl + Z	撤销	Ctrl + A	选中全部内容

1．添加常用系统桌面图标

默认情况下，桌面只有一个"回收站"图标，为了提高操作效率，可在桌面添加桌面图标，具体操作如下。

Step1：在桌面空白区域单击鼠标右键，在弹出的快捷菜单中选择"个性化"命令。

Step2：在弹出的"设置"窗口的左侧选择"主题"选项，在右侧单击"桌面图标设置"超链接。

Step3：弹出"桌面图标设置"对话框，从中选中要添加图标前的复选框，然后单击"确定"按钮。

Step4：返回桌面，即可看到添加的系统图标。

注意：直接将"开始"菜单中的选项拖至桌面，也可为应用程序或文件创建桌面图标；对文件创建桌面快捷方式图标，直接右击要添加快捷方式的文件，在弹出的快捷菜单中选择"发送到"→"桌面快捷方式"命令即可。

2．桌面图标的排列

随着操作系统使用时间的增加，桌面上会有越来越多的快捷方式图标，这时对桌面图标加以整理，桌面将变得整洁美观。具体操作如下：在桌面空白区域单击右键，在弹出的快捷菜单中选择"排列方式"命令，其下有"名称""大小""项目类型""修改日期"4 个选项，可根据自己的需要选择选项。选中后，桌面图标将按照所选要求进行排列。

3．桌面图标的删除

桌面上存在的大量图标，不仅影响系统的运行速度，也会降低用户的工作效率，因此用户可以将不必要的图标删除。具体操作如下：右键单击（简称"右击"）桌面上要删除的快捷方式图标，在弹出的快捷菜单中选择"删除"命令，弹出"删除快捷方式"对话框，单击"是"按钮即可。

注意：桌面图标删除的仅仅是程序或文件的快捷方式，其程序或文件本身并没有被删除。

2.2.3　窗口的操作

窗口是 Windows 的重要组成部分，限定了每个应用程序在屏幕上的工作范围，当窗口被关闭时，应用程序同时被关闭。每个窗口负责显示和处理某一类信息。用户可随意在任意一个窗口上工作，并可以在各窗口间交换信息。下面介绍对窗口的一些基本操作。

1．打开窗口

打开窗口是窗口操作的第一步，只有将窗口打开，才能在窗口工作区中进行编辑或其他操作。

一般情况下，可采用双击对象图标（如桌面图标）的方式来打开窗口，还可以在单击对象图标后按 Enter 键，或右击对象图标，在弹出的快捷菜单中选择"打开"命令，来打开窗口。

打开窗口后，就可看到相应的窗口界面，打开的窗口不同，其中包含的内容和操作对象也不相同；即使打开相同的窗口，不同的计算机其内容也可能不相同，但它们的基本结构都是类似的。

2．最大化和最小化窗口

用户可以根据自己的需要使窗口最大化或最小化。

最大化操作：单击"最大化"按钮，可将窗口最大化并铺满整个桌面。

最小化操作：单击"最小化"按钮，可将暂时不需要的窗口最小化以节省桌面空间，窗口将以按钮的形式缩小到任务栏上。

单击"窗口还原"按钮，可以将窗口恢复到原来打开时的初始状态。当窗口最大化或以"50%"比例显示时，将鼠标指针移动到窗口的标题栏，按住鼠标左键不放往屏幕中间位置拖动窗口，即可还原窗口大小。

3．窗口的缩放

用户可以根据自己的需要对窗口的大小进行调整，以取得对窗口中信息浏览的最佳效果。

方法 1：当用户只需要改变窗口的宽度时，可把鼠标指针放在窗口的垂直边框上，当鼠标指针变成双向的箭头时，可以任意拖动。如果只需改变窗口的高度，可以把鼠标指针放在水平边框上，当指针变成双向箭头时进行拖动。如果需要对窗口进行等比缩放，可以把鼠标指针放在边框的任意角上进行拖动。

方法 2：用鼠标和键盘的配合来完成。右击标题栏，在出现的快捷菜单中选择"大小"命令（注：窗口最大化时该命令失效），屏幕上出现✣标志时，通过键盘上的方向键来调整窗口的高度和宽度，调整至合适位置时，用鼠标单击或者按 Enter 键结束。

4．窗口的移动

窗口被打开后，将会遮盖住屏幕上的其他内容，为了方便操作，有时需要移动窗口的位置。

Step1：将鼠标指针移动至窗口标题栏处，按住鼠标左键不放，将窗口向任意方向拖动。

Step2：当窗口移动到需要的位置时，松开鼠标左键即可。

5．窗口的排列

Windows 10 排列窗口的方式主要有 3 种，包括"层叠窗口""堆叠显示窗口"和"并排显示窗口"，其操作方法都类似。具体操作如下：在任务栏空白区域单击右键，在弹出的快捷菜单中选择所需的排列窗口方式，则窗口会以所选方式排列。

6．窗口的切换

尽管 Windows 10 是一个支持多窗口的操作系统，但当前操作窗口只有一个。当打开多个窗口时，要从当前的窗口切换到其他窗口的方法有以下几种。

方法 1：当需要切换的窗口缩小在任务栏上成为窗口按钮时，单击该窗口按钮，即可将窗口还原至原始大小，并成为当前窗口。

方法 2：当需要切换的窗口显示在屏幕上又有部分可见时，单击该窗口的可见部分即可将该窗口切换为当前窗口。

方法 3：按 Alt+Tab 键，屏幕上出现任务切换栏，所有已经打开的窗口将以窗口缩略图图标形式排列出来，按住 Alt 键不放的同时按住 Tab 键，就可以依次在不同窗口图标进行切换，当切换到需要打开的窗口图标后释放所有按键，就可以将该窗口切换为当前窗口。

7．关闭窗口

当对某个窗口操作完毕，就可以关闭该窗口。其关闭窗口的方法有以下几种。

方法 1：单击窗口标题栏右侧的 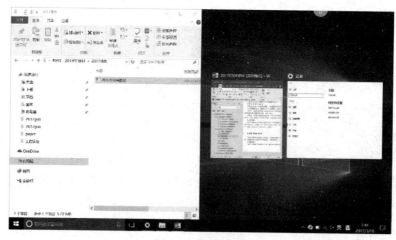 ✕ 按钮。

方法 2：按 Alt+F4 组合键。

方法 2：在窗口中选择"文件"→"关闭"菜单命令。

方法 4：右击标题栏，在弹出的快捷菜单中选择"关闭"命令。

方法 5：当需要关闭的窗口缩小在任务栏上成为窗口按钮时，右击该窗口按钮，然后在弹出的快捷菜单中选择"关闭"命令。

方法 6：按 Alt+Ctrl+Delete 组合键，打开"任务管理器"对话框，在"应用程序"选项卡的"任务"栏中选择需关闭的窗口名称，然后单击"结束任务"按钮。

8．分屏功能

Windows 10 的分屏功能可以将多个不同的应用窗口展示在一个屏幕中。具体操作如下：按住鼠标左键，将桌面上的应用程序窗口向左（或向右）拖动，直至屏幕出现分屏提示框（灰色透明蒙板）松开鼠标，即可实现分屏显示窗口，如图 2-9 所示。

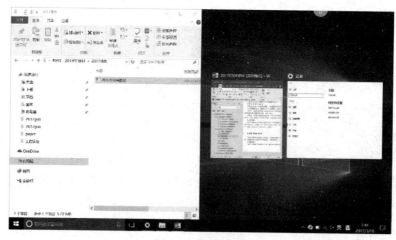

图 2-9　分屏功能

2.2.4　"开始"菜单

Windows 10 恢复了"开始"菜单，并且在"开始"菜单右侧增加了 Modern 风格的区域。下面一起来了解 Windows 10 的"开始"菜单。

"开始"按钮位于屏幕的左下角。用户单击该按钮后，会弹出"开始"菜单，主要由"开始"菜单和"图片磁贴"组成，如图 2-10 所示。

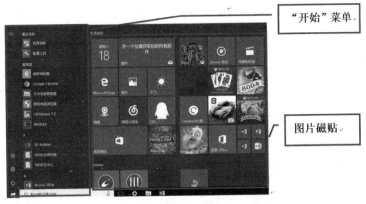

"开始"菜单

图片磁贴

图 2-10　分屏功能

2.2.5　任务栏

任务栏是 Windows 操作系统使用最多的桌面元素，它位于窗口底部，由"开始"按钮、搜索框、语言栏、通知区域等组成。中间空白的区域用于显示正在运行的应用程序和打开的窗口。下面介绍任务栏的常用操作。

1．设置任务栏属性

在任务栏的空白处单击右键，在弹出的快捷菜单中选择"设置"命令，弹出"任务栏设置"窗口，如图 2-11 所示，从中可对任务栏进行锁定、隐藏等设置。

图 2-11　"任务栏设置"窗口

2．移动任务栏位置

在任务栏上按住鼠标左键并向上拖动，即可将任务栏移至桌面顶部，若向左拖动，可移至桌面左侧，如图 2-12 所示。

图 2-12　任务栏移至顶部

3．添加快速启动栏项目

若要在任务栏添加一个快速启动按钮，操作如下：单击"开始"菜单，然后右击相应程序，在弹出的快捷菜单中选择"更多"→"固定到任务栏"。

4．通知区域的设置

右击"任务栏"空白处，在弹出的快捷菜单中选择"设置"命令，会打开"任务栏设置"窗口，单击通知区域的"选择哪些图标显示在任务栏"链接，弹出如图 2-13 所示的窗口。

图 2-13　通知区域图标设置窗口

2.2.6　多任务操作

多任务操作可帮助用户更快地完成工作，如当计算机上运行大量的程序，屏幕越来越拥挤时，可以创建虚拟桌面来获得更多的空间，并将需要的工作项添加进来。当需要一次性打开多个程序时，可以将这些程序分别安排在屏幕的不同位置。

1. 创建多个桌面

如果用户经常需要开启大量的程序窗口进行排列，而又没有多显示器配置，Windows 10 的虚拟桌面可以使杂乱无章的桌面变得整洁。用户可以添加桌面环境，将程序窗口移至新的桌面，具体操作如下。

Step1：在任务栏搜索框右侧单击"任务视图"按钮，则进入任务视图界面，其中显示了当前所打开的程序缩略图，单击右下方的"新建桌面"按钮，此时可创建一个新的空白"桌面 2"，如图 2-14 所示。

图 2-14　新建桌面 2

Step2：在任务视图界面中，将鼠标指针置于"桌面 1"上，将要移至"桌面 2"的程序选中，拖动程序图标到下方的"桌面 2"窗口即可。

2. 删除虚拟桌面

若要删除创建的虚拟桌面，可单击"任务视图"按钮，然后单击"桌面 2"右上方的"关闭"按钮，此时"桌面 2"中的程序图标将全部回到系统桌面。

2.2.7　对话框的组成和操作

对话框是特殊类型的窗口，可以提出问题，允许用户选择选项来执行任务，或提供信息。与常规窗口不同，多数对话框无法最大化、最小化或调整大小，但它们可以被移动。对话框与窗口具有一些共同点，但对话框比窗口更简洁、更直观，更侧重与用户的交流。一般的对话框主要包括标题栏、标签和选项卡、文本框、复选框、列表框、下拉列表、微调框、单选按钮、命令按钮等，如图 2-15 所示。

表 2.5 是对对话框中的主要组成元素的介绍。

2.2.8　中文输入法的使用和设置

1. 输入法的切换

在 Windows 10 操作系统中自带了两款中文输入法：微软拼音和微软五笔，用户可以在不同输入法间进行切换。具体操作方法如下。

方法 1：单击任务栏通知区域中的输入法图标，在弹出的输入法列表中选择所需输入法。

方法 2：使用组合键 Windows +Space 将输入法依次切换，或按 Ctrl+空格键进行中/英文输入法的切换。

图 2-15   对话框的组成元素

表 2.5   对话框组成元素功能介绍

名　称	功　能
标题栏	标题栏位于对话框的最上方，左侧是其名称，右侧为"关闭"按钮，有些包含"帮助"按钮
选项卡	Windows 将所有相关功能的对话框合在一起形成一个多功能对话框，选项卡是每项功能在对话框中叠放的页。单击对话框顶端的标签，可以打开相应的选项卡
文本框	文本框是需要用户输入信息的方框。在文本框中输入信息前，先将光标移到该文本框中，这时鼠标光标变为垂直的插入光标，即可输入信息
复选框	用户可以选择任意多个选项。复选框中的每个选项的左边都有一个小方框，称为选择框。当选择框中显示"√"时，表示该项被选中
列表框	列表框用来将系统所提供的所有选项列在一个选项框中，用户可以通过滚动条来选择需要的选项，而且通常列表框是单选的，当用户选择某项后，其余选项被取消
下拉列表框	下拉列表框是一个单行列表框，右侧有一个向下箭头按钮，当单击该按钮时，将弹出一个下拉列表，用户可以在该下拉列表中选择相应的选项
单选按钮	用户只能在多项中选择一项。单选按钮中的每个选项的左边都有一个圆圈，称为选项按钮，选中的选项按钮有一个小黑点
命令按钮	单击对话框中的命令按钮将执行一个命令，如单击"取消"按钮可放弃所设定的选项并关闭对话框。如果某个命令按钮是灰色的，则表示该按钮当前不能使用

方法 3：按 Ctrl+Shift 组合键输入法依次切换，或按 Ctrl+空格键进行中/英文输入法的切换。

2．输入法工具栏介绍

图 2-16   中文输入法工具栏

当选择某一种输入法后，将出现输入法工具栏。这里以"搜狗拼音输入法"为例，如图 2-16 所示。

（1）中、英文切换

单击"中英文切换"按钮，可以在输入中文和英文之间进行切换。当按钮上显示的是 中 图标时，表示中文输入状态；当按钮上显示的图标是 英 时，表示英文输入状态。

（2）全角、半角切换

当图标为 🌙 时，表示现在是半角方式，输入的英文和数字等都只有汉字的一半宽，在内存中作为西文符号来存放。当图标为●时，表示现在是全角方式，输入的英文和数字等都与汉字一样宽，在内存中作为汉字来存放的。

（3）中、英文标点切换

当图标为 ﹐ 时，表示现在是中文标点方式，输入的标点符号为中文形式的。当图标为 ﹒﹐ 时，表现为英文标点方式，输入的标点符号为英文形式的。

（4）软键盘的用法

右击"软键盘"按钮，在弹出快捷菜单中选择其中一项。再次单击"软键盘"按钮，即可关闭软键盘。表2.6为中文标点符号与对应的键盘的对应关系。

表2.6　中文标点符号与对应的键盘

标点名称	中文标点	按　键	标点名称	中文标点	按　键
顿　号	、	\	左书名号	《	<
双引号	""	""	右书名号	》	>
单引号	' '	' '	句　号	。	.
破折号	——	—	连接号	—	&
省略号	……	^	货币符号	￥	$

2.3　Windows 10 的文件管理

文件和文件夹是计算机中比较重要的概念之一，在 Windows 10 中，几乎所有的任务都涉及文件和文件夹的操作，通过文件和文件夹对信息进行组织和管理。

2.3.1　文件和文件夹的概念

1. 文件

文件是有名称的一组相关信息的集合。计算机中所有的程序和数据都是以文件形式存放在存储器上的，可以是用户创建的文档，也可以是可执行的应用程序或一张图片、一段声音等。为了区分这些各不相同的文件，每个文件都要有一个名字，称为文件名。文件全名一般由文件名和扩展名组成，中间以"."作为间隔，即"文件名.扩展名"。文件名是文件的名字，文件的扩展名用于说明文件的类型。

文件名的命名规则是：文件名长度不能超过 256 个字符，可以包含英文字母、汉字、数字和一些特殊符号，但是文件名不能含有以下 9 个字符：? 、\、*、|、"、<、>、:、/。例如，"My first file.DOC""我的文档 1.txt"是合法的，"D*T.DOC""A/B.TXT"是非法的。

建议文件名应符合见名知义，以便于记忆。

文件名一般由用户定义，而扩展名由创建文件的应用程序自动创建。扩展名由 0~4 个有效字符组成，不区分大小写。常见文件扩展名如表 2.7 所示。

2. 通配符

Windows 10 的文件名中可以使用通配符"?"和"*"表示具有某些共性的文件。"?"代表任意位置的任意一个字符，"*"代表任意位置的任意多个字符。

例如，*.*表示所有文件，*.exe 代表扩展名为 exe 的所有文件，AB?.txt 代表以 AB 开头的文件名为 3 个字符的所有扩展名为 txt 的文本文件。

表 2.7 常见文件扩展名及其含义

扩 展 名	文件类型	说 明
exe、com	可执行程序文件	可执行程序文件
sys	驱动程序文件	系统的驱动程序文件
bat	批处理文件	将一批系统命令或可执行程序名存储在文件中，执行该文件名字，即可连续执行这些操作
hlp	帮助文件	提供系统或应用程序的使用说明
doc、docx	Word 文档文件	Office Word 文字处理软件所创建的文档
txt	纯文本文件	Windows 记事本创建的文件
c、cpp、bas	源程序文件	C、C++、Basic 程序设计语言产生的源程序文件
dat	数据文件	数据文件
obj	目标文件	源程序经编译产生的目标文件
dbf	数据库文件	数据库系统建立的数据文件
zip、rar	压缩文件	经 WinZip、WinRAR 压缩软件压缩后的文件
htm、html	网页文件	在网络上浏览的超文本标记文件
bmp、jpg、gif	图像文件	位图，利用 JPEG 方式压缩的图像、压缩比高，但不能存储超过 256 色图像的 GIF 图像文件
wav、mp3、mid	音频文件	Microsoft 公司的声音文件格式、采用 MPEG 音频压缩标准进行压缩的格式和乐器数字接口格式
wmv、rm、qt	流媒体文件	Microsoft 公司推出的 WMV 视频格式、RealNetworks 公司的 RM 格式和 Apple 公司的 QT 格式

3．文件夹和文件的位置

（1）文件夹

磁盘是存储文件的设备，一个磁盘上通常存放了大量的文件。为了便于管理，引入了文件夹的概念。文件夹是一种层次化的逻辑结构，用来实现对文件的组织和管理。

文件夹中不仅可以包含文件和文件夹，也可以包含打印机、计算机等。某个磁盘的根文件夹又叫根目录。双击"计算机"，再双击某个磁盘的图标，可以看到该盘的根目录，根目录用"\"表示。

（2）文件的位置（路径）

目录（文件夹）是一个层次式的树型结构，目录可以包含子目录，最高层的目录通常称为根目录。路径的一般表达方式是：

驱动器号:\子目录 1\目录 2\....\子目录 n

驱动器号:\子文件夹 1\子文件夹 2\...\子文件夹 n

文件在磁盘上的位置（路径）包含了要找到指定文件所顺序经过的全部文件夹。

例如，图 2-17 所示目录中文件 Notepad.exe 的路径为：C:\Windows\System32\Notepad.exe。

图 2-17 树状结构目录

2.3.2　选定文件和文件夹

在 Windows 中对文件或文件夹进行操作时，都应遵循"先选定后操作"的规则。选定操作可分为以下几种情况。

① 单个对象的选择：找到要选择的对象后，单击该文件或文件夹。

② 多个连续对象的选择：先选中第一个文件或文件夹，然后按住 Shift 键，单击要选中的最后一个文件，最后放开 Shift 键。

③ 多个不连续对象的选择：选定多个不连续的文件或文件夹，按住 Ctrl 键，逐个单击要选定的每一个文件和文件夹，最后放开 Ctrl 键。

④ 全部对象的选择：按住鼠标左键，在窗口文件区域中画矩形来选中"文件夹内容"窗口中的所有文件，或按 Ctrl+A 组合键也可迅速选中全部文件。

2.3.3　创建、重命名文件和文件夹

Windows 提供了多种新建文件和文件夹的方法，对于新建文件，最常使用的方法是使用程序来新建文件。而对于新建文件夹和重命名文件夹的方法，具体操作步骤如下。

Step1：在 Windows 桌面或文件夹窗口中的空白区域单击右键，从弹出的快捷菜单中选择"新建"→"文件夹"，即可新建一个文件夹，且该文件夹的名称处于可编辑状态。

Step2：按 Backspace 键将系统默认的文件名称删除，输入新的文件夹名称，按 Enter 键即可建立一个新的文件夹。

Step3：右击要重命名的文件或文件夹，在弹出的快捷菜单中选择"重命名"。

Step4：此时文件夹的名称处于编辑状态，用户可以直接输入新的文件名称，然后按 Enter 键或单击文件夹以外的其他位置即可。

2.3.4　删除、恢复文件和文件夹

当某个文件不再需要时，用户可以将其删除，以释放磁盘空间来存放其他文件。

Step1：选择要删除的文件，可选择一个或多个文件。

Step2：从功能区中选择"删除"命令（注：此种状况在所选定文件处于文件夹窗口下），或者单击右键，在弹出的快捷菜单中选择"删除"命令，则删除了所选择的文件。

若要恢复刚刚删除的文件，则需进入"回收站"，右击已删除的文件，然后选择快捷菜单中的"还原"命令。

注意：选择要删除的文件后，按 Delete 键也可进行删除操作，按 Shift+Delete 组合键将永久性删除该文件或文件夹，此时在"回收站"找不到删除的文件。

2.3.5　移动、复制文件和文件夹

在使用 Windows 10 的过程中，有时需要将某个文件复制或移动到其他地方。这两个操作都是在选定了文件或文件夹之后的操作。对于文件或文件夹的移动有如下几种方法。

方法 1：直接用鼠标左键将选中的文件或文件夹拖到目标位置即可移动文件或文件夹。

方法 2：选中文件或文件夹后，按 Ctrl+X 键将其剪切至剪贴板中，打开目标文件夹窗口，然后按 Ctrl+V 键，将其粘贴到目标位置即可。

方法 3：选中文件或文件夹后，选择文件夹窗口中"文件"选项卡中的"剪切"按钮，将窗口切换到文件要移动到的位置，单击"文件"选项卡中的"粘贴"按钮即可。

有时候需要为重要的文件或文件夹创建备份文件，可通过复制文件或文件夹来实现。以下介绍几种复制文件或文件夹的方法。

方法 1：选中文件或文件夹后，按 Ctrl+C 键，然后打开目标文件夹窗口，按 Ctrl+V 键，即可粘贴复制的文件或文件夹。

方法 2：按住 Ctrl 键的同时，拖动选中的文件或文件夹至目标位置即可完成文件或文件夹的复制。

方法 3：右击文件或文件夹，在弹出的快捷菜单中选择"复制"命令，切换到目标窗口，在窗口的空白处单击右键，在弹出的快捷菜单中选择"粘贴"命令。

方法 4：选中文件或文件夹后，选择文件夹窗口中"文件"选项卡中"复制"按钮即可。

2.3.6　查找文件和文件夹

使用文件资源管理器对当前目录中的文件进行搜索，如当前进入的是 E 盘目录，则只在 E 盘进行搜索。如果要在整个计算机中搜索文件，需要转到"此电脑"目录。在"文件资源管理器"窗口中快速搜索文件的具体操作方法如下。

Step1：打开要搜索文件所在目录，若不知道具体位置，可以从导航窗格中打开"此电脑"窗口，在窗口右上方可以看到搜索框，在地址栏旁边下会看到搜索框 搜索"2017修改"　🔍 。

Step2：单击该搜索框，在搜索框中输入要查找的文件名，系统将自动开始进行搜索。

Step3：搜索完成后，系统会将搜索到的项目显示在文件窗格中，并在搜索文件窗格上提示用户搜索已经完成。

若想进行更全面的搜索，则可以通过"搜索工具"选项卡来进行，可以对文件的位置范围、修改日期、大小等进行搜索。

Step1：打开文件夹窗口，在最大化和最小化按钮下会看到搜索框 搜索"2017修改"　🔍 。

Step2：单击该搜索框，在搜索框中输入关键词后单击搜索框。

Step3：在搜索框所在窗口的"搜索工具"选项卡中显示的筛选条件中选择要添加的搜索条件，如"修改日期"等，则系统自动根据筛选条件同步显示筛选结果。

2.3.7　查看文件和文件夹的属性

文件和文件夹的属性包括文件的名称、大小、创建时间、显示的图标、共享设置、文件加密等。用户可以根据需要设置文件和文件夹的属性，或者进行安全性设置，以确保自己的文件不被他人随意查看或修改。

通过查看文件夹属性可以了解其中包含的文件个数，下面介绍查看文件夹属性方法。

方法 1：选中文件夹并单击右键，在弹出的快捷菜单中选择"属性"命令，则弹出该选择文件夹的属性对话框。

方法 2：选中文件夹，在"主页"选项卡的"打开"组中单击"属性"按钮，即可查看选中文件夹属性信息。

方法 3：选中文件夹，在窗口左上方的快速访问工具栏中单击"属性"按钮即可。

方法 4：选中文件夹后按 Alt+Enter 组合键，即可查看文件夹属性。

2.3.8　设置文件和文件夹的快捷方式

为了快速启动常用的文件、文件夹或驱动器，用户可以为其创建快捷方式，具体操作步骤如下：右击需要创建快捷方式的文件，在弹出的快捷菜单中选择"创建快捷方式"，可在当前文件夹中生成该文件的快捷方式。

2.4　应用程序管理

应用程序是指在操作系统下运行的、辅助用户利用计算机完成日常工作的各种各样的可执行程序。Windows 10 操作系统附带大量的实用程序，如"计算器"程序（calc.exe）、"画图"程序（mspaint.exe）等。除此之外，用户可以根据自己的需要使用其他应用程序，如 OFFICE 各组件程序等。程序以文件的形式存放，其扩展名为 .exe。通常称程序文件为可执行文件。

2.4.1　程序的启动和退出

1．启动应用程序

使用一个程序，先要启动它。在 Windows 10 操作系统下，常用的启动应用程序的方法有如下几种。

方法 1：在"开始"菜单中选择要使用的应用程序。

方法 2：双击桌面上或文件夹中程序对应的快捷方式。

方法 3：单击"开始"→"Windows 系统"→"运行"命令，在出现的"运行"对话框中输入应用程序的可执行文件名。

方法 4：进入应用程序所在的目录，双击该应用程序的可执行文件的图标。

常用应用程序可执行文件名如表 2.8 所示。

表 2.8 用应用程序对应的文件名

应用程序	文 件 名	应用程序	文 件 名
资源管理器	explorer.exe	文字处理软件 Word	winword.exe
记事本	notepad.exe	电子表格处理软件 Excel	excel.exe
写字板	wordpad.exe	命令提示符	cmd.exe
画图	mspaint.exe	IE 浏览器	iexplorer.exe

2．退出应用程序

启动的程序都有一个独立的程序窗口，关闭程序窗口就可以关闭程序（也称为退出程序）。关闭程序的方法很多，常用的退出应用程序的方法有以下几种。

方法 1：单击应用程序的"退出"命令。

方法 2：单击窗口右上方的"关闭"按钮。

注意：有些应用程序在退出之前会打开一个对话框，向用户询问是否保存修改了的内容，在这里选择保存；若系统处于半死机状态，则只能采用结束任务的方法来强制终止应用程序。

2.4.2　应用程序间的切换

Windows 允许同时运行多个程序。任何时候只有一个程序在前台运行，这个程序称为当前程序。在几个打开的程序之间进行切换当前程序，实际上是在各程序窗口之间进行切换。应用程序的切换有以下几种方法。

方法 1：在任务栏上单击某个应用程序时，将切换至所选的应用程序窗口。按 Alt+ Tab 组合键，可在打开的各程序、窗口间进行循环切换。

方法 2：按住 Alt 键，然后每按一次 Tab 键，蓝色方框将在应用程序图标上循环移动，当方框包围希望切换的程序图标时，释放 Alt 键，即选中该应用程序。

方法 3：右击任务栏空白处，在弹出的快捷菜单中选择"启动任务管理器"命令，则打开"Windows 任务管理器"窗口，在"进程"选项卡下，当前正在运行的应用程序名称将出现在"应用"栏中，选择一种应用程序后，单击"切换至"按钮，便可完成应用程序的切换。

2.4.3 安装/卸载应用程序

在 Windows 10 系统中，用户可以通过多种方法将应用软件安装到计算机中，如从应用商店安装应用、从网站下载并安装应用等。

1．安装应用程序

对于 Windows 用户来讲，除了掌握 Windows 操作系统的基本操作，若要做更多的事情，就需要学会安装应用程序，这样才能利用计算机做更多的事情。下面介绍安装程序的方法。

方法一：通过"应用商店"磁贴。单击■按钮，打开"开始"菜单，在磁贴区单击"应用商店"磁贴；打开"应用商店"窗口，通过搜索可以查找指定的应用，如在应用商店右上方的搜索框中输入"微博"，并按 Enter 键；单击"免费下载"按钮，则开始下载，下载完成后，会显示应用已安装。

方法二：若应用程序是从网上下载到硬盘的，这时需要通过资源管理器进入到保存安装程序文件夹，双击应用程序的安装文件，一般名称为"setup.exe"或"install.exe"，然后在打开的安装向导中根据提示进行操作。

2．卸载程序

如果不再使用某个程序，或者希望释放硬盘上的空间，则可以从计算机上卸载该程序。对于使用应用商店安装的应用，微软提供了快速卸载应用的方法，具体操作如下：

Step1：单击■按钮，在"开始"菜单中找到要卸载的程序。

Step2：单击右键，在弹出的快捷菜单中选择"卸载"命令，即可卸载该应用，如图 2-18 所示。

图 2-18　卸载应用商店安装的程序

通过控制面板的"程序和功能"卸载应用程序是比较传统的方式，同样适用于 Windows 10 操作系统，具体操作方法如下：

Step1：在"开始"菜单的所有应用列表中找到要卸载的应用并单击右键，在弹出的快捷菜单中选择"卸载"命令。

Step2：弹出"程序和功能"窗口，在程序列表中选择要卸载的程序，单击"卸载/更改"按钮，然后安装提示进行卸载即可。

注意：若直接单击应用程序图标进行"删除"操作，则该应用程序并没有被删除掉，只是删除了该应用程序的快捷方式而已。

2.4.4　任务管理器

任务管理器提供了有关计算机性能的信息，并显示了计算机上所运行的程序和进程的详细信息，是管理当前活动的应用程序和进程的工具。

1．关闭程序

使用任务管理器可关闭停止响应的应用程序，具体操作如下。

Step1：右击任务栏空白处，在弹出的快捷菜单中选择"任务管理器"命令，则弹出"任务管理器"窗口，在"进程"选项卡中按"应用"和"后台进程"对进程进行分类，如图2-19所示。选择已停止响应的任务，单击"结束任务"即可。

图 2-19　正在运行的应用程序和进程

2．查看和关闭进程

进程就是一个正在执行的程序。程序被加载到内存，系统就创建了一个进程，程序执行结束后，该进程也就消亡了。在"进程"选项卡中可以查看到当前正在执行的进程，如图2-19所示。任务管理器还可以终止进程的运行，一般只用来终止病毒进程。

3．查看系统性能

在"性能"选项卡中可以看到当前CPU和内存使用情况、网络使用等情况。

4．查看已登录用户

在"用户"选项卡中可以查看已经登录本机的用户。

2.5　系统维护与备份

系统的日常维护主要指对计算机磁盘的维护。磁盘维护一般包括扫描磁盘、整理磁盘碎片、清理磁盘垃圾、磁盘格式化。磁盘是计算机系统中用于存储数据的重要设备，操作系统和应用程序的运行必须依赖磁盘的支持。因此，对磁盘的维护是计算机中一项相当重要的任务。

2.5.1　磁盘碎片整理

在使用计算机的过程中，用户经常需要备份文件，安装或卸载程序，这样会在系统中残留大量碎片文件，时间一长，磁盘会形成很多分散的磁盘碎片，这些会占据磁盘的空间，影响磁盘的读写速度。Windows 10 提供了磁盘的碎片整理功能，可重新安排文件在磁盘中的存储位置，将文件的存储位置整理到一起，同时合并可用的空间，提高运行的速度。具体操作如下。

Step1：单击 ⊞ → "Windows 管理工具" → "碎片整理和优化驱动器"命令，打开磁盘碎片整理程序窗口，如图 2-20 所示。

图 2-20　磁盘碎片整理程序

Step2：在当前状态列表框中选中要整理的磁盘，单击 "分析" 按钮，系统开始对选择的磁盘进行分析。分析完毕，在磁盘信息右侧显示磁盘碎片整理完成情况。

2.5.2　磁盘的清理

Windows 10 使用一段时间后，会产生一些临时文件，这些文件占用了一部分硬盘空间。Windows 10 不会自动删除这些文件，用户要删除这些文件，可以使用磁盘清理程序找到这些文件，将其删除，以释放磁盘空间。其具体操作如下。

Step1：单击 ⊞ → "Windows 管理工具" → "磁盘清理"命令，弹出 "磁盘清理" 对话框。

Step2：在 "要删除的文件" 列表中勾选要删除的文件，然后看到可以回收磁盘空间的总数。如果要删除 Windows 创建的文件，则单击 "清理系统文件" 按钮，就可以腾出更多空间。不过，为了避免将来还要用到系统文件，建议在执行这个操作前考虑清楚。

2.5.3 系统的备份与修复

在使用计算机的过程中经常会遇到磁盘故障、计算机病毒等破坏磁盘数据的情况，给用户造成难以挽回的损失。为了减少类似情况，Windows 10 提供的文件备份与还原功能可以将计算机中的个人文件与设置进行备份，并允许用户自行选择备份内容。当这些数据遭到破坏而不能使用时，可以使用其备份数据来将其恢复和还原。具体操作如下：

Step1：选择■按钮并单击右键，在弹出的快捷菜单中选择"控制面板"命令，弹出"控制面板"窗口，从中选择"备份和还原 Windows"选项。

Step2：弹出"备份和还原你的文件"窗口，如图 2-21 所示，主要用于系统备份和还原，左侧窗口文字链接包括两项功能：创建系统映像和创建系统修复光盘。

图 2-21 设置备份窗口

1．创建系统映像文件

当用户的硬盘或计算机停止正常运行时，可以使用系统映像文件来还原计算机中所有内容，具体操作如下。

Step1：在"备份和还原"窗口中单击"创建系统映像"链接，进入"创建系统映像"窗口。

Step2：在该窗口中按照向导程序的指示，就可以为现有的系统创建系统映像。当将来计算机无法正常运行时，即可以利用系统映像来还原计算机。

2．创建系统修复光盘

也可以使用 Windows 安装光盘或系统修复光盘来还原计算机，具体操作如下。

Step1：在"备份和还原"窗口中单击"创建系统修复光盘"链接，则进入"创建系统修复光盘"窗口。

Step2：在该窗口中按照向导程序的指示，就可以为现有的系统创建系统修复光盘。当将来计算机无法正常运行时，可以利用系统映像来还原计算机。

2.6 控制面板

Windows 10 的控制面板可以对计算机的外观、打印机和其他硬件、网络和 Internet 连接、用户账户、添加/删除程序、日期、时间、语言和区域、声音和音频设备、辅导功能选项、性能和维护、安全中心等进行设置。

在 Windows10 中，控制面板的打开方法如下：右击■，在弹出的快捷菜单中选择"控制面板"命令，则弹出"控制面板"窗口。

2.6.1　设置显示属性

Windows 10 为用户提供了桌面设置、屏幕保护以及设置屏幕的显示颜色等功能，具体操作如下：在"控制面板"窗口中选择"显示"图标（该图标出现在查看方式为"大图标"方式下），在弹出的"显示"窗口中选择设置的选项即可。

2.6.2　设置日期、时间

如果用户要更改系统的时间和日期，可在控制面板中进行如下操作。

Step1：在控制面板中双击"日期和时间"图标，弹出如图 2-22 所示的对话框。

图 2-22　"日期和时间"对话框

Step2：在"时间和日期"选项卡中单击"更改日期和时间"按钮，则弹出"日期和时间设置"对话框，在日期列表框中设置年、月、日，在"时间"数值框中直接输入时间。

Step3：单击"确定"按钮即可。

2.6.3　添加新账户及对账户进行管理

Windows 10 支持多用户使用，不同用户拥有各自的文件夹、桌面设置和用户访问权限。添加新账户的方法如下。

Step1：在"控制面板"窗口中单击"用户账户"图标，打开"用户账户"窗口。

Step2：选择"在电脑设置中更改我的账户信息"链接，在弹出的窗口中选择"家庭和其他人员"链接，则弹出如图 2-23 所示的窗口。

Step3：单击"将其他人添加到这台电脑"前面的"+"，在弹出的对话框中单击"我没有这个人的登录信息"链接，则弹出如图 2-24 所示的对话框。

图 2-23　创建账户（一）

让我们来创建你的帐户

Windows、Office、Outlook.com、OneDrive、Skype 和 Xbox。当你
使用 Microsoft 帐户登录时，这些产品将为你提供更卓越且更具个性
化的服务。* 了解详细信息

someone@example.com

获取新的电子邮件地址

密码

中国

*如果你已经使用了某个 Microsoft 服务，则应返回以使用该帐户登

下一步　　后退

图 2-24　创建账户（二）

Step4：按照提示输入账户信息，单击"下一步"按钮，则创建了一个账户。

若要删除创建的账户，则操作如下。

Step1：创建新账户后，在图 2-23 的窗口右侧显示其他人员信息。

Step2：单击要删除的账户图标，则会在该账户图标下显示"删除"按钮，单击"删除"按钮，则弹出"要删除账户和数据"对话框。

Step4：单击"删除账户和数据"按钮即可。

2.7　Windows 10 内置应用

1．记事本

"记事本"是一个编辑纯文本文件的应用程序。文本文件只包含基本的可显示字符，不包含任何动画、图形等其他格式的信息。文本文件的扩展名为 .txt。

记事本的打开有以下方法：单击▢ →"Windows 附件"→"记事本"，或者双击 TXT 文件。

用"记事本"可进行文本编辑的一些简单操作：光标定位、文字的输入、文字的删除、文本内容的移动、文本内容的复制、文本内容查找。

2. 画图

"画图"是一个简单的画图工具，可以绘制黑白或彩色的图形，并可将这些图形存为位图文件（.bmp 文件），可以打印，也可以将它作为桌面背景，或者粘贴到另一个文档中，还可以使用查看和编辑扫描的相片等。通常，单击🪟→"Windows 附件"→"画图"，可以打开"画图"。

3. 计算器

Windows 根据计算的复杂程度，将计算器分为标准型计算器和科学型计算器，它们的使用方法与生活中普通计算器的使用方法一样，只是计算机中的计算器是用鼠标单击按钮或在键盘上按相应的键来输入数字或符号。打开计算器的具体操作如下。

Step1：单击🪟→"计算器"命令，即可打开计算器。

Step2：单击计算器窗口上的相应按钮或从键盘上输入数值，按 Enter 键，即可计算出结果；若要计算比较复杂的计算，则可单击 ≡→科学，则窗口变成科学型计算器窗口，可进行相应的计算。

4. 便利贴

"便利贴"程序是 Windows 10 系统自带的一款软件，在桌面运行，用于记录代办事项或重要信息。打开"便利贴"的具体操作如下。

Step1：单击🪟→"便利贴"，即可打开"便利贴"。

Step2：输入要提醒或待办事项，若要增加新的便利贴，则单击"便利贴"上的➕，则新建了一个便利贴；若不需要某个便利贴，则单击便利贴上的🗑，则删除了改便利贴。

5. 截图工具

单击🪟→"Windows 附件"→"截图工具"，即可打开截图工具，如图 2-25 所示。截图工具提供了 4 种截图方式，分别是"任意格式截图""矩形截图""窗口截图"和"全屏幕截图"。单击"新建"按钮旁边的下三角按钮，弹出下拉菜单，选择需要的截图方式即可。

图 2-25　截图工具

本章小结

本章介绍了如下内容：Windows 10 安装方法以及硬件配置条件；Windows 10 的启动与退出，桌面、窗口、开始菜单、任务栏、对话框的基本操作；文件和文件夹的复制、移动、删除、查找等操作；资源管理器的使用；应用程序的管理，磁盘格式化、磁盘清理、磁盘碎片整理等磁盘管理操作；控制面板的使用等。

本章重点：Windows 10 的基本操作，文件和文件夹的复制、移动、删除、查找操作，应用程序的管理，控制面板的使用等。

第3章 文字处理软件

查尔斯·西蒙尼（Charles Simonyi） 微软公司首席架构师，微软最高智囊团的核心。他是"所见即所得（What you see is what you get）"的发明人，这是微软赖以独霸天下的 Windows 系统的核心。他一手建立了微软的程序员管理体系，他的博士论文中的"匈牙利表示法"是每个 Windows 程序员必须学习的内容，Word、Excel 等微软的应用软件都是在他的领导下开发成功的。查尔斯·西蒙尼是软件史上的传奇人物。

Microsoft Office 2016 是微软公司推出的办公自动化套装软件，是微软产品史上最具创新与革命性的一个版本。Microsoft Office 2016 包括了 Word、Excel、PowerPoint、Outlook、Publisher、Access、OneNote 等组件。Microsoft Office 2016 窗口界面比前面版本的界面（如 Microsoft Office 2003 界面）更美观、大方，且该版本的设计比早期版本更完善、更能提高工作效率，界面也给人以赏心悦目的感觉。

使用 Microsoft Office 2016 之前，首先要安装它，Microsoft Office 2016 的安装非常简单。插入 Microsoft Office 2016 安装盘，系统将自动运行安装程序并开始安装，按照提示输入产品序列号后，出现如图 3-1 所示的界面。

图 3-1 安装 Microsoft Office 2016

3.1 中文 Word 2016 的基本知识

Word 2016 是 Microsoft Office 2016 中的一个重要组成部分，是 Microsoft 公司推出的一款优秀的文字处理软件，可供读者在新的界面中创建文档并设置格式，进而制作具有专业水准的文档。Word 2016 主要用于日常办公、文字处理，如制作求职者个人简历、公司会议邀请函、电子邮件等，帮助用户更迅速、更轻松地创建外观精美的文档。

1. Word 2016 的启动和退出

（1）Word 2016 的启动

安装好 Word 2016 后，就可以使用它来编辑文档内容了，首先需要做的事情就是启动 Word

2016，在 Windows 系统中的具体步骤如下。

Step1：在"开始"菜单中选择"Microsoft Office 2016"→"Word 2016"，如图 3-2 所示。

图 3-2　选择"Word 2016"

Step2：启动 Word 2016 后，选择模板新建文档，默认新建一个空白文档，如图 3-3 所示。

图 3-3　　Word 2016 空白文档

在空白文档的"文件"选项卡中选择"信息"，可以查看到当前 Word 文档的属性信息，如图 3-4 所示。

图 3-4　文档信息

（2）Word 2016 的退出

当使用 Word 编辑完文档后，需要将其关闭，即退出 Word 2016，这样可以节省系统资源，释放 Word 2016 占用的 CPU 和内存资源。退出 Word 2016 有以下 2 种方法。

方法 1：在 Word 2016 主窗口中，单击标题栏右侧的"关闭"按钮，如图 3-5 所示。

图 3-5　单击"关闭"按钮

方法 2：在 Word 2016 主窗口中，选择"文件"选项卡中的"关闭"。

如果在退出操作之前，已被修改的文档还没有保存，Word 2016 将弹出一个对话框，询问用户是否要保存对文档的修改。若要保存更改，则单击"是"按钮，否则单击"否"按钮；若是误操作，则单击"取消"按钮，返回到 Word 2016 界面。

2．Word 2016 的工作窗口

启动 Word 2016 后会出现如图 3-6 所示的工作界面，窗口组成及其功能如表 3.1 所示。

图 3-6　Word 2016 工作界面

表 3.1　Word 2016 窗口组成及其功能

编　号	名　称	功　能
①	标题栏	显示正在编辑的文档的名称以及正在使用的软件的名称
②	窗口控制按钮	文档的"放大""缩小"和"退出"按钮
③	快速访问工具栏	包含经常使用的命令，如"保存"和"撤销"。也可以添加常用的命令
④	功能区	工作所需的命令均位于此处，相当于其他软件中的"菜单"或"工具栏"
⑤	编辑窗口	显示正在编辑的文档
⑥	显示按钮	可根据需要更改正在编辑的文档的显示模式
⑦	滚动条	可更改正在编辑的文档的显示位置
⑧	显示比例滑块	可更改正在编辑的文档的显示比例设置
⑨	状态栏	显示关于正在编辑的文档的信息

"功能区"是一个水平区域，在启动 Word 时，它像一条彩带一样散布在窗口的顶部。工作所需的命令均集中在此处并位于"开始"和"插入"等选项卡上，可以通过单击这些选项卡来切换显示的命令集。

3.2　Word 2016 的基本操作

最先接触的 Word 操作就是文档的操作。文档就好像一张白纸，可以在上面输入文字、绘

制表格和图形，并可以根据具体使用需要设置纸张的大小等。本节介绍文档的基本操作。

1．新建文档

在 Word 2016 中新建文档的方法有多种。启动 Word 2016 后，将默认新建一个空白文档（见图 3-3）。用户也可以在启动 Word 2016 后，在"文件"选项卡中选择"新建"命令来新建 Word 文档，具体操作步骤如下。

Step1：启动 Word 2016，在"文件"选项卡中选择"新建"命令，如图 3-7 所示。

Step2：显示如图 3-8 所示的界面，在"可用模板"列表中可以选择文档模板的类型，如"空白文档""书法字帖""最近打开的模板"等。选择好后单击"创建"按钮，即可创建相应的文档。

图 3-7　"文件"选项卡　　　　　　　　　　　图 3-8　新建文档

2．保存文档

为了将新建的或经过编辑的文档永久存放在计算机中，需要将这个文档进行保存。在 Word 2016 中保存文档非常简单，有以下 2 种方法。

方法 1：在快速访问工具栏中单击 按钮。

方法 2：在"文件"选项卡中选择"保存"命令；或者选择"另存为"命令，右边显示需要选择存放的位置，如文档或桌面，选择其中一个；或者单击"浏览"按钮，弹出如图 3-9 所示的对话框，在"文件名"文本框中输入要保存的文档名称，在"保存类型"列表框中选择文档的保存类型，单击"保存"按钮即可。

> 为了让保存后的文档可以用 Word 2003 正常打开，可以在"保存类型"列表中选择"Word 97-2003 文档"选项。

3．关闭文档

对于暂时不再进行编辑的文档，可以将其在 Word 2016 中关闭。在 Word 2016 中关闭当前已打开的文档有以下 2 种方法。

图 3-9 "另存为"对话框

方法 1：在要关闭的文档的"文件"选项卡中选择"退出"命令。

方法 2：如果不再使用 Word 2016，可以单击 Word 2016 主窗口右侧的▨按钮，关闭所有打开的 Word 文档。

4. 打开文档

如果要打开以前编辑过的文档继续工作，操作如下：启动 Word 2016，在"文件"选项卡中选择"打开"→"最近"选项，可以查看最近打开或编辑过的文档。若没有找到，则单击"浏览"按钮，弹出"打开"对话框，定位到要打开的文档路径下，然后选择要打开的文档并单击"打开"按钮，即可在 Word 窗口中打开选择的文档。

5. Word 2016 的视图方式

为了方便用户在不同的工作环境中更高效地处理文档，Word 2016 提供了 5 种视图方式。不同的视图方式适合不同的文档查看环境。

Word 2016 的显示按钮区中包括 5 个视图按钮，从左到右分别是"阅读视图""页面视图""Web 版式视图""大纲视图"和"草稿视图"。用户可以在 Word 2016 文档窗口的右下方单击视图按钮来选择视图，如图 3-10 所示；也可以从"功能区"的"视图"选项卡的"文档视图"组中选择所需的视图，如图 3-11 所示。下面分别介绍文档在每种视图下的显示状态。

图 3-10　状态栏"视图"按钮　　　　　　　　图 3-11　文档视图

① 阅读视图。如果希望在屏幕上尽可能多地显示文档的内容，可以切换到阅读视图，如图 3-12 所示。在该视图下，Word 2016 将自动隐藏快速访问工具栏和滚动条，在窗口最上方将显示一排工具栏，可以在阅读视图下对文档内容进行编辑和保持打印等操作。如果要退出阅读视图，则可以单击窗口右上角的▨钮或按 Esc 键。

② 页面视图。页面视图是日常编辑文档最常用的视图模式，可以输入文本内容、设置文本格式、添加页眉/页脚等内容，而且在该视图下看到的文档内容与最终打印输出的内容是完全一样的，如图 3-13 所示。

③ Web 版式视图。在 Web 版式视图下看到的文档与在浏览器中显示的是一样的，并且可以创建出在屏幕中显示的页面或文档，如图 3-14 所示。Web 版式视图会显示背景为适应窗口而换行显示的文本，而且图形位置与在浏览器中显示的位置一致。

图 3-12　阅读视图

图 3-13　页面视图

图 3-14　Web 版式视图

④ 大纲视图。如果对文档中的文本套用了 Word 默认或自定义的样式，并设置了大纲级别，选择"大纲视图"，则可以使当前打开的文档处于大纲视图下，如图 3-15 所示。在大纲视图下，根据文档中文本格式的级别分级显示文档的组织方式，可以重新设置文本的格式级别。

⑤ 草稿视图。草稿视图取消了页面边距、分栏、页眉和页脚等元素，仅显示标题和正文，是最节省计算机硬件资源的视图方式。在该视图下，可以通过最简洁的工作环境来有效提高文档内容的输入速度，并且页与页之间以单行虚线表示，节与节之间以双行虚线表示，有效地增大了文档内容的显示区域，提高了工作效率，如图 3-16 所示。

图 3-15　大纲视图

图 3-16　草稿视图

6．Word 2016 的操作环境

为了使 Word 更加符合个人的使用习惯，并有效地提高操作效率，可以对 Word 操作环境进行自定义设置，具体设置可包括以下几部分。

（1）向快速访问工具栏中添加按钮

Word 2016 的快速访问工具栏中默认只有"保存""撤销"和"恢复"按钮，只能完成有限的 Word 功能。为了便于使用，可以根据需要将常用的命令以按钮的形式添加到快速访问工具栏中，具体操作步骤如下。

Step1：单击快速访问工具栏右侧的 ▼ 按钮，其中列出了 Word 默认的可直接添加到快速访问工具栏中的按钮名称，选择所需按钮，可将其添加到快速访问工具栏中，如图 3-17 所示。

Step2：可以任意添加所需的按钮到快速访问工具栏中。在"文件"选项卡中选择"选项"，打开"Word 选项"对话框，如图 3-18 所示。

图 3-17　选择要添加的按钮名称　　　　　图 3-18　"Word 选项"对话框

Step3：单击左侧列表中的"自定义功能区"按钮，然后在右侧的"从下列位置选择命令"列表中选择要添加命令所属的命令组。如果不确定命令所属的组，则可以选择"所有命令"选项，然后在下方的列表框中选择要添加的命令。

Step4：单击"添加"按钮，即可将选择的命令添加到右侧的列表框中。当右侧列表框中的命令有两个以上后，可以通过单击 ▲ 或 ▼ 按钮调整按钮之间的位置。

Step5：当不再添加命令后，单击"确定"按钮，返回到编辑窗口，这时快速访问工具栏中已增加添加的命令。

（2）调整快速访问工具栏的位置

快速访问工具栏默认显示在功能区的上方，如果其上只有很少的按钮，则按钮可以正常显示，当添加很多按钮后，有些按钮将无法显示。这时可以调整快速访问工具栏的显示位置，有以下 2 种方法。

方法 1：单击快速访问工具栏右侧的 ▼ 按钮，然后选择"在功能区下方显示"命令，即可使快速访问工具栏显示到功能区的下方。

方法 2：右击"文件"，然后选择"在功能区下方显示快速访问工具栏"命令。

（3）隐藏功能区

在编辑文档时，如果想扩大内容编辑区的可视面积，可将功能区隐藏起来，当需要时再将其显示即可。隐藏功能区有以下 3 种方法。

方法 1：单击 Word 2016 窗口右上角的△按钮。

方法 2：右击功能区或快速访问工具栏区域，然后选择"功能区最小化"。

方法 3：双击功能区中的选项卡名称。

（4）设置默认打开 Word 文档的位置

为了提高效率，使每次打开的 Word 文档都在同一个文件夹下，可以为 Word 文档设置默认打开的文件位置，操作步骤如下：在"文件"选项卡中选择"选项"，打开"Word 选项"对话框；在左侧列表中选择"保存"选项，然后在右侧"保存文档"组中单击"默认文件位置"右侧的"浏览"，打开"修改位置"对话框，从中选择在 Word 中默认打开文档的位置，单击"确定"按钮。这时，"Word 选项"对话框的"默认本地文件位置"文本框中的地址已经修改，如图 3-19 所示。

图 3-19　修改后的默认本地文件位置

（5）设置 Word 文档自动保存时间

如果 Word 不正常关闭，可能会使正在编辑的数据丢失，为了避免这种情况，Word 中提供了"保存自动恢复信息时间间隔"功能，重新启动 Word 后，可以通过其自带的恢复功能恢复到最后编辑的数据。

Step1：打开"Word 选项"对话框，选择左侧的"保存"选项，在右侧的"保存文档"组中勾选"保存自动恢复信息时间间隔"，并在其右侧的微调框中输入一个表示时间间隔的数值。

Step2：单击"确定"按钮后，Word 将以指定的时间间隔自动保存可供恢复的文档。如果意外关闭 Word 程序，可以使用保存后的文档进行恢复操作。

7．设置显示"最近使用文档"数目

在 Word 2016 中，在"文件"选项卡中选择"最近使用文件"，将显示最近打开的 25 个文档及其所在位置，有的用户可能不希望显示这么多的文档，可以通过以下步骤进行设置，来改变文档的显示数量。

Step1：打开"Word 选项"对话框，选择左侧的"高级"选项，出现"显示"组，在"显示此数目的'最近使用的文档'"框中输入希望显示的曾经打开过的文档数量，如图 3-20 所示。

图 3-20　设置显示曾经打开过的文档数量

Step2：单击"确定"按钮，再单击"文件"，在弹出的菜单中将只显示指定数量的打开过的文档。

3.3　Word 2016 文档的编辑

本节主要介绍在 Word 2016 中输入与编辑文本内容的方法，包括输入文本和编辑文档内容两部分。在输入文本方面，主要是输入汉字和英文字符、标点符号及特殊符号的方法；在编辑文档内容方面，主要掌握移动、复制、删除、查找、替换及撤销和恢复文档内容等操作。

1．输入文本

（1）输入汉字与英文字符

在 Word 文档中，只有切换到中文输入状态下，才可以通过键盘输入中文；切换到英文状态下，即可输入英文字符。如果在中文输入法状态下需要输入英文字符，按 Shift 键，切换到英文状态下，即可直接在文档中输入英文，输入好后再按 Shift 键返回到中文输入状态下；也可以按 Ctrl+Shift 或 Ctrl+Space 组合键，切换至英文输入状态，然后输入英文字符。

通过在文档中任意位置单击左键，可以灵活定位文本的输入位置。文本换行操作直接按 Enter 键即可。

（2）输入标点符号

可以通过键盘输入常见的各种标点符号，如逗号、句号、叹号等。如果要输入的标点符号

在按键的上方，则在输入这些符号时，按住 Shift 键的同时按该标点符号所在的按键即可。

（3）输入符号和特殊符号

在 Word 中，除了可以输入文字和标点符号，有时需要输入键盘上没有的特殊符号，这时需要用到 Word 2016 自带的符号库来输入这些符号。

Step1：在"插入"选项卡的"符号"组中单击"符号"按钮 Ω，在弹出的菜单中选择"其他符号"，出现"符号"对话框（如图 3-21 所示）。

Step2：在"字体"列表中选择"Wingdings"，在下方选择要插入的符号，然后单击"插入"按钮，将在文档当前光标处插入选择的符号。

Step3："特殊字符"对话框中包含 20 个 Word 常用的字符，可以看到各符号的功能以及当前为它们指定的相应快捷键，如图 3-22 所示，可通过单击"快捷键"按钮来修改快捷键。

图 3-21 "符号"对话框

图 3-22 "特殊字符"选项卡

2．编辑文档内容

在文档中输入了文本内容后，需要对已输入的内容进行各种相关操作。在 Word 2016 中可以对文档内容进行多种编辑操作，如选择、移动、复制、删除、查找、替换、撤销和恢复等。

（1）选择文档内容

各种文档的编辑操作都是在选择文本后进行的，所以首先要掌握选择文档内容的方法。打开 Word 文件，根据选择范围的不同，选择文本的方法有以下 7 种。

选择一个词组：单击要选择词组的第一个字左侧，双击即可选择该词组。

选择一个整句：按住 Ctrl 键的同时，单击要选择句子中的某个位置即可。

选择一行：将鼠标指针移动到要选择行的左侧，当鼠标指针变为 ⤢ 形状时单击，可选择鼠标指针右侧的一行内容。

选择一段：将鼠标指针移动到要选择段的左侧，当鼠标指针变为 ⤢ 形状时双击，可选择鼠标指针右侧的整段内容。

选择任意文本内容：单击要选择文本的起始位置或结束位置，然后按住鼠标左键并向结束位置或起始位置拖动，即可选择鼠标指针经过的文本内容。

纵向选择文本内容：按住 Alt 键，然后从起始位置拖动鼠标指针到终点位置，即可纵向选择鼠标指针所经过的内容。

选择全部内容：将鼠标指针移动到要选择行的左侧，当鼠标指针变为 ⤢ 形状时三击，即可选择文档中的全部内容。

（2）移动文档内容

当需要改变文档中内容的位置时，可经过移动对文本进行操作。经过移动后的内容，其原来位置上的该内容消失，而在新位置显示所移动的内容。

Step1：利用前面介绍的方法，选择要移动的文本内容，然后切换到功能区的"开始"选项卡，在"剪贴板"组中单击"剪切"按钮。

Step2：单击要移动到的位置，然后在"开始"选项卡的"剪贴板"组中单击"粘贴"按钮，将剪贴的内容移动到光标所在的位置上。

其中，剪切和粘贴操作也可通过单击右键，在弹出的快捷菜单中选择相应的命令来完成。

（3）复制文档内容

如果文本中两处的内容相同，通过复制操作可以节省输入的时间。通过复制操作，原来位置的文本仍然存在，并在新位置产生与原来文本内容完全相同的文本。

Step1：选择要复制的文本内容，然后在"开始"选项卡的"剪贴板"组中单击"复制"按钮。

Step2：单击要复制到的位置，然后在"开始"选项卡的"剪贴板"组中单击"粘贴"按钮，即可将选择的文本复制到指定的位置。

（4）删除文档内容

方法 1：使用 Backspace 键。将光标定位到要删除的文本内容右侧，每按一次 Backspace 键，将删除光标左侧的一个字符，连续按该键，可删除多个字符；或者先选择要删除的文本，然后按 Backspace 键，也可删除选中内容。

方法 2：使用 Delete 键。将光标定位到要删除的文本内容左侧，然后每按一次 Delete 键，将删除光标右侧的一个字符，连续按该键，可删除多个字符；或者先选择要删除的文本，然后按 Delete 键，也可删除选中内容。

方法 3：使用"剪切"命令。选择要删除的文本内容，然后切换到功能区的"开始"选项卡，在"剪贴板"组中单击"剪切"按钮，即可将选中的内容删除。

（5）查找文档内容

通过查找操作，可以快速、准确地定位到某个具体内容上。

Step1：将光标定位到文档的起始位置，然后切换到"开始"选项卡，在"编辑"组中单击"查找"按钮，在文档左侧打开"导航"窗口，如图 3-23 所示。

Step2：在"查找内容"文本框中输入查找内容。单击"放大镜"按钮，将从在文档中搜索与输入内容相同的内容，并将所有相同内容以"突出显示文本"形式标记，导航窗口中显示匹配项目数目和当前是第几个匹配项。

Step3：单击"下一处搜索结果"按钮，可继续向下查找相同内容。如果单击"上一处搜索结果"按钮，可继续向上查找相同内容，在弹出的菜单中选择"全部突出显示"命令。

Step4：单击"结束搜索"按钮，可删除所有搜索结果。

（6）替换文档内容

当大量修改文档中多处相同内容时，可使用替换功能。替换功能还可以替换文本格式。

Step1：切换到"开始"选项卡，在"编辑"组中单击"替换"按钮，打开"查找和替换"对话框，如图 3-24 所示，在"替换"选项卡的"查找内容"文本框中输入要查找的内容，在"替换为"文本框中输入替换后的内容。

图 3-23　"导航"窗口

图 3-24　"查找和替换"对话框

Step2：如果只想替换当前光标下的一个查找内容，只需单击"替换"按钮；如果想替换文档中所有的查找内容，则单击"全部替换"按钮，会弹出一个替换结果对话框，显示替换了多少处。

Step3：单击"确定"按钮，关闭该对话框，然后关闭"查找和替换"对话框，返回到 Word文档后，即可看到替换后的结果。

（7）撤销和恢复操作

撤销和恢复操作可以对用户的误操作进行恢复。

单击快速访问工具栏中的"撤销"按钮 ，可以撤销最后一步操作。

单击快速访问工具栏中的"撤销"按钮 右侧的下拉按钮，在弹出的菜单中可以选择要撤销到的操作。

"恢复"操作为"撤销"操作的逆操作，刚刚被撤销的操作可以通过单击"恢复"按钮 还原回来。

3.4　设置文档格式

本节主要介绍在 Word 2016 中编排文档格式的方法，包括设置字体格式、设置段落格式、设置项目符号、设置编号、设置多级列表等。

3.4.1　设置字体格式

为 Word 文档中输入的文本内容设置字体格式，包括：设置字体、设置字号、设置字体颜色、设置字体效果、设置字符间距、设置字符边框、设置字符底纹及设置突出显示的文本。

1．设置字体

选择需要设置字体的文本内容后，单击"开始"选项卡，单击"字体"组中的 宋体 (中文正文) 按钮右侧的下拉按钮，在弹出的列表中选择需要的字体。

2．设置字号

选择需要设置字号的文本内容，在"字体"组中单击 小四 下拉列表框右侧的下拉按钮，然后从中选择所需的字号即可。

3．设置字体颜色

选择需要设置字体颜色的文本内容，单击"开始"选项卡，在"字体"组中单击"字体颜色"按钮 ，即可为选择的文本设置按钮 上显示的颜色。

如果希望将字体设置为其他颜色，可以单击 按钮右侧的下拉按钮，在弹出的列表中选择所需的颜色即可。当列表中的颜色仍无法满足使用需求时，可以选择列表中的"其他颜色"命令，打开"颜色"对话框，在"标准"选项卡中选择某个色块，如图 3-25 所示，或在"自定义"选项卡中选择颜色模式。

4．设置字体效果

用户可以为文档中的文字设置一些特殊的效果，如为文字设置加粗、倾斜、下画线等。

在 Word 文档中选择需要设置字体效果的文本，然后切换到"开始"选项卡，在"字体"组中单击用于设置字体效果的按钮 **B** *I* **U** ﹣ abe x₂ x²，即可为文本设置所需的字体效果。字体效果按钮从左到右设置后如下所示：

❖ 加粗：**4．设置字体效果**。

❖ 倾斜：*4．设置字体效果*。

❖ 下画线：4．设置字体效果。

❖ 删除线：4．设置字体效果。

❖ 下标：M₂。

❖ 上标：M²。

❖ 更改大小写：单击"更改大小写"按钮，在下拉菜单中可以根据需要选择更改大小写的方式，如图 3-26 所示。

5．设置字符间距

用户可以根据需要设置文档中字符之间的距离，具体操作步骤如下。

Step1：选择需要设置字符间距的文本，切换到"开始"选项卡，在"段落"组中单击"中文版式"按钮，再选择"调整宽度"，打开"调整宽度"对话框，如图 3-27 所示。

图 3-25 "颜色"对话框　　图 3-26 大小写转换类型　　图 3-27 设置宽度

Step2：在"新文字宽度"微调框中输入所选择文本内容整体的新宽度，然后单击"确定"按钮。设置后的字符间距如图 3-28 所示。

图 3-28 设置后的字符间距

6．设置字符边框和底纹

可以为选择的文字添加线型边框和底纹。选择要设置字符边框的文本，然后切换到功能区的"开始"选项卡，在"字体"组中单击"字符边框"按钮 Ⓐ，将为选择的文本添加边框效果；单击"字符底纹"按钮 Ⓐ，将为选择的文本添加底纹效果。添加效果如图 3-29 所示。

图 3-29　设置字符边框和底纹

7．设置突出显示的文本

为了使文本中的某些内容突出显示以示强调，可为其设置突出显示标记，具体操作如下：选择要设置字符边框的文本，然后切换到"开始"选项卡，在"字体"组中单击"以不同颜色突出显示文本"按钮 ，对选择的文本设置突出显示效果，默认为黄色，可通过单击右侧下拉按钮选择其他颜色。图 3-30 为设置后的效果。

图 3-30　设置突出显示文本

8．使用"字体"对话框统一设置字体格式

当文档编辑完毕后，可对文本内容进行综合设置，为了便于操作，可以用"字体"对话框进行统一设置。

Step1：选择需要设置字体格式的文本，然后切换到"开始"选项卡，在"字体"组中单击对话框启动器 ，打开"字体"对话框，如图 3-31 所示。

Step2：在"字体"选项卡中可以设置文本的字体、字形、字号、字体颜色、下画线、字体效果等，设置后可以在"预览"框中显示出来；切换到"字符间距"选项卡，则可以设置文本字符之间的距离。

3.4.2　设置段落格式

对 Word 文档中的段落进行格式设置，具体包括：设置段落对齐方式、设置段落缩进方式、设置行间距、设置段间距、设置段落边框及底纹等。

可以使用"段落"对话框对文本内容的段落格式进行统一设置，具体操作步骤如下。

Step1：选择需要设置段落格式的文本，然后切换到"开始"选项卡的"段落"组，单击启动按钮 ，打开"段落"对话框，如图 3-32 所示。

Step2：在"缩进和间距"选项卡中可以设置段落的对齐方式、大纲级别、段落缩进、段落间距，同时有预览效果。"换行和分页"选项卡将在后面的章节中介绍。

当然，在 Word 2016 中还可以通过相关组来设置。

图 3-31 "字体"对话框   图 3-32 "段落"对话框

1．设置段落对齐方式

段落对齐方式包括：左对齐、居中对齐、右对齐、两端对齐和分散对齐。设置各种对齐方式的具体操作步骤如下。

Step1：选择要设置段落对齐方式的多个段落，如果只设置一个段落的格式，直接将光标定位到该段落中任意位置即可。

Step2：切换到"开始"选项卡，在"段落"组中单击 ▤ ▤ ▤ ▤ ▤ 中的相应按钮，即可设置段落对齐方式。各种对齐方式显示效果如图 3-33 所示。

图 3-33 段落的 5 种对齐方式

2．设置段落缩进方式

可根据不同需要对 Word 文档内容设置段落缩进方式，包括：首行缩进、左缩进、悬挂缩进和右缩进。

Step1：选择要设置段落缩进方式的多个段落，如果只设置一个段落的缩进方式，直接将光标定位到该段落中任意位置即可。

Step2：切换到功能区的"视图"选项卡，在"显示/隐藏"组中选中"标尺"复选框，将在功能区下方和 Word 主窗口左侧显示水平和垂直标尺。

Step3：通过拖动标尺中的缩进标记，即可设置段落的缩进。

3．设置行间距

行间距是指一个段落中行与行之间的距离，通过设置行间距，可以增大或减小各行之间的距离。

Step1：选择要设置行间距方式的多个段落，如果只设置一个段落的行间距，直接将光标定位到该段落中任意位置即可。

Step2：切换到"开始"选项卡，在"段落"组中单击"行和段落间距"按钮，在弹出的菜单中选择行距值即可，如图 3-34 所示。

图 3-34　设置行间距

4．设置段间距

段间距是指各段落之间的距离，通过设置段间距可以增大或减小各段之间的距离。

Step1：选择要设置段间距的多个段落，在"开始"选项卡的"段落"组中单击"行和段落间距"按钮，在弹出的菜单中选择"增加段前间距"或"增加段后间距"命令即可（见图3-34）。

Step2：如果要删除设置的段前间距或段后间距，单击"行距选项"命令，然后在弹出的对话框中将"段前"或"段后"设置为 0。

5．设置段落边框及底纹

可以为整段文字设置段落边框和背景颜色，具体操作如下。

Step1：选择要设置边框的段落，切换到"开始"选项卡，在"段落"组中单击"下框线"按钮，可为选择段落加下框线。

Step2：如果需要为段落添加其他边框效果，可以单击"下框线"按钮右侧的下拉按钮，然后选择所需的边框即可。如果需要删除已经设置的边框，可再单击相应的边框按钮。

Step3：为文字设置底纹时，首先选中文字，然后单击"段落"组中的"底纹"按钮，可为选择文字设置默认的底纹，通过单击右侧的下拉按钮，可以设置不同的底纹颜色。

Step4：如果要为整段文字设置底纹，可以先选择包括该段的段落标记在内的文字，然后单击"段落"组中"下框线"按钮右侧的下拉按钮，从中选择"边框和底纹"命令，打开"边框和底纹"对话框，如图 3-35 所示。

Step5：切换到"底纹"选项卡，单击"填充"下拉列表右侧的下拉定"按钮即可。

3.4.3　设置项目符号

按钮，可选择不同的底纹颜色，右侧预览窗口中是设置后的效果。设置完毕，单击"确项目符号一般在列举一些并列内容时使用，具体操作如下。

Step1：选择要添加项目符号的多个段落。

Step2：切换到"开始"选项卡，在"段落"组中单击"项目符号"按钮，即可为选择的多个段落添加默认的项目符号。

Step3：当需要添加自定义项目符号时，单击"项目符号"按钮右侧的下拉按钮，从中选择"定义新项目符号"命令，打开"定义新项目符号"对话框，如图3-36所示。

图3-35 "边框和底纹"对话框

图3-36 定义新项目符号

Step4：在该对话框中可以为项目符号设置新的符号、图片或字体，还可为项目符号自定义对齐方式，下方是设置后的预览效果。

另外，右击需设置项目符号的文本，在弹出的快捷菜单中选择"项目符号"，然后在弹出的列表中进行选择即可。

3.4.4 设置编号

当文档中存在大量以列表的形式出现的内容时，可为其添加自动编号，具体操作如下。

Step1：选择需要添加编号的多个段落。

Step2：切换到"开始"选项卡，在"段落"组中单击"编号"按钮，即可为选择的多个段落添加默认的编号；也可以单击"编号"按钮右侧的下拉按钮，从弹出的列表中选择编号库中的编号。

Step3：如果要自定义设置编号，单击"编号"按钮右侧的下拉按钮，在弹出的菜单中选择"定义新编号格式"命令，打开"定义新编号格式"对话框，如图3-37所示。

Step4：可以为编号设置新的样式、字体及对其方式，"预览"框中是设置后的预览效果。

图3-37 定义新编号格式

Step5：返回到Word文档后，单击"编号"按钮右侧的下拉按钮，新设置的编号格式已显示在编号列表中，以后直接单击即可设置。

3.4.5 设置多级列表

可为文档中不同层次的内容设置多级列表，具体操作如下。

Step1：选择需要设置多级列表的段落，切换到"开始"选项卡，在"段落"组中单击"多级列表"按钮，然后选择需要的多级列表。

Step2：这样，文本内容将被设置了同一级别的符号，从中选择要设置下一级别的文本，单击"多级列表"按钮右侧的下拉按钮，然后选择"更改列表级别"，在其子菜单中选择想要设置的级别即可，如图3-38和图3-39所示。

图3-38　多级列表

图3-39　更改列表级别

3.4.6　设置中文版式

1．设置纵横混排

如果想在文字中出现纵横交错的效果，可以使用纵横混排来实现，具体操作如下。

Step1：选择要进行设置的文本，然后切换到"页面布局"选项卡，在"页面设置"组中单击"文字方向"按钮，在弹出的菜单中选择"垂直"命令，则文字被改为竖直方向。

Step2：选择要设置为横排的文字，切换到"开始"选项卡，在"段落"组中单击"中文版式"按钮，然后选择"纵横混排"，打开"纵横混排"对话框，如图3-40所示。

Step3：从中进行一些简单设置，单击"确定"按钮。结果如图3-41所示。

2．设置合并字符

有时需要让文本实现上下并排的效果，合并的字符将成为一个整体，具体操作如下。

Step1：选中要进行设置的文本，切换到"开始"选项卡，然后在"段落"组中单击"中文版式"按钮，再选择"合并字符"，打开"合并字符"对话框，如图3-42所示。

Step2：在"文字（最多六个）"文本框中可以修改要合并的字符，选择字体和字号，设置后单击"确定"按钮即可，这时将原来的多个字符合并为一个字符。图3-43为设置后的效果。

3．设置双行合一

双行合一操作可保持原来文本的字符数量，具体操作步骤如下。

图 3-40 "纵横混排"对话框   图 3-41 纵横混排

Step1：选择需要进行设置的文本，单击"中文版式"按钮 ，在弹出的菜单中选择"双行合一"命令，打开"双行合一"对话框，如图 3-44 所示。

图 3-42 "合并字符"对话框   图 3-43 合并字符结果   图 3-44 "双行合一"对话框

Step2：进行相关设置后，单击"确定"按钮即可。

3.4.7 设置页码

Word 2016 中提供了许多页码样式，可满足不同用户的需求。

Step1：打开需要设置页码的文档，切换到"插入"选项卡，在"页眉页脚"组中单击"页码"按钮，先确定页码插入的位置：页面顶端、页面底端、页边距或当前位置。

Step2：将光标指向所需的插入位置命令，弹出其子菜单，其中包含所有预置的页码样式。

Step3：单击所需的样式，即可在当前文档各页面的对应位置处插入选择的页码，并进入到页脚的编辑状态，按 Esc 键可退出该状态。

如果用户对 Word 预置的页码样式不满意，可以对页码外观进行设置，具体操作如下：切换到"插入"选项卡，在"页眉页脚"组中单击"页码"按钮，在弹出的菜单中选择"设置页码格式"命令，打开"页码格式"对话框，设置好后单击"确定"按钮即可。

3.4.8 设置页眉和页脚

页眉和页脚主要用来显示文档的名称、文档的页码及任何想显示的内容，位于整个文档内

图 3-45　页眉、页脚区域设置

容的上方和下方。

设置页眉和页脚，需要先确定页眉、页脚在整个文档中所占的区域大小，页眉、页脚区域的大小会受到页边距大小的影响。

Step1：打开文档，切换到"布局"选项卡，单击"页面设置"组的对话框启动按钮，打开"页面设置"对话框。

Step2：切换到"版式"选项卡，在"距边界"组的"页眉"和"页脚"微调框中输入页眉和页脚距离页边距的数值，如图 3-45 所示。单击"确定"按钮，即可对页眉、页脚的区域进行设置。

页眉、页脚的区域大小设置成功后，可对文档插入页眉、页脚。

Step1：打开文档，切换到"插入"选项卡，在"页眉和页脚"组中单击"页眉"按钮，从中选择一种页眉样式，也可以选择"编辑页眉"命令，这样将在当前页面的顶端显示添加的空白页眉效果。

Step2：输入页眉内容，然后在"页眉和页脚工具 - 设计"选项卡的"关闭"组中单击"关闭页眉和页脚"按钮，退出页眉编辑状态。

Step3：切换到"插入"选项卡，在"页眉页脚"组中单击"页脚"按钮，在弹出的菜单中选择"编辑页脚"命令；也可以双击页脚区域，然后通过"页眉和页脚工具 - 设计"选项卡的"页眉和页脚"组的"页脚"下拉菜单编辑页脚，或直接在页脚中输入需要的内容。完成后，双击页眉、页脚外的正文区域，即可退出编辑状态。

3.4.9　设置分页

当输入的内容需要另起一页时，就必须进行强制分页。操作步骤如下：打开原始文件，将光标定位到要分页的位置，切换到"页面布局"选项卡，在"页面设置"组中单击"分隔符"按钮，选择"分页符"命令，如图 3-46 所示，即可将光标所在位置后的内容下移到另一页。

3.4.10　设置分栏

有时需要对文档内容进行多栏排版，如报纸或杂志的排版方式。

Step1：选择待分栏的文档内容，切换到"页面布局"选项卡，在"页面设置"组中单击"分栏"按钮，然后在弹出的菜单中选择"两栏"命令（如图 3-47 所示），即可将选择的内容设置为双栏排列。

Step2："分栏"下拉菜单中有 5 种分栏方案。如果希望对分栏进行更详细设置，可选择"更多分栏"，打开"分栏"对话框，如图 3-48 所示，从中可选择列数、宽度和间距、栏宽是否相等、是否在各栏之间设置"分割线"等命令，在"预览"框中可以看到设置后的效果。设置完成，单击"确定"按钮即可。

图 3-46　分隔符

图 3-47　分栏

图 3-48　"分栏"对话框

3.4.11　设置页面背景

Word 文档的页面背景默认为白色，输入文字为黑色。用户可以根据个人需要，对文档页面的背景颜色进行设置，有时由于文档内容的重要性，需要给读者加以提醒，可以在文档中加入水印效果等。设置页面背景的具体步骤如下。

Step1：打开原始文件，切换到"页面布局"选项卡，在"页面背景"组中单击"页面颜色"按钮，在弹出的列表中（如图 3-49 所示）将光标指向一个颜色时，即可预览到页面背景效果，单击需要的色块即可设置相关的页面背景。

Step2：选择"填充效果"命令，可打开"填充效果"对话框，如图 3-50 所示。用户可分别在 4 个选项卡中设置渐变、纹理、图案和图片等背景样式。

图 3-49　页面颜色

图 3-50　"填充效果"对话框

Step3：可以在"页面布局"选项卡的"页面背景"组中单击"水印"按钮，在弹出的列表中选择预置的水印样式即可，如图 3-51 所示。

Step4：选择"自定义水印"命令，打开"水印"对话框，如图 3-52 所示，从中可以选择某个图片作为水印，或者输入需要的文字作为水印。

图 3-51　选择预置的水印　　　　　　　图 3-52　"水印"对话框

3.5　图形功能

Word 2016 具有强大的图文混排功能，可以方便地为文档插入图形、图片、SmartArt 图形、艺术字和文本框等元素来美化文档。

3.5.1　在文档中使用图形

在 Word 2016 中可以插入不同类型的图形，还可以对插入的图形进行格式的设置等操作。

1．绘制图形

在 Word 2016 文档中可以直接插入默认的基本图形，如线条、基本形状、箭头、流程图等。通过绘制多个基本图形，还可以组成更复杂的图形。绘制图形的操作步骤如下。

Step1：打开文档，切换到"插入"选项卡，在"插图"组中单击"形状"按钮，在弹出的菜单中选择要绘制的基本形状，如图 3-53 所示。

Step2：根据选择的图形，在文档中单击图形绘制的起始位置，然后拖动鼠标左键至终止位置，即可绘制所需的图形。

2．改变图形形状

绘制好的图形可以根据需要改变形状，具体操作步骤如下：单击要改变形状的图形，在功能区中将显示"绘图工具 - 格式"选项卡，然后在"插入形状"组中单击"编辑形状"按钮，选择"更改形状"，从中选择需要的形状即可。

3．设置图形格式

对绘制的图形可设置线条颜色、线型、粗细、尺寸、旋转角度等。

Step1：单击要设置格式的图形，在功能区中显示"绘图工具 - 格式"选项卡，从中可对图形进行以下格式的设置：形状样式、阴影效果、三维效果、排列、大小。单击"形状样式"组的 按钮，在弹出的下拉列表中选择所需的样式，如图 3-54 所示。

图 3-53　基本形状

图 3-54　选择形状样式

Step2：在"形状样式"组中单击"形状填充"和"形状轮廓"，设置图形的填充色和边框。

Step3：单击"形状格式"组中的 ，打开"设置形状格式"面板，从中统一设置形状格式，如图 3-55 所示。

Step4：在"绘图工具 - 格式"选项卡的"排列"组中单击"旋转"按钮，然后选择希望图形旋转的角度，如图 3-56 所示。

Step5：当选择"其他旋转选项"命令时，将打开"布局"对话框，在"大小"选项卡的"旋转"微调框中可以输入任意的旋转角度，如图 3-57 所示。

Step6：在"绘图工具 - 格式"选项卡的"大小"组中设置图形的大小。可直接在"形状高度"和"形状宽度"微调框中输入所需的数值，或者单击其旁边的 ，打开"布局"对话框，在"大小"选项卡的"高度"和"宽度"组中设置图形的绝对高度和宽度，还可以设置图形相对于页面、页边距的尺寸大小。

图 3-55　设置形状格式

<table>
</table>

图 3-56 旋转选项 　　　　　　　　图 3-57 布局设置

4．组合图形

如果想同时对多个图形进行统一操作，在保持相对位置的情况下，一起移动到文档的某个位置，可将多个图形组合为一个整体，然后同时进行移动。如果需要对单个图形进行编辑，则取消组合后进行个别设置即可。

Step1：在文档中绘制几个图形，选中多个需要组合的图形。

Step2：切换到功能区的"绘图工具－格式"选项卡，在"排列"组中单击"组合"按钮，在弹出的菜单中选择"组合"命令，即可将多个图形组合为一个整体。也可以右击选择的图形区域，在弹出的快捷菜单中选择"组合"→"组合"命令。

Step3：选择要拆分的图形，切换到"绘图工具－格式"选项卡，在"排列"组中单击"组合"按钮，在弹出的菜单中选择"取消组合"命令，即可将组合图形拆分为组合前的多个单个图形；也可右击组合图形，在弹出的快捷菜单中选择"组合"→"取消组合"命令。

5．排列图形

可以对文档中绘制的多个图形按照要求进行排列，具体操作如下：选择绘制的若干图形，切换到"绘图工具－格式"选项卡，在"排列"组中单击"对齐"按钮，在弹出的菜单中选择要对齐的方式，如图 3-58 所示。

6．在图形中输入文字

可以在文档中为已绘制的图形添加文字内容。

Step1：单击要输入文字的图形，切换到"绘图工具－格式"选项卡，在"插入形状"组中单击"添加文字"按钮，在图形的四周将显示虚线边框，图形内部则显示一个闪烁的光标。

图 3-58 "对齐"菜单

Step2：在光标处输入所需的文字，然后对这些文字设置字体格式。输入完成后，单击图形外侧区域即可。

3.5.2　在文档中使用图片

在 Word 文档中可以插入 Word 2016 自带的剪贴画，也可以插入外部图片文件，还可以对插入到文档中的图片进行设置，设置其与文字内容之间的位置关系，即图片的环绕方式等。

1. 插入图片

在 Word 2016 中插入图片的操作步骤如下：打开 Word 文档，切换到"插入"选项卡，在"插图"组中单击"图片"按钮，打开"插入图片"对话框，从中选择图片的保存位置，然后选择要插入的图片，单击"插入"按钮，即可将图片插入文档。

2. 设置图片大小及旋转角度

对插入到文档中的图片，可以根据需要，设置其大小、放置角度，具体操作如下。

Step1：单击图片，切换到"图片工具－格式"选项卡，在"大小"组的"高度"和"宽度"框中设置图片的高度和宽度，如图 3-59 所示。

Step2：单击"大小"组右下角的对话框启动器，打开"布局"对话框，如图 3-60 所示，在"大小"选项卡中设置图片的高度、宽度、旋转角度，在"缩放"组的"高度"和"宽度"框中按百分比例调整图片大小。

图 3-59　设置图片大小　　　　　　　　　　图 3-60　"布局"对话框

Step3：在"布局"对话框的"旋转"框中输入角度值，可以使图片旋转一定的角度；也可以在"图片工具－格式"选项卡中单击"排列"组中的"旋转"按钮，在弹出的菜单中选择图片旋转角度即可（见图 3-56）。选择"其他旋转选项"命令，可以打开"布局"对话框（见图 3-60）。

3．设置图片色彩及艺术效果

在 Word 2016 中，可以对插入的图片进行色彩上的调整，并应用默认的样式为图片添加艺术效果。另外，如果对 Word 2016 的默认样式不满意，还可以自定义图片的边框、填充色、阴影、三维等效果。

Step1：单击图片，切换到"图片工具 - 格式"选项卡，在"调整"组中可以单击相应的按钮，然后在弹出的菜单中选择具体的设置项。图 3-61 为对原始图片进行亮度（+40%）、饱和度（200%）、对比度（+40%）以及艺术效果（十字图案蚀刻）设置后的效果。

图 3-61　设置图片的亮度、饱和度、对比度和艺术效果

Step2：在"图片样式"组中可为选择的图片设置默认的图片的样式，如图 3-62 左侧所示。

Step3：可根据个人要求设置图片的外观样式，主要包括图片边框、图片效果和图片版式，如图 3-62 右侧所示。

4．设置图片与文字的环绕方式

当制作的文档既有图片又有文字时，要充分考虑版面的美观，设置图片与文字的位置关系、环绕方式。设置步骤如下：双击要进行设置的图片，在"图片工具 - 格式"选项卡的"排列"组中单击"位置"按钮，在弹出的菜单（如图 3-63 所示）中选择文字环绕方式即可。

图 3-62　"图片样式"组

图 3-63　"位置"菜单

5．裁剪图片

当需要对插入到文档中的图片进行裁剪时，可以使用裁剪工具将图片多余部分删除。

Step1：双击要裁剪的图片，切换到"图片工具－格式"选项卡，单击"大小"组中的"裁剪"按钮。

Step2：当鼠标指针发生变化时，将鼠标指针指向图片边框，当鼠标指针变为 T 形时，在上、下、左、右 4 个方向上拖动边框，即可裁剪掉图片的相应区域。

6．图片处理

在 Word 2016 文档中插入图片后，用户可以对其进行简单的加工处理。通过"图片工具－格式"选项卡的"调整"组（如图 3-64 所示），可以快速地对图片进行锐化、柔化、对比度、亮度及颜色修正，不需要使用专业的图片处理工具，就可以轻松对图片进行简单处理。通过"删除背景"命令，可以对文档中的图片进行快速的"抠图"，移除图片中不需要的元素。

图 3-64 "调整"组

Step1：在 Word 2016 文档，选中需要进行处理的图片，在"图片工具－格式"选项卡的"调整"组中单击"删除背景"命令，进入图片编辑状态。

Step2：拖动矩形边框四周上的控制点，以便圈出最终要保留的图片区域，如图 3-65 所示。

Step3：完成图片区域选定后，选择"图片工具－格式"选项卡的"背景消除"组，单击"保留更改"按钮，或者直接单击图片外边区域，可去除图片背景并保留矩形圈起部分，如图 3-66 所示。

图 3-65 删除背景

图 3-66 删除背景后的效果

Step4：如果需要返回图片原始状态，只需要在"背景清除"选项卡的"关闭"组中单击"放弃所有更改"按钮即可。

> 通常只需调整矩形框，以括起要保留部分，即可得到想要的结果。如果希望更灵活地控制要删除的背景和要保留的图片区域，可以使用以下几个工具进行处理：

① 选择"背景消除"选项卡，在"优化"组中单击"标记要保留的区域"按钮，可以通过鼠标选择需要额外保留的图片区域。

② 选择"背景消除"选项卡，在"优化"组中单击"标记要删除的区域"按钮，可以通过鼠标选择需要额外删除的图片区域。

③ 选择"背景消除"选项卡，在"优化"组中单击"删除标记"按钮，可以删除以上两种操作中标记的区域。

7. 截图功能

Word 2016 中的截图功能可以帮助用户快速截取所有没有最小化到任务栏的程序的窗口画面。具体步骤如下。

Step1：在 Word 2016 的"插入"选项卡中单击"插图"组中的"屏幕截图"命令，如图 3-67 所示。

Step2：在下拉菜单中可以看到所有没有最小化到任务栏的程序，如图 3-68 所示，选择需要截图的程序，即可将程序快速截图到文档中。

图 3-67 "插图"组

图 3-68 "屏幕截图"下拉菜单

3.5.3 在文档中使用 SmartArt 图形

Word 2016 中新增了 SmartArt 图形，可以插入的 SmartArt 库中的图示包括：列表图、流程图、循环图、层次结构图、关系图、矩阵图和棱锥图等 7 大类。

1. 插入 SmartArt 图形

Step1：打开 Word 文档，切换到"插入"选项卡，在"插图"组中单击"SmartArt"按钮，打开"选择 SmartArt 图形"对话框，如图 3-69 所示。

图 3-69 选择 SmartArt 图形

Step2：在左侧列表中选择 SmartArt 图形的类型，然后在中间列表中选择该类型中具体的一种布局，右侧将显示所选布局的具体信息。

Step3：设置好后单击"确定"按钮，即可在文档中插入选择的 SmartArt 图形。

2．调整 SmartArt 图形的布局结构

插入的 SmartArt 图形可能不适合具体的要求，这时需要对其布局结构重新调整，以便达到要求。调整 SmartArt 图形的布局结构分以下几种。

① 更改整体布局：对于插入的 SmartArt 图形，可以重新改变其整体布局结构。双击 SmartArt 图形区域内的空白处，然后切换到功能区的"SmartArt 工具‑设计"选项卡，在"版式"组中重新选择布局，单击"其他"按钮，可以显示全部布局，如图 3-70 所示。

② 对图形升降级：在 SmartArt 图形的某些类型中，其内部图形有着级别之分，如层次结构图类型中的布局，要升级或降级某个图形，只需单击这个图形元素，然后在"设计"选项卡的"创建图形"组中单击"升级"或"降级"按钮即可。

③ 添加图形元素：除了在插入 SmartArt 图形时显示默认的图形元素个数，还可以根据需要添加图形元素，但是需要先选择一个基准图形。单击 SmartArt 图形中的一个基准图形元素，然后在"设计"选项卡的"创建图形"组中单击"添加形状"，在弹出的菜单中选择添加图形所处的位置即可，如图 3-71 所示。

图 3-70 "版式"组

图 3-71 "添加形状"菜单

3．添加 SmartArt 图形的内容

完成前面插入图形和调整图形的布局结构后，可以为 SmartArt 图形添加内容。插入 SmartArt 图形后，会自动显示一个文本窗格，用户可以在文本窗格中输入所需的文字内容。

Step1：在文档中插入 SmartArt 图形并调整好其布局结构，如果未自动打开文本窗格，可切换到"设计"选项卡，在"创建图形"组中单击"文本窗格"按钮，打开文本窗格。

Step2：单击要输入内容的文本框，直接输入文字即可。输入一个图形元素中的文字后，选择另一个图形元素，可输入下一个内容，输入的内容将在右侧相应的图形元素中显示，如图 3-72 所示。

4．美化 SmartArt 图形的外观

在 Word 2016 中，同样可以为 SmartArt 图形设置丰富多彩的外观。

Step1：单击要进行设置的 SmartArt 图形，然后单击左侧文本窗格右上角的关闭按钮。

Step2：切换到"SmartArt 工具‑设计"选项卡，在"SmartArt 样式"组中选择 SmartArt 图形的整体效果，如图 3-73 所示。

Step3：单击"更改颜色"按钮，在弹出的菜单中可以选择主题颜色。在 Word 2016 中还可以根据需要改变主题颜色，方法是切换到"页面布局"选项卡，在"主题"组中单击"颜色"按钮，在弹出的菜单中选择 Word 内置的主题颜色，如图 3-74 所示，选择"新建主题颜色"，可打开"新建主题颜色"对话框，如图 3-75 所示，可对主题颜色进行设置。

图 3-72　使用文本窗格输入 SmartArt 图形的内容

图 3-73　"SmartArt 样式"组

图 3-74　"主题颜色"菜单

图 3-75　"新建主题颜色"对话框

Step4：对于 SmartArt 图形中的单个图形，可以通过单击"SmartArt 工具 - 格式"选项卡的"形状样式"组中的"形状填充""形状轮廓""形状效果"按钮来自定义单个图形；在"艺术字样式"组中，通过直接在列表中单击艺术字样式、"文本填充""文本轮廓""文本效果"按钮自定义设置字体效果。

3.5.4 在文档中使用艺术字与文本框

1．插入艺术字

Step1：在 Word 文档中，切换到"插入"选项卡，在"文本"组中单击"艺术字"按钮，在弹出的菜单中选择一种艺术字样式，即可在 Word 中出现"请在此放置您的文字"文本框，并自动跳转至"绘图工具－格式"选项卡，如图 3-76 所示。

图 3-76　插入艺术字

Step2：编辑文本内容后，可通过"绘图工具－格式"选项卡的"形状样式""艺术字样式""文本""排列"以及"大小"组中相应的命令，对艺术字的显示效果进行设置。

2．设置艺术字格式

在文档中插入艺术字后，可以重新设置艺术字的大小、样式、文字方向等格式。

Step1：选择要设置的艺术字，然后拖动其边框上的控制点，调整艺术字的高度、宽度或等比例缩放艺术字，图 3-77 中的①为原始艺术字，②为调整后的效果。

Step2：选择要设置的艺术字，然后切换到"艺术字工具－格式"选项卡，在"艺术字样式"组中单击"渐变填充：蓝色，主题色 5；映像"样式。图 3-78 为"艺术字样式"菜单，图3-77 中的③为进行相关设置后的效果。

① 设置艺术字体格式

② 设置艺术字体格式

③ 设置艺术字体格式

图 3-77　艺术字效果

图 3-78　"艺术字样式"菜单

3．插入文本框

Word 文档中插入的文本框分为横排文本框和竖排文本框。

Step1：切换到功能区的"插入"选项卡，在"文本"组中单击"文本框"按钮，在弹出菜单的"内置"区域中选择 Word 默认的文本框样式，也可以选择"绘制文本框"命令创建新的文本框，如图 3-79 所示。

Step2：当光标变为十字形，在文档中拖动鼠标绘制一个空白文本框，在文本框中输入所需内容，可为文本设置字体、字号及字体颜色等格式。

4．设置文本框格式

右击文本框边框，在弹出的快捷菜单中选择"设置形状格式"命令，将打开"设置形状格式"面板，可以对文本框的填充、线条颜色、阴影、艺术效果等进行设置，如图 3-80 所示。

图 3-79 "文本框"菜单

图 3-80 "设置形状格式"面板

3.5.5　公式编辑器的使用

有时 Word 文档中要输入数学公式、数学符号，可以利用 Word 2016 的公式编辑器（Equation Editor）方便地实现该应用。

Step1：打开 Word 文档，将光标定位到要插入公式的位置，切换到"插入"选项卡，在"符号"组中单击"公式"按钮，然后在下拉菜单中选择内置的公式命令，这样可以在在文档中插入选中的公式，可以对该公式进行修改，如图 3-81 所示，左侧为"公式"下拉菜单，右侧图为插入的公式。

图 3-81 "公式"菜单及插入的公式

也可单击"插入新公式"，在文档中插入一个公式占位符，切换到"公式工具 - 设计"选项卡，在面板上选择不同命令，可在公式占位符中输入该类型的公式，如图 3-82 所示。

图 3-82　选择"插入新公式"命令后的效果

Step2：可以将插入的公式放到 Word 2016 的公式库中，以后在 Word 中直接使用。单击公式占位符右侧的下拉按钮，在弹出的下拉菜单中选择"另存为新公式"，在弹出的"新建构建基块"对话框的"类别"下拉列表中选择"创建新类别"选项。在打开的"新建类别"对话框的"名称"文本框中输入公式名，如图 3-83 所示，单击"确定"按钮，返回到 Word 文档。

图 3-83　"新建构建基块"对话框

3.6　表格和图表

Word 2016 提供了表格和图表处理功能，包括：创建表格、表格元素的操作、设置表格格式、图表的使用。

3.6.1　创建表格

Word 2016 中有多种创建表格的方法，用户可以根据需要使用不同的方法创建表格，创建表格的方法包括以下几种。

1. 拖动鼠标创建表格

打开 Word 文档，将光标定位到插入表格位置，切换到"插入"选项卡，在"表格"组中单击"表格"按钮，在下拉菜单中按住鼠标左键进行拖动，经过的方格数量为将要创建表格的行数和列数。在插入位置可预览到表格的外观，如图 3-84 所示。该方法创建的表格最大为 8 行 9 列。

2．使用对话框创建表格

在"表格"下拉菜单中选择"插入表格"，打开"插入表格"对话框，如图 3-85 所示，单击"微调"按钮或直接输入行数、列数值后，单击"确定"按钮，即可在文档的插入点处创建表格。

图 3-84　拖动鼠标创建表格　　　　　　　　　图 3-85　"插入表格"对话框

在"插入表格"对话框的"'自动调整'操作"组中可以选择不同的列表宽度。

① 固定列宽：表格的列宽以"厘米"为单位，若调整某一列的宽度，相邻列的宽度会改变，表格的总宽度不变。

② 根据内容调整表格：根据表格中内容的多少调整列宽，因为创建的初始表格不包含任何内容，创建出的表格外观尺寸将根据设置的行列数决定。

③ 根据窗口调整表格：表格的列宽以百分比为单位，当调整某列的宽度时，其他列的列宽也将动态改变，以使整个表格的总宽度保持不变。

3．绘制表格

在"表格"按钮的下拉菜单中选择"绘制表格"后，在文档中按住鼠标左键并拖动，即可绘制出表格的边框线，然后用相同的方法绘制表格内部各线条。

绘制完表格后，按 Esc 键退出绘制状态。如果需要修改某个线条，可以单击表格内部，然后激活"表格工具 - 设计"选项卡，单击"绘图边框"组中的"擦除"按钮，光标形状发生变化后，单击要擦除的线条，将绘制的线条删除，再重复刚才的操作即可。

3.6.2　设置表格格式

可以对创建的表格进行一些格式设置，包括行高、列宽、表格在文档中的位置、表格内文本的位置、文字方向、表格的边框和底纹、表样式的设置等。

1．调整行高和列宽

调整表格的行高和列宽有以下方法。

方法 1：将光标指向要调整行的行边框或列的列边框，当光标形状变为上下或左右的双向箭头时，按住鼠标左键并拖动即可调整行高和列宽。

方法 2：选择要调整行高或列宽的行或列，切换到功能区的"表格工具 - 布局"选项卡，在"单元格大小"组中设置"高度"或"宽度"的值，如图 3-86 所示，按 Enter 键即可。

方法 3：切换到功能区的"表格工具－布局"选项卡，在"单元格大小"组中单击"自动调整"命令，在下拉菜单中选择即可，如图 3-87 所示。

图 3-86 "单元格大小"组　　　　　　　图 3-87 "自动调整"下拉菜单

在"单元格大小"组中单击"分布行" ⊞ 或"分布列" ⊞ 按钮，可将各行调整为选中多行的平均行高，或将各列调整为选中多列的平均列宽。

2．设置单元格大小

如果希望精确设置一个单元格的大小，可以将光标置于要设置的单元格中，然后切换到"表格工具－布局"选项卡，在"单元格大小"组中设置"表格行高度"和"表格列宽度"微调框中的数值即可（见图 3-86）。

3．设置表格大小

要对整个表格的尺寸进行设置，先选中整个表格，然后切换到"表格工具－布局"选项卡，在"表"组中单击"属性"按钮，打开"表格属性"对话框，在"表格"选项卡中勾选"指定宽度"复选框，然后在右侧的微调框中输入表格宽度的数值即可，如图 3-88 所示。

4．设置表格内文本的对齐方式

Word 2016 为表格中文本的位置（即对齐方式）提供了 9 种方式，将光标定位到表格中，选择"表格工具－布局"选项卡的"对齐方式"组进行对齐方式的设置，如图 3-89 所示。

图 3-88 "表格属性"对话框

图 3-89 "对齐方式"组

5．设置表格中文字方向

将光标定位到单元格，在"对齐方式"组中单击"文字方向"按钮，可更改单元格中的文字方向，多次单击，可切换各个可用的方向。

6．设置单元格边距

Word 2016 中提供了设置单元格边距的功能，通过该设置，可以控制单元格中的内容与其所在单元格四周的距离。

Step1：选择某个表格，在"表格工具－布局"选项卡的"对齐方式"组中单击"单元格边距"按钮，打开"表格选项"对话框。

Step2：在"默认单元格边距"组中可以分别设置上、下、左、右的间距，如图 3-90 所示，选中 ☑ 自动重调尺寸以适应内容(Z) 复选框，表示当在单元格中输入超过单元格本身尺寸的内容时，其大小将随内容而自动改变。

7．设置表格的边框和底纹

Word 2016 中预置了很多表格样式，可以直接套用这些方案美化表格，也可以根据用户需要，自定义表格的边框和底纹。

（1）使用表格样式

将光标置于表格内，然后切换到"表格工具－设计"选项卡，在"表格样式"组中单击 按钮，在下拉菜单中选择喜欢的一种样式，如图 3-91 所示，即可将表格设置成所选择的外观。

图 3-90 "表格选项"对话框　　　　　　　图 3-91 "表格样式"组

在表格中套用表样式后，可以通过"表格样式选项"组中的选项对表格外观进行设置，如图 3-92 所示。如果清除表格样式，可以在图 3-93 所示"表格样式"下拉列表中选择"清除"。"修改表格样式"和"新建表格样式"命令可以对当前使用的样式进行修改和新建表格样式。

图 3-92 "表格样式选项"组　　　　　图 3-93 "表格样式"下拉列表

（2）自定义表格的边框和底纹

Step1：将光标置于表格内，切换到"表格工具－设计"选项卡，在"表格样式"组中单击"边框"按钮右侧的向下箭头，在弹出的下拉菜单中选择"边框和底纹"，打开"边框和底纹"对话框，如图 3-94 所示。

Step2：在"边框"选项卡中，可以在"设置""样式""颜色"和"宽度"中分别设置表格边框的外观，在"应用于"下拉列表中选择边框的应用范围，在"预览"中可以观察设置边框后的效果。切换到"底纹"选项卡，可以设置底纹的效果，如图 3-95 所示。

| 图 3-94 "边框和底纹"对话框 | 图 3-95 "底纹"选项卡 |

3.6.3 表格中数据的管理

1. 表格数据的排序

Step1：在图 3-96 的表①中，将光标定位到"学号"一列的任何单元格中，切换到"表格工具 – 布局"选项卡，在"数据"组中单击"排序"按钮，打开"排序"对话框。

Step2：进行主关键字、次关键字等一系列设置后，选中"升序"单选按钮，如图 3-97 所示，然后单击"确定"按钮，即按照学号由低至高排列，结果见图 3-96 的表②。

学号	姓名	平时成绩	期末成线	总评
161012138	吴根	85	85	85
161051248	陈瑞	80	83	82
162011003	陈斌	79	83	81
162011002	陈特	84	81	83
162011001	关冬梅	86	79	83
162011005	郑钧	77	79	78
162011011	黄飞月	83	77	80
162011009	张凡	90	89	90
162011006	陈牛牛	96	90	93
162011007	杨元元	78	74	76
162011008	吴莹莹	78	66	72

①

学号	姓名	平时成绩	期末成线	总评
161012138	吴根	85	85	85
161051248	陈瑞	80	83	82
162011001	关冬梅	86	79	83
162011002	陈特	84	81	83
162011003	陈斌	79	83	81
162011005	郑钧	77	79	78
162011006	陈牛牛	96	90	93
162011007	杨元元	78	74	76
162011008	吴莹莹	78	66	72
162011009	张凡	90	89	90
162011011	黄飞月	83	77	80

②

图 3-96 学生成绩表

图 3-97 "排序"对话框

2. 表格数据的计算

除了对表中的数据进行简单的排序，还可以对数据进行统计计算，如加、减、乘、除、求和、平均值等。下面以求平均值为例进行介绍。

Step1：在学生成绩表中插入一列，合并单元格后。将光标定位到要插入平均值的单元格，单击"表格工具－布局"选项卡的"数据"组中的 _fx_ 公式 按钮。

Step2：在打开的"公式"对话框中删除"公式"文本框中的函数，在"粘贴函数"下拉菜单中选择"AVERAGE"。

Step3：在"公式"文本框中函数的括号中输入要计算的区域，这里输入"e2:e11"（如图3-98 所示），再单击"确定"按钮，返回到 Word 文档，即可看到计算的平均成绩，如图 3-99 所示。

图 3-98 "公式"对话框

学号	姓名	平时成绩	期末成线	总评	平均成绩
161012138	吴根	85	85	85	83.1
161051248	陈瑞	80	83	82	
162011003	陈斌	79	83	81	
162011002	陈特	84	81	83	
162011001	关冬梅	86	79	83	
162011005	郑钧	77	79	78	
162011011	黄飞月	83	77	80	
162011009	张凡	90	89	90	
162011006	陈牛牛	96	90	93	
162011007	杨元元	78	74	76	
162011008	吴莹莹	78	66	72	

图 3-99 求平均成绩

3.6.4 创建图表

1. 图表类型及插入图表

Word 2016 中提供了 11 类图表，以满足不同用户的需要，每类图表又可以分为几种形式，不同图表的类型都有其各自的特点和用途。在"插入"选项卡的"插图"组中单击"图表"按钮，可打开"插入图表"对话框，从中可查看 11 类图表，如图 3-100 所示；在左侧选择图表类型，在右侧选择该类图表的某个形式，单击"确定"按钮，即可在文档的光标位置插入图表。

图 3-100 "插入图表"对话框

2. 编辑图表

下面为学生成绩表插入一折线图。

Step1：将光标定位到文档将要插入图表的位置，打开"插入图表"对话框，选择"带数据标记的折线图"，单击"确定"按钮，这时会在 Word 文档中插入一个折线图图表，同时打开一个 Excel 文档，此时图表与表格没有任何关系。

Step2：将 Word 表格中的学生"姓名""总评"成绩的数据复制到该表格中，关闭 Excel，返回到 Word 文档中，可查看到插入的图表。

Step3：在"图表工具－布局"选项卡的"标签"组中单击"图表标题"按钮，在弹出的下拉菜单中选择"居中覆盖标题"选项，输入图表标题。

Step4：单击"图例"按钮，在弹出的下拉菜单中选择"在底部显示图例"选项，在"图表工具－格式"选项卡的"形状样式"组中选择"透明-绿色-强调颜色6"选项。

Step5：单击"形状样式"组中的"形状效果"按钮，在弹出的下拉菜单中选择"发光：11磅；绿色，主题颜色6"命令。

Step6：单击"艺术字样式"组中的"文本效果"按钮，在弹出的下拉菜单中选择"发光：11磅；绿色，主题颜色6"命令。图 3-101 为完成结果。

图 3-101　插入折线图

3.7　打印输出

本节介绍在 Word 2016 中进行页面排版及打印输出的各种方法，主要包括页面设置、打印预览、打印输出。

1. 设置页面布局

编辑好的文档，要对文档页面进行统一设置，主要包括页边距、纸张大小和页面方向、分栏和分页、分节、页面背景等的设置。其他内容在前面已详细介绍，所以这里只介绍设置纸张大小及页面方向。

Step1：切换到"页面布局"选项卡，在"页面设置"组中单击"纸张大小"按钮，从中选择预置的纸张大小，也可以选择"其他页面大小"命令，打开"页面设置"对话框，如图 3-102所示，从中设置纸张大小。

Step2：单击"纸张方向"按钮，从中选择"纵向"或"横向"命令。

2. 打印预览

为保证打印输出的品质和准确性，一般在正式打印前先进入预览状态检查文档整体的版式布局是否存在问题。进入打印预览状态有两种方法。

方法 1：选择"文件"→"打印"命令，这时在页面中间显示打印设置内容，右侧显示预览效果，如图 3-103 所示。

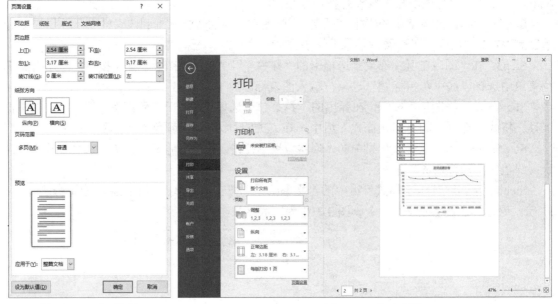

图 3-102　页面设置　　　　　　　　　　　　图 3-103　打印预览

方法 2：单击快速访问工具栏右侧的下拉按钮，在弹出的菜单中选择"打印预览和打印"，然后单击快速访问工具栏中添加的"打印预览和打印"按钮，也会跳转至图 3-103 所示状态。

其中，在"打印设置"组中可以选择打印机、设置打印文档和打印效果；在"预览"组中可以预览文档中的内容，通过滚动鼠标或者按 PgUp 和 PgDn 键可以进行翻页。

3．设置打印选项

预览无误后，可在图 3-103 所示的"打印设置"组中单击"打印机属性"按钮，打开所选打印机的"属性"对话框，可以对纸张选项、尺寸、来源和类型进行设置，如图 3-104 所示。设置完成后，在右侧预览窗口中可以查看设置后的预览效果。

图 3-104　"打印"对话框

4．打印输出

设置好打印参数后，即可将文档打印输出。

3.8 应用实例

3.8.1 Word中长文档的处理——撰写毕业论文

以毕业论文为例，本节介绍 Word 中长文档的一些常用操作，主要对论文封面的设置、论文提纲的制作、制作目录、添加批注和修订进行叙述，而设置样式、插入页码、插入分节符、设置分栏、设置格式、设置奇偶页、图文混排等操作，这里不再进行赘述。

1．设置毕业论文的封面

打开"毕业论文"文档，在"插入"选项卡的"页面"组中单击"封面"按钮，可在弹出的下拉菜单中选择内置的封面类型，或者新建空白页，然后输入文本、插入图片、调整文本字体、位置后，效果如图 3-105 所示。

图 3-105　论文封面

2．制作论文的提纲

Step1：将文本插入点定位到论文封皮文本后，在"页面布局"选项卡的"页面设置"组中单击"分隔符"按钮，选择"分节符"命令中的"下一页"，可在文档中添加一个分节符，这样在调整文本内容时不会影响后面的版式。

Step2：在"状态栏"中单击"大纲视图"按钮，将视图模式由页面视图切换到大纲视图模式，从中可以看到插入的分节符，如图 3-106 所示。

图 3-106　大纲视图

Step3：将文本插入点定位到分节符下，输入第 1 个标题，按 Enter 键，Word 将自动编号。

Step4：按 Ctrl+Z 组合键，取消自动编号，然后依次输入其他标题内容。

Step5：将文本插入点定位到第 1 个标题的文字中，在"大纲"选项卡的"大纲工具"组中选择大纲级别，将该标题设置为 1 级，其他标题进行类似设置。

Step6：在"视图"选项卡的"文档视图"组中单击"页面视图"按钮，切换到页面视图。

Step7：将文本插入点定位到第 1 个一级标题和第 1 个二级标题之间，按 Enter 键，在"样式"组中单击"正文"，将该行的样式设置为"正文"样式，从中输入正文内容。

Step8：用相同的方法输入论文的所有正文内容。由于在输入内容时正文没有首行缩进，用鼠标拖动水平标尺，将"首行缩进"滑块拖动两个字符即可。用前面介绍的方法对论文插入页眉和页脚。图 3-107 为最后论文内容及格式。

图 3-107　毕业论文

3. 制作目录

在毕业论文中，将光标定位到"目录"的下一行，然后按照以下步骤制作目录。

Step1：在"引用"选项卡的"目录"组中单击"目录"按钮，然后选择"插入目录"命令，打开"目录"对话框，如图3-108所示，在"常规"组的"显示级别"数值框中输入"3"。

图3-108　"目录"对话框

Step2：单击"选项"按钮，打开"目录选项"对话框，分别在"标题1""标题2""标题3"文本框中输入"1""2""3"后，如图3-109所示，单击"确定"按钮，这时系统自动将目录插入到文档中。图3-110为插入效果。

图3-109　"目录选项"对话框

图3-110　插入目录的效果

Step3：如果改变了与目录对应的正文中的标题内容，或文档中的页面发生变化，需要对目录进行更新操作。只需在目录范围内单击右键，在弹出的快捷菜单中选择"更新域"命令，打开"更新目录"对话框，如图3-111所示。设置完成后，单击"确定"按钮即可。

图 3-111 "更新目录"对话框

4．审阅与修订文档

（1）添加批注和修订

批注是某人对文档中某内容提出的意见及建议，可以与文档一起保存；修订是对文档进行修改时，用特殊符号标记曾经修改过的内容，可以让其他人看到该文档中有哪些内容被修改过。在文档中添加批注的具体步骤如下。

Step1：在 Word 文档中，选择要进行批注的内容，切换到"插入"选项卡，在"批注"组中单击"新建批注"按钮，将在文档窗口右侧显示一个批注框，在批注框中输入批注内容即可。

Step2：按照同样的方法，在文档中可以添加多个批注，批注间的序号将自动排列。要查看文档中添加的批注，可以在"批注"组中单击"上一条"和"下一条"按钮，逐个对批注进行查看和编辑。

Step3：要删除批注，可单击批注框内部，然后单击"删除"按钮，选择"删除"命令。

对文档进行修订的操作步骤如下。

Step1：单击"审阅"选项卡的"修订"组中的"修订"按钮，进入修订状态，然后可以按照正常的方式对文档进行修改。在修改原位置显示修订标记，在修改位置所在段落的左侧也会显示修订标记（一条竖线），如图 3-112 所示。

图 3-112　修订文档

Step2：修订结束后，再次单击"修订"按钮，即可退出修订状态。

Step3：在"修订"组中可以打开"显示标记"按钮的下拉列表，从中选择文档经过修改后的显示设置，如图 3-113 所示。

（2）接受或拒绝修订

对于文档中的修订，应该在经过确认后采取处理措施，即接受或拒绝修订内容。具体操作步骤如下：单击文档中要进行确认的修订位置，然后在"审阅"选项卡的"更改"组中单击"接受"按钮，在下拉菜单中选择"接受并移到下一条"命令；或单击"拒绝"按钮，在下拉菜单中选择"拒绝并移到下一条"命令。如果选择"接受所有修订"或"拒绝所有修订"命令，则将接受或拒绝文档中的所有修订，如图 3-114 所示。

图 3-113 "显示标记"菜单　　　　　图 3-114 "接受修订"菜单和"拒绝修订"菜单

5．导航窗格的使用

可以通过使用"导航窗格"跳转至论文的具体章节，以便查看或修改该章节的内容。打开"导航窗格"的步骤比较简单，在"视图"选项卡的"显示"组中勾选"导航窗格"复选框，在文档窗口左侧显示"导航"窗口，取消选中该复选框，即可隐藏"导航"窗口。

3.8.2　邮件合并——分发录取通知书

在实际生活或工作中，经常需要将相同内容的文件分发给不同的人或单位，在 Word 中可以使用邮件合并来完成此项工作。以录取通知书为例。

1．建立主文档

新建一个文档，编辑录取通知书相关内容，如图 3-115 所示。

图 3-115　主文档

2．数据文档

数据文档是存放录取对象的信息，包括姓名、家庭地址、联系方式和录取专业等。可以使用 Word（或 Excel）新建一个表格，如图 3-116 所示。

姓名	年龄	联系方式	家庭地址	录取分数	录取专业
张三	20	13512345678	广东省广州市	600	英语
李四	21	13612345678	湖南省长沙市	601	计算机
王五	22	13712345678	湖北省武汉市	700	市场营销
刘六	20	13888888888	杭州西湖	650	室内设计
赵七	21	13912345678	西藏	600	软件工程

图 3-116　数据源

3．邮件合并

Step1：打开主文档，在"邮件"选项卡中单击"开始邮件合并"，然后选择要合并生成的文档类型，如图 3-117 所示。

图 3-117　选择合并生成的文档类型

Step2：单击"选择收件人"按钮，在弹出的对话框中选择数据源，选择现有数据源；如果之前并未创建数据文档，可以选择"键入新列表"，如图 3-118 所示。

图 3-118　选择数据源

Step3：把光标定位在需要插入数据位置，然后在"编写和插入域"组中单击"插入合并域"，在下拉列表中选择对应位置要插入的数据源数据，如图 3-119 所示。重复操作，直到完成所有数据插入。

图 3-119　插入合并域

Step4：预览结果或选择"完成并合并"，然后选择生成文档的方式，如图 3-120 所示。

图 3-120   选择生成文档方式

在弹出的对话框中选择"合并记录"中的"全部"，如图 3-121 所示，可以生成新的文档，完成邮件合并。

图 3-121   合并到新文档

本章小结

本章对文字处理软件 Word 2016 的使用进行了详细叙述。Word 是最优秀的文字处理软件之一，可以用来制作各种文档，美化文档格式，制作各种图文混排的文档，可以创建表格和图表，是个人及办公事务处理的理想工具。Word 功能非常强大，内容覆盖面比较广泛，本章主要介绍了 Word 的基本操作、编辑文档内容、设置文档格式、图形与图片的使用、表格、自动化处理文档等。通过本章的学习，读者可以轻松实现 Word 的办公自动化。

第4章　表格处理软件

丹·布莱克林（Dan Bricklin）　生于 1951 年，1973 年从美国麻省理工学院（MIT）毕业后进入 DEC 公司，与人合作编制了 DEC 的第一个字处理软件 WPS-8。1977 年秋，他进入哈佛商学院，在哈佛分时计算机系统上用 BASIC 编写软件，进行财务数据计算。1978 年年初，他和 MIT 的老朋友佛兰克斯通一起合作，成立软件艺术公司（SA），为 Apple II 开发了第一个电子表格软件 VisiCalc。

4.1　Excel 2016 的基本知识

Excel 是 Microsoft Office 产品套件的组成部分。Excel 是一种可以用来创建表、计算数据和分析数据的软件，这种类型的软件被称为电子表格软件。Excel 可以创建自动计算所输入数值总和的表，可以采用简洁的版式打印表，还可以创建简单的图形。

1. Excel 2016 的启动和退出

启动 Excel 2016，操作步骤如下：在"开始"菜单中选择"所有程序"→"Microsoft Office"→"Microsoft Excel 2016"。

Excel 2016 的退出方法有如下几种。

方法 1：单击 Excel 2016 窗口右上角的 ⊠ 按钮。

方法 2：移动鼠标指针至标题栏处，单击右键，在弹出的快捷菜单中选择"关闭"（快捷键为 Alt+F4）。

方法 3：在"文件"选项卡中选择"退出"命令。

方法 4：在菜单栏"告诉我你想做什么"的智能搜索框中输入"退出"或"关闭文件"。

2. Excel 2016 的工作窗口

Excel 2016 启动后，出现 Excel 2016 的工作窗口，并自动创建一个名为"工作簿 1"的空工作簿，如图 4-1 所示。一个 Excel 文件是一个工作簿，扩展名默认为 .xlsx。一个工作簿由若干工作表组成，每个工作表可看作一张二维表，由行、列坐标指示的若干单元格构成。

在图 4-1 中，Excel 2016 工作窗口的各部分介绍如下。

① 标题栏：显示正在编辑的工作表的文件名以及所使用的软件名。

② "文件"选项卡：包含基本命令（如"新建""打开""另存为""打印"和"关闭"）。

③ 快速访问工具栏：包含常用命令，如"保存"和"撤销"。也可以添加自己的常用命令。

④ 智能搜索栏：在文本框中输入内容，可快速获得想要使用的功能和想要执行的操作，还可以获取相关帮助。

⑤ 功能区：一个水平区域，像一条带子，在 Excel 启动时位于软件的顶部。工作所需的命令分组在一起并位于相应的选项卡中，如"开始"和"插入"。通过单击选项卡，可以切换显示的命令集。

图 4-1　Excel 2016 工作窗口

⑥ 名称框：在名称框中单击鼠标左键后，即可对其进行编辑，输入单元格地址或定义名称后，可快速定位到相应的单元格或单元格区域。

⑦ 编辑栏：单击鼠标左键，可选中编辑栏，并可进一步对其中的数据、公式或函数进行编辑修改。编辑栏在进行公式与函数运算时将会大显神通。

⑧ 工作表区：在 Excel 2016 中默认为带有线条的表格，用户可以在工作区中输入文字、数值、插入图片、绘制图形、插入图表，还可以设置文本格式。

⑨ 单元格：Excel 运算和操作的基本单位，用来存放输入的数据。每个单元格都有一个固定的地址编号，由"列标+行号"构成，如 A1。被黑框套住的单元格称为活动单元格。

⑩ 工作表标签：工作簿窗口底部的工作表标签上显示工作表的名称。如果要在工作表间进行切换，可单击相应的工作表标签。

⑪ 水平滚动条和垂直滚动条：可以更改正在编辑的工作表的显示位置。

⑫ 缩放比例：可以更改正在编辑的工作表的缩放设置。

⑬ 状态栏：显示正在编辑的工作表的相关信息。

4.2　Excel 2016 的基本操作

4.2.1　创建工作簿

Excel 工作簿是包含一个或多个工作表的文件，可用来组织各种相关信息。要创建新工作簿，可以打开一个空白工作簿，也可以基于现有工作簿、默认工作簿模板或任何其他模板创建新工作簿。

1. 新建空白工作簿

当用户启动 Excel 应用程序时，在默认情况下，系统将自动创建一个空白工作簿。另外，还可以通过以下三种方法创建空白工作簿。

方法 1：单击快速访问工具栏中的"新建"按钮。

方法 2：用快捷键 Ctrl+N 来新建空白工作簿。

方法 3：选择"文件"→"新建"命令，然后单击"可用模板"组中的"空白工作簿"选项，再单击"创建"按钮，如图 4-2 所示，即可创建一个新的空白工作簿。

图 4-2　"新建"命令任务窗格

2. 基于模板创建新工作簿

为了提高工作效率，可以利用自带的文档模板或联机搜索模板创建新工作簿。其中样本模板已预定义了业务、日历、预算等项目，使用样本模板，只需经过简单的设计，即可轻松创建文档，大大节约用户创建表格所花费的时间；而联机搜索模板提供了比样本模板更丰富的模板供用户创建新工作簿，但需要当前计算机联网，否则该功能不能启用。

此处仅以样本模板为例，介绍基于模板创建新工作簿的具体操作如下：选择"文件"→"新建"命令，右侧任务窗格中出现可用的模板，此处选择"学生出勤记录"表，如图 4-3 所示，然后单击"创建"按钮，如图 4-4 所示。这样就创建了一个含有内容的新工作簿。用户可在此工作簿基础上根据需要进行修改，如图 4-5 所示。

图 4-3 选择"学生出勤记录"模板

图 4-4 创建"学生出勤记录"表

图 4-5　基于模板创建的"学生出勤记录"

4.2.2　打开工作簿

Excel 文件有多种打开方式：可以为编辑而打开原始文件，也可以打开副本，还可以将文件以只读方式打开。

1．以传统方式打开文件

选择"文件"→"打开"命令（快捷键 Ctrl+O），打开"打开"对话框，从中浏览到要打开的文件所在的位置，单击该文件，然后单击"打开"按钮。

2．以副本方式打开文件

以副本方式打开文件时，程序将创建文件的副本，并且所查看到的是副本，所做的任何更改将保存到副本中。程序为副本提供新名称，默认情况下是在文件名的开头添加"副本（1）"。

选择"文件"→"打开"命令，打开"打开"对话框，从中浏览到要打开的文件所在的位置，单击要以副本方式打开的文件，再单击"打开"按钮旁边的箭头，然后选择"以副本方式打开"，如图 4-6 所示。

图 4-6　以副本方式打开

3．以只读方式打开文件

将文件以只读方式打开时，看到的是原始文件，但是无法保存对它的修改。

在"打开"对话框中浏览到要打开的文件所在的位置，单击要以只读方式打开的文件，再单击"打开"按钮旁边的箭头，然后选择"以只读方式打开"（见图 4-6）。

4.2.3 保存工作簿

保存文件时，可以保存原始文件，也可以保存文件的副本，或者以其他格式保存文件；可以将文件保存到硬盘驱动器上的文件夹、网络位置、CD 或其他存储位置，需要在"保存位置"列表中选择目标位置，不管选择什么位置，保存的过程都是相同的。

1. 保存新建工作簿

对新建的工作簿进行首次保存时，系统要求为其命名、设置保存路径等，选择"文件"→"保存"命令（快捷键 Ctrl+S），会弹出"另存为"对话框，如图 4-7 所示，从中为文件选择合适的"保存位置"，在"文件名"处输入所保存的工作簿的文件名，并选择所需保存的文件类型，单击"保存"按钮即可。

图 4-7　保存文件

Excel 2016 的默认保存格式是*.xlsx，Excel 2003 的默认保存格式是*.xls。一般，高版本软件能打开低版本软件产生的文件，对 Excel 而言，Excel 2016 能打开 Excel 2003 版本扩展名为 .xls 的文件。Excel 2016 在保存文件时将文件类型选择为"Excel 97-2003 工作簿（*.xls）"，Excel 2003 才能打开该文件，如图 4-8 所示。

图 4-8　保存类型选择

2．另存工作簿

对于新创建的工作簿，第一次进行保存操作时，"保存"和"另存为"命令的功能是完全相同的，但是对于之前已经保存过的工作簿来说，再次进行保存时，这两个命令是不同的。

"保存"命令直接将编辑修改后的内容保存到当前工作簿中，工作簿的文件名、保存路径不会发生改变。

"另存为"命令将打开"另存为"对话框，允许用户重新设置存放路径、文件名称和其他保存选项，以得到当前工作簿的另一个副本。

另存为工作簿的具体操作为：选择"文件"→"另存为"命令，弹出"另存为"对话框，再从中设置文件的保存路径、文件名称和保存类型，最后单击"保存"按钮即可。

4.2.4 打印工作簿或工作表

在日常工作中，经常需要将制作好的表格打印出来，在打印前，需要对文档进行一系列设置，如页面设置、页眉和页脚的设置等，使得打印效果美观大方。在打印工作簿或工作表时，可以打印整个或部分工作表和工作簿，也可以一次打印一个或一次打印几个，也可以将工作簿打印到文件而不是打印到打印机。

1．打印预览

在打印工作簿或工作表前，可先预览整个页面，以便对不合适的地方进行调整。

单击要预览的工作表，选择"文件"→"打印"命令（快捷键 Ctrl+F2），在"打印"组的右侧可预览打印效果，如图 4-9 所示。

图 4-9 打印预览

若觉得预览效果看不清楚，则可以单击预览页面下方的"缩放到页面"按钮，此时预览效果比例放大，可以拖动垂直或水平滚动条来查看工作表内容。

在预览时如果觉得不满意，那么可以单击"显示边距"按钮，在预览中显示边距。将光标移到这些虚线上，可以拖动调整表格距离四周的距离。

2．页面设置

要更改页面设置，可选择图 4-9 中"打印"组的"页面设置"命令，打开"页面设置"对话框，如图 4-10 所示，可在"页面""页边距""页眉/页脚"或"工作表"选项卡中设置。

图 4-10　页面设置

（1）增大或缩小打印页

打开"页面"选项卡，在"缩放比例"框中输入百分数，可调整页面的大小；还可以在"调整为"框中输入工作表中需要的页面数目，调整页面的大小。例如，某表格在打印前预览结果如图 4-11 所示，需要 2 页，但第 2 页只有一列内容，则调整方法如下：打开"页面设置"对话框，在"页宽"框中输入 1，并使"页高"框为空白。设置后再查看预览结果，可见所有内容均显示在一页中，如图 4-12 所示。

（2）纵向、横向打印

在"页面布局"选项卡中可以选择"纵向"或"横向"纸张来打印，还可以在如图 4-9 所示的"打印"组中设置页面的"纵向"或"横向"。在工作簿打开的情况下，选择"页面设置"组中的"纸张方向"按钮，然后选择"纵向"或"横向"来设置纸张方向，如图 4-13 所示。

（3）添加和打印页眉或页脚

打开"页眉/页脚"选项卡（如图 4-14 所示），在"页眉"或"页脚"下拉列表中选择所需要的页眉或页脚。若需自定义页眉或页脚，则可单击"自定义页眉"或"自定义页脚"按钮，然后在"左""中"或"右"框中输入文本，或插入页码、日期、时间等，单击"确定"或"打印"按钮即可。

（4）打印标题

许多数据表都包含标题行或标题列，当工作表较大而需要在多页打印时，可以通过对打印标题的设置使标题行或标题列在多页中重复显示，使打印的表格更易于阅读。图 4-15 和图 4-16 分别是不显示和显示标题行的情况。

成绩表

学号	英语	数学	计算机	语文	思政	计算机	总分	平均分
98214001	93	94	89	96	95	91	558	93.00
98214002	67	87	76	89	69	78	466	77.67
98214003	95	83	87	85	97	89	536	89.33
98214004	82	83	80	85	84	82	496	82.67
98214005	83	89	89	91	85	91	528	88.00
98214007	45	86	56	88	47	58	380	63.33
98214008	64	75	68	77	66	70	420	70.00
98214009	50	88	63	90	52	65	408	68.00
98214011	82	96	82	98	84	84	526	87.67
98214012	74	89	75	91	76	77	482	80.33
98214014	50	56	54	58	52	56	326	54.33
98214015	50	66	64	68	52	66	366	61.00
98214016	92	78	86	80	94	88	518	86.33
98214017	53	66	51	68	55	53	346	57.67
98214018	82	83	89	85	84	91	514	85.67
98214019	84	89	91	91	86	93	534	89.00
98214020	85	81	80	83	87	82	498	83.00
98214021	68	76	73	78	70	75	440	73.33
98214022	58	74	57	76	60	59	384	64.00
98214023	89	95	79	87	91	81	512	85.33
98214024	81	73	76	75	83	78	466	77.67
98214025	85	92	87	94	87	89	534	89.00
98214026	72	95	78	97	74	80	496	82.67
98214027	80	88	83	90	82	85	508	84.67
98214028	66	92	68	94	68	70	458	76.33
98214029	70	86	71	88	72	73	460	76.67
98214030	76	88	80	90	78	82	494	82.33
98214031	41	62	56	64	43	58	324	54.00
98214032	70	88	78	90	72	80	478	79.67
98214033	90	64	73	66	92	75	460	76.67
98214034	50	61	63	63	52	65	354	59.00
98214035	75	68	79	70	77	81	450	75.00

图 4-11　调整前的预览结果

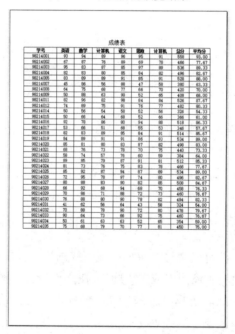

图 4-12　调整为 1 个页宽后的预览结果

图 4-13　选择"纵向"或"横向"纸张

图 4-14　页眉/页脚设置

学号	英语	数学	计算机	语文	思政	计算机	总分	平均分
98214048	90	64	73	66	92	75	460	76.67
98214049	50	61	63	63	52	65	354	59.00
98214050	75	68	79	70	77	81	450	75.00

图 4-15　第 2 页不显示标题行

学号	英语	数学	计算机	语文	思政	计算机	总分	平均分
98214048	90	64	73	66	92	75	460	76.67
98214049	50	61	63	63	52	65	354	59.00
98214050	75	68	79	70	77	81	450	75.00

图 4-16　第 2 页显示标题行

Step1：打开相应的 Excel 工作表实例文件，切换到"页面布局"选项卡，单击"页面设置"组中的"打印标题"按钮，如图 4-17 所示。

Step2：打开"页面设置"对话框，切换至"工作表"选项卡，在"顶端标题行"栏中输入包含标题的行号，也可以单击最右的"压缩对话框"按钮 ⬆ （如图 4-18 所示），然后选择要在工作表中重复显示的标题行。完成选择标题行后，再次单击"压缩对话框"按钮，以返回"页面设置"对话框。

Step3：单击"确定"按钮，完成设置。

图 4-17 单击"打印标题"

图 4-18 设置打印标题行

3．打印部分或整个工作表或工作簿

在默认打印方式下，Excel 将打印用户当前选定的工作表上的内容；如果用户同时选中多个工作表，则可以打印选中的多个工作表内容；如果用户要打印当前工作簿中的所有工作表，可以在打印之前同时选中工作簿中的所有工作表，也可以使用下面的方法设置。

打开要打印的 Excel 工作表，选择"文件"→"打印"命令（快捷键 Ctrl+P），在"设置"组中选择要打印的区域，如图 4-19 所示。

在默认方式下，Excel 会打印工作表中包含数据或格式的全部单元格区域，如果只需要打印其中的部分，则可设定打印区域。设置打印区域有以下几种方式。

方法 1：选中需要打印的数据区域，如图 4-20 所示，按快捷键 Ctrl+P，切换到"打印"选项卡，如图 4-21 所示，单击"打印"即可。

方法 2：选择要打印的数据区域，切换到"页面布局"选项卡，在"页面设置"组中选择"打印区域"→"设置打印区域"，如图 4-22 所示，然后选择"文件"→"打印"命令。

4．一次打印多个工作表

选择工作表的方法有如下几种。

❖ 选择一张工作表：单击该工作表的标签。

图 4-19　选择要打印的区域

图 4-20　选定数据区域

图 4-21　打印选定区域

图 4-22　"打印区域"设置

❖ 选择两张或多张相邻的工作表：单击第一张工作表的标签，然后按住 Shift 键的同时单击要选择的最后一张工作表的标签。

❖ 选择两张或多张不相邻的工作表：单击第一张工作表的标签，然后按住 Ctrl 键的同时依次单击要选择的工作表的标签。

❖ 选择工作簿中所有的工作表：右击一张工作表，在弹出的快捷菜单中选择"选定全部工作表"。

5. 一次打印多个工作簿

在文件中选择要打印的工作簿，单击右键，在弹出的快捷菜单中选择"打印"（如图 4-23 所示）即可。

图 4-23　一次打印多个工作簿

4.3 输入、编辑数据

在对表格输入或编辑数据前，一般先要选定相应的表格对象，表格对象的选定方式如表4.1所示。若要取消单元格选定区域，可单击相应工作表中的任意单元格。

表 4.1 表格对象的选定

选 择	操 作
一个单元格	单击该单元格或按箭头键，移至该单元格
单元格区域	单击该区域中的第一个单元格，然后拖至最后一个单元格，或者在按住 Shift 键的同时按箭头键来扩展选定区域
较大的单元格区域	单击该区域中的第一个单元格，然后在按住 Shift 键的同时单击该区域中的最后一个单元格。可以使用滚动功能显示最后一个单元格
工作表中的所有单元格	单击"全选"按钮
不相邻的单元格或单元格区域	选择第一个单元格或单元格区域，然后在按住 Ctrl 键的同时选择其他单元格或区域
整行或整列	单击行标题或列标题 ②列标题 ①行标题
相邻行或列	在行标题或列标题间拖动鼠标。或者选择第一行或第一列，然后在按住 Shift 键的同时选择最后一行或最后一列
不相邻的行或列	单击选定区域中第一行的行标题或第一列的列标题，然后在按住 Ctrl 键的同时单击要添加到选定区域中的其他行的行标题或其他列的列标题
行或列中的第一个或最后一个单元格	选择行或列中的一个单元格，然后按 Ctrl+箭头键（对于行，使用向右键或向左键；对于列，使用↑键或↓键）

4.3.1 输入数据

输入数据的方式如下：

❖ 用单击或移动光标的方法选定单元格。

❖ 输入数据后按 Enter 键、Tab 键、↑、↓、←、→，或单击其他单元格，以结束该单元格数据的输入。

（1）输入字符型数据

在单元格中直接输入即可。

（2）输入数值型数据

负数的输入：可按常规方法在数值前加负号，也可对数值加括号，如"-123456"或"(123456)"。

分数的输入：先输入整数或 0 和一个空格，再输入分数部分，如"1 1/2"和"0 1/2"。

百分数的输入：在数值后直接输入百分号，如"25%"。

（3）输入日期型数据

在输入日期型的数据时，用连字符"-"或"/"分割日期的年、月、日部分，如"2014-3-1"或"2014/2/8"。输入当前日期可按 Ctrl+; 键。

在输入时间型数据时，用":"分隔时间的时、分、秒部分，如果按 12 小时制输入时间，需在时间数字后空一格，并输入字母"a"（上午）或"p"（下午），如"10:20 p"。输入当前时间，可按 Ctrl+Shift+; 键。

（4）输入具有自动设置小数点的数字

Step1：选择"文件"→"选项"命令，打开"Excel 选项"对话框，如图 4-24 所示。

图 4-24　自动设置小数点

Step2：单击左侧窗格中的"高级"，然后勾选"编辑选项"栏中的"自动插入小数点"，在"位数"微调框中输入一个正数或负数。

注意：设置位数"n"相当于给原数乘以 10^{-n}，即当位数为正数时，小数点向左移动 n 位；当位数为负数时，小数点向右移动 n 位，没有数时以"0"补足。例如，在"位数"中输入"2"，然后在单元格中输入"1234"，则其值为 12.34；在"位数"中输入"-2"，然后在单元格中输入"1234"，则其值为 123400。

（5）同时在多个单元格中输入相同的数据

Step1：选定需要输入数据单元格。单元格可以不相邻。

Step2：输入相应数据，然后按 Ctrl+Enter 键，如图 4-25 所示。

图 4-25　同时选定多个不连续的单元格

另外，可以使用填充柄（将鼠标指针移动至开始区域的右下角的小方块处，这时光标变为"+"，称为填充柄）在几个单元格中输入相同数据。如先在单元格 A1 中输入数字 2，使用填充柄先向下拖动，再横向拖动，就可完成如图 4-26 所示的填充。

（6）同时在多张工作表中输入或编辑相同的数据

如果已经在 Sheet1 中输入了数据，可快速将该数据填充到其他工作表的相应单元格中。

Step1：单击包含该数据的工作表的标签，然后按住 Ctrl 键的同时单击要在其中填充数据的工作表的标签，如图 4-27 所示，则将 Sheet1、Sheet2 和 Sheet3 建立了一个工作组。

图 4-26　使用填充柄

Step2：在工作表中，选择要填充到其他工作表的数据的单元格。

Step3：在"开始"选项卡的"编辑"组中，从"填充"下拉列表中选择"成组工作表"，如图 4-28 所示。

图 4-27　工作组建立

图 4-28　填充操作

（7）填充序列

Excel 可在其后的单元格中自动填充序列中的元素，如数字、日期序列或者日、工作日、月、年的内置序列，可填充的内置序列如表 4.2 所示。

表 4.2　可填充的序列示例

初始选择	扩展序列
1, 2, 3	4, 5, 6,…
9:00	10:00, 11:00, 12:00, …
周一	周二, 周三, 周四, …
星期一	星期二, 星期三, 星期四, …
一月	二月, 三月, 四月, …
一月, 四月	七月, 十月, 一月, 四月, …
1999 年 1 月, 1999 年 4 月	1999 年 7 月, 1999 年 10 月, 2000 年 1 月, …
1 月 15 日, 4 月 15 日	7 月 15 日, 10 月 15 日, …
1999, 2000	2001, 2002, 2003, …
1 月 1 日, 3 月 1 日	5 月 1 日, 7 月 1 日, 9 月 1 日, …
Qtr3（或 Q3 或 Quarter3）	Qtr4, Qtr1, Qtr2, …
文本 1, 文本 A	文本 1, 文本 A, 文本 3, 文本 A, …
第 1 阶段	第 2 阶段, 第 3 阶段, …
产品 1	产品 2, 产品 3, …

Step1：选择需要填充的区域中的第一个单元格，输入序列的起始值。

Step2：在下一个单元格中输入值，以建立模式。

Step3：选定包含初始值的单元格，将填充柄拖过要填充的区域。

【例 4-1】　在 A1:A7 单元格区域中填充"星期一"到"星期日"。

Step1：在单元格 A1 中输入"星期一"。

Step2：在单元格 A2 中输入"星期二"，以建立模式。

Step3：选定单元格 A1、A2，将填充柄拖过要填充的区域（如图 4-29 所示）。

注意：要按升序填充，则从上到下或从左到右拖动；要按降序填充，则从下到上或从右到左拖动。

图 4-29　填充星期序列

1．填充数字序列

通过数字序列输入，可快速输入等差或等比序列。

Step1：在单元格 A1 中输入数字 2。

Step2：在"开始"选项卡的"编辑"组中选择"填充"→"系列"命令。

Step3：在"类型"下单击"等比序列"，序列产生在"列"，设定"步长值"为 2、"终止值"为 64。

Step4：单击"确定"按钮，产生等比序列（如图 4-30 所示）。

图 4-30　填充数字序列

2．填充自定义序列

为了更轻松地输入特定的数据序列，可以创建自定义填充序列。自定义列表只可以包含文字或混合数字的文本。对于只包含数字的自定义列表，如 0～100，必须首先创建一个设置为文本格式的数字列表。自定义填充序列可以基于工作表中已有项目的列表，也可以从头开始输入列表。

（1）将数字设置为文本格式

Step1：为要设置为文本格式的数字列表选择足够的单元格。

Step2：在"开始"选项卡的"数字"组中，单击"数字格式"框旁边的箭头，在下拉列表框中选择"文本"（如图 4-31 所示）。

图 4-31　设置数字的文本格式

Step3：在已经设置格式的单元格中输入数字列表。

（2）使用基于现有项目列表的自定义填充序列

Step1：在工作表中选择要在填充序列中使用的项目列表，如图 4-32 所示的 A1:H1 区域。

图 4-32　选择项目列表

Step2：选择"文件"→"选项"命令，打开"Excel 选项"对话框。

Step3：单击左窗格的"高级"项，然后在"常规"栏中单击"编辑自定义列表"按钮。

Step4：确认所选项目列表的单元格引用显示在"从单元格中导入序列"中，然后单击"导入"按钮。

Step5：所选列表中的项目将添加到"自定义序列"框中，如图 4-33 所示，然后单击"确定"按钮。

图 4-33　基于现有项目列表创建序列

Step6：在工作表中单击一个单元格，然后输入自定义填充序列的初始值。

Step7：将填充柄拖过要填充的单元格，即可填充自定义序列。

（3）使用基于新的项目列表的自定义填充序列

Step1：操作同前，打开"自定义序列"对话框（见图 4-33）。

Step2：单击"自定义序列"框中的"新序列"，然后在"输入序列"框中输入各项，从第一项开始，输入每项后都按一次 Enter 键，如图 4-34 所示。

图 4-34　基于新的项目列表创建序列

Step3：列表完成后，单击"添加"按钮，然后单击"确定"按钮两次。

Step4：在工作表中单击一个单元格，然后输入自定义填充序列的初始值。

Step5：将填充柄拖过要填充的单元格。

可使用鼠标右键拖动"填充柄"，结束拖动时会弹出快捷菜单，然后可进行更多的操作。

还可以只输入第一个值，然后使用鼠标拖动"填充柄"完成填充。这种方法在填充数值型序列和非数值型序列时会有所不同，在拖动"填充柄"时按住 Ctrl 键和不按 Ctrl 键也不相同。

4.3.2　编辑数据

1．修改单元格数据

修改单元格中数据的方法很多，一般可采用下列方法之一：

❖ 选中要修改的单元格，直接输入新的内容覆盖原单元格中的内容。

❖ 选中要修改的单元格，在编辑栏中修改。

❖ 双击要修改的单元格，将插入点移至单元格中，对单元格的数据进行修改。

❖ 选中要修改的单元格，按 F2 键，将插入点移动至单元格内对单元格的数据进行修改。

2．单元格的插入、清除与删除

（1）单元格的插入

在工作表中插入空白单元格的方法如下。

Step1：选取要插入的单元格或单元格区域（所选单元格数量应与要插入的单元格数量相同）。例如，要插入 6 个空白单元格，需要选取 6 个单元格。

Step2：在"开始"选项卡的"单元格"组中，单击"插入"旁边的箭头，然后选择"插入单元格"。也可以右击所选单元格，然后在弹出的快捷菜单中选择"插入"。

Step3：在"插入"对话框中单击要移动周围单元格的方向，如图 4-35 所示，然后单击"确定"按钮。

图4-35　工作表中空白单元格的插入

（2）清除单元格内容

要清除单元格内容，可采用以下方法之一：

❖ 选定单元格后，按 Delete 键或 BackSpace 键。

❖ 选定单元格后，单击右键，在弹出的快捷菜单中选择"清除内容"。

❖ 选定单元格后，在"开始"选项卡的"编辑"组中单击"清除"按钮，然后选择"清除内容"，如图4-36所示。（若要清除单元格格式，则选择"清除格式"。）

（3）删除单元格

要删除工作表中的单元格，可采用以下方法之一：

❖ 选定要删除的单元格，单击右键，在弹出的快捷菜单中选择"删除"命令。

❖ 选定要删除的单元格，在"开始"选项卡的"单元格"组中单击"删除"按钮旁的箭头，然后选择"删除单元格"，如图4-37所示。

无论执行上面的哪一种操作，都会打开"删除"对话框，由用户确定如何调整周围的单元格填补删除后的空缺，如图4-38所示。

图4-36　清除单元格内容

图4-37　删除单元格

图4-38　"删除"对话框

注意："清除"命令只能清除单元格的内容、格式或批注，但是空白单元格仍然保留在工作表中；"删除"命令将从工作表中移去这些单元格，并调整周围的单元格填补删除后的空缺。

3．行和列的插入与删除

（1）在工作表中插入行

Step1：通过如下方法之一选择单元格。

❖ 要插入新的一行的位置选定任意一个单元格，也可以选定一行。

❖ 要插入多行，需选择要在其上方插入新的那些行，所选行数应与要插入的行数相同。

❖ 要插入不相邻的行，可按住 Ctrl 键来选择。

Step2：在"开始"选项卡的"单元格"组中单击"插入"旁边的箭头，选择"插入工作表行"（如图4-39所示）。也可以右击所选行，然后选择快捷菜单中的"插入"命令。

图 4-39　工作表中行的插入

（2）在工作表中插入列

Step1：选择要插入列的位置，并确定要插入的列数，其方法与插入行相同，即在需要插入新列的位置选定单元格。

Step2：在"开始"选项卡的"单元格"组中单击"插入"旁的箭头，然后选择"插入工作表列"，操作步骤与图 4-39 类似。还可以右击所选的单元格，在快捷菜单中选择"插入"命令。

（3）删除行或列

选择要删除的行或列，在"开始"选项卡的"单元格"组中，单击"删除"按钮旁的箭头，如图 4-40 所示。若选中"删除工作表行"，则该行下方全部的行整体上移；若选中"删除工作表列"，该列右侧所有的列整体左移。

4．复制和移动

（1）使用剪贴板来完成单元格或单元格区域的复制和移动

Step1：选择要移动或复制的单元格。

Step2：在"开始"选项卡的"剪贴板"组中执行下列操作之一：若要移动单元格，单击"剪切"按钮 ✂ （快捷键 Ctrl+X）；若要复制单元格，单击"复制"按钮 🗐 ▾ （快捷键 Ctrl+C）。

Step3：选择粘贴区域的左上角单元格。

Step4：在"开始"选项卡的"剪贴板"组中单击"粘贴"按钮（快捷键 Ctrl+V）。

（2）使用鼠标移动或复制整个单元格区域

选择要移动或复制的单元格或单元格区域，执行下列操作之一：

❖ 要移动单元格或单元格区域，指向选定区域的边框，当指针变成移动指针时，将单元格或单元格区域拖到另一个位置。

❖ 要复制单元格或单元格区域，按住 Ctrl 键，同时指向选定区域的边框，当指针变成复制指针时，将单元格或单元格区域拖到另一个位置。

（3）拖动"填充柄"来完成单元格或单元格区域的复制

对单个单元格使用填充柄的复制方法前面已经介绍，此方法也可用于如图 4-41 所示多个单元格组成的单元格区域。

图 4-40　删除行或列

图 4-41　对多个单元格使用填充柄

（4）使用键盘操作复制相邻单元格的内容

❖ 按 Ctrl+D 键：可以复制所在单元格上方单元格的内容。

❖ 按 Ctrl+R 键：可以复制所在单元格左方单元格的内容。

（5）选择性粘贴

除了复制单元格的全部信息，还可以有选择地复制单元格的特定内容。

Step1：选定要复制的单元格区域，进行复制。

Step2：选定目标区域的左上角单元格。

Step3：在"开始"选项卡的"剪贴板"组中，单击"粘贴"按钮下的箭头，然后选择"选择性粘贴"命令，打开如图 4-42 所示的"选择性粘贴"对话框。

Step4：选择所需选项，然后单击"确定"按钮。

（6）粘贴选项的使用

在进行粘贴时，也可单击粘贴区域右下角的"粘贴选项"按钮，在出现的如图 4-43 所示的列表中选择相应选项。

图 4-42　"选择性粘贴"对话框

图 4-43　粘贴选项

4.4　管理、美化工作表

4.4.1　插入、复制、删除、重命名工作表

在 Excel 中对工作表的操作最常用的就是插入、复制和删除工作表。Excel 默认的一个工作簿中含有一个工作表，命名为 Sheet1。

1．插入工作表

要插入新工作表，可执行下列操作之一。

① 若要在现有工作表的末尾快速插入新工作表，则单击屏幕底部的"插入工作表"按钮，如图 4-44 所示。

② 若要在现有工作表前插入新工作表，则选择该工作表，在"开始"选项卡的"单元格"

组中，单击"插入"下的箭头 ▾，然后选择"插入工作表"，如图 4-45 所示。提示：也可以右击现有工作表的标签，然后在快捷菜单中选择"插入"命令。

图 4-44　插入新的工作表

图 4-45　插入工作表

③ 若要一次性插入多个工作表，可以如下操作。

Step1：按住 Shift 键，然后在打开的工作簿中选择与要插入的工作表数目相同的现有工作表标签。例如，如果要添加三个新工作表，则选择三个现有工作表的工作表标签。

Step2：在"开始"选项卡的"单元格"组中单击"插入"下的 ▾ 按钮，然后选择"插入工作表"。提示：也可以右击所选的工作表标签，然后在快捷菜单中选择"插入"命令。

Excel 会自动给新的工作表编号，默认是按照阿拉伯数字依次排列，也可以按照自己的需要对工作表进行重命名。

2．复制工作表

方法 1：先选择一个工作表，然后在"开始"选项卡的"单元格"组中单击"格式"按钮，然后选择"移动或复制工作表"（如图 4-46 所示），弹出如图 4-47 所示的对话框，选择要复制到的位置，勾选"建立副本(C)"，单击"确定"按钮，这样就实现了工作表的复制。

图 4-46　移动或复制工作表

图 4-47　"移动或复制工作表"对话框

方法 2：结合键盘使用鼠标拖动的方法。选择一个工作表标签，然后按住 Ctrl 键拖动鼠标，这样也能实现工作表的复制（注：直接拖动鼠标，实现工作表的移动）。如果拖动的是 Sheet1，默认复制的工作表为 Sheet1 (2)，如图 4-48 所示。

图 4-48　复制工作表

方法 3：使用快捷菜单。在选择的工作表上单击右键，然后选择"移动或复制工作表"命令，同样弹出如图 4-47 所示的对话框。后面的操作同方法 1。

3．删除工作表

在"开始"选项卡的"单元格"组中单击"删除"下的 ▾ 按钮，然后选择"删除工作表"，如图 4-49 所示，就可以删除工作表。还可以右击要删除的工作表的工作表标签，在快捷菜单中选择"删除"命令。

图 4-49　删除工作表

4．重命名工作表

在"工作表标签"栏上右击要重命名的工作表标签，在弹出的快捷菜单中选择"重命名"命令，选择当前的名称，然后输入新名称。

当打印工作表时，可以包括工作表的名称。方法如下：在"插入"选项卡的"文本"组中单击"页眉和页脚"，出现"页面视图"，单击要出现工作表名称的位置；再在"页眉和页脚元素"组中单击"工作表名" ▦ 即可。

4.4.2　冻结、锁定行或列

许多表格因为内容太多，不得不滚动查看，但是因为滚动的缘故，没法查看表头中标明的列标签的内容。为了避免这种情况，可以使用 Excel 提供的冻结或锁定行和列的功能。通过冻结或拆分窗格（窗格：文档窗口的一部分，以垂直条或水平条为界限并由此与其他部分分隔开），可以查看工作表的两个区域，或者锁定一个区域中的行或列。当冻结窗格时，可以选择在工作表中滚动时仍可见的特定行或列。当拆分窗格时，会创建可在其中滚动的单独工作表区域，同时保持非滚动区域中的行或列依然可见。

图 4-50　冻结窗格

1．冻结窗格，以锁定特定行或列

Step1：在工作表中，执行下列操作之一：要锁定行，则选择其下方要拆分的行；要锁定列，则选择其右侧要拆分的列；要同时锁定行和列，则单击其下方和右侧要拆分的单元格。

Step2：在"视图"选项卡的"窗口"组中单击"冻结窗格"，然后选择所需的选项，如图 4-50 所示。冻结窗格时，"冻结窗格"变为"取消冻结窗格"，从而可以取消对行或列的锁定。

2．拆分窗格，以锁定单独工作表区域中的行或列

Step1：在"视图"选项卡的"窗口"组中单击"拆分"，可看到表格被拆分，如图 4-51 所示。

Step2：把鼠标移到拆分框，当指针变为拆分指针 ⬍ 或 ◄‖► 时，将拆分框向下或向左拖至所需的位置。

Step3：要取消拆分，双击分割窗格的拆分条的任何部分。

图 4-51　拆分窗格

4.4.3　隐藏、显示行或列

1. 隐藏行或列

Step1：选择要隐藏的行或列。

Step2：在"开始"选项卡的"单元格"组中单击"格式"下的 ▼ 按钮，出现如图 4-52 所示的选项。

Step3：执行下列操作之一。在"可见性"下选择"隐藏和取消隐藏"→"隐藏行"或"隐藏列"；在"单元格大小"下选择"行高"或"列宽"，然后在"行高"或"列宽"中输入 0。提示：也可以右击一行或一列（或者选择的多行或多列），然后在快捷菜单中选择"隐藏"命令。

图 4-52　"格式"选项

2. 显示隐藏的行或列

Step1：执行下列操作之一。

❖ 要显示隐藏的行，则选择要显示行的上一行和下一行。

❖ 要显示隐藏的列，则选择要显示列两边的相邻列。

❖ 要显示工作表中第一个隐藏的行或列，则在编辑栏（编辑栏位于 Excel 窗口顶部的条形区域，用于输入或编辑单元格或图表中的值或公式，其中显示了存储于活动单元格中的常量值或公式）旁的"名称框"中输入"A1"来选择。

Step2：在"开始"选项卡的"单元格"组中单击"格式"，见图 4-52。

Step3：执行下列操作之一。

❖ 在"可见性"下选择"隐藏和取消隐藏"，然后单击"取消隐藏行"或"取消隐藏列"。

❖ 在"单元格大小"下选择"行高"或"列宽"，然后在"行高"或"列宽"中输入所需的值。

提示：也可以单击右键，在弹出的快捷菜单中选择"取消隐藏"命令。

4.4.4　设置单元格格式

1. 使用格式工具栏设置格式

在"开始"选项卡中有一系列工具菜单，其中有几项设置数据单元格格式，主要包括"字体"组、"对齐方式"组、"数字"组、"样式"组、"单元格"组和"编辑"组,如图 4-53 所示。这些工具栏类似快捷菜单,可以快速地完成对单元格的设置。

图 4-53 "开始"选项卡

(1)"字体"组

"字体"组(如图 4-54 所示)中可以对单元格的字体、字号、边框、填充颜色、字体颜色进行设置,还可以设置加粗、倾斜和下画线,以及为中文字添加拼音等。

单击"字体"组右下角的 按钮,可以打开如图 4-55 所示的对话框,从中可以实现对单元格的几乎所有设置。

图 4-55 设置单元格格式

图 4-54 "字体"组

(2)"对齐方式"组

"对齐方式"组(如图 4-56 所示)中可以设置单元格内容的对齐方式:顶端对齐、垂直居中、底端对齐、方向、左对齐、右对齐、缩进量等,还可以实现自动换行、合并或者取消合并单元格。

(3)"样式"组

"样式"组(如图 4-57 所示)中可以设置条件格式、表格格式和单元格样式。单击"套用表格格式",会出现如图 4-58 所示的选择框,从中可以选择所需要的表格格式。单击"单元格样式",会出现如图 4-59 所示的选择框,在此可以选择所需要的选项。

图 4-56 "对齐方式"组

图 4-57 "样式"组

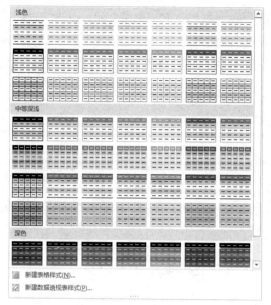

图 4-58　套用表格格式

图 4-59　单元格样式

（4）"数字"组

"数字"组（如图 4-60 所示）中可以实现对要输入的内容进行设置，以及具体采用什么样式，主要包括如图 4-61 所示的几种类型。

（5）"单元格"组

"单元格"组（如图 4-62 所示）中可以实现插入或者删除单元格、工作表、工作表行和工作表列。

2．使用"设置单元格格式"对话框设置单元格格式

主要有以下两种方法可以打开"设置单元格格式"对话框。

方法 1：选择单元格或单元格区域并单击右键，在弹出的快捷菜单中选择"设置单元格格式"，如图 4-63 所示。

图 4-60　"数字"组　　图 4-61　数据类型　　图 4-62　"单元格"组　　图 4-63　设置单元格格式

方法 2：在"开始"选项卡的"单元格"组中单击"格式"→"设置单元格格式"命令，如图 4-64 所示，弹出如图 4-65 所示的对话框。

图 4-64　设置单元格格式

图 4-65　设置单元格的数字格式

（1）"数字"选项卡

在"数字"选项卡（见图 4-65）的"分类"列表框中单击某一选项，然后选择要指定数字格式的选项，"示例"框中会显示所选单元格应用所选格式后的外观。

（2）"对齐"选项卡

在"对齐"选项卡（如图 4-66 所示）中可以设置文本的水平对齐方式和垂直对齐方式，设置文本的缩进，设置单元格中文本的自动换行、缩小字体填充、合并单元格。

图 4-66　设置单元格的对齐方式及文本控制

（3）"字体"选项卡

在"字体"选项卡（如图 4-67 所示）中可以为所选文本选择字体、字形、字号以及其他格式选项。

图 4-67　设置字体格式

（4）"边框"选项卡

在"边框"选项卡（如图 4-68 所示）中可设置不同的线条样式和不同颜色的边框样式。

图 4-68　设置单元格边框

（5）"填充"选项卡

"填充"选项卡（如图 4-69 所示）用来设置填充效果，在"背景色"中选择一种背景颜色，然后在"图案颜色"下拉列表中选择一种图案颜色，在"图案样式"下拉列表中选择一种图案颜色，作为所选部分的彩色图案。

3．更改列宽和行高

更改列宽和行高的方法如图 4-70 所示。

图 4-69　设置单元格的填充　　　　图 4-70　调整列宽和行高

（1）更改列宽

单列的列宽：拖动列标右边界来设置所需的列宽。

多列的列宽：选择需要更改列宽的列，然后拖动所选列中某一列的右边界。

最适合的列宽：双击列标的右边界。若要对工作表中的所有列进行此项操作，可单击"全选"按钮，然后双击某一列标的右边界。

设置特定的列宽：选择要更改列宽的列，在"开始"选项卡的"单元格"组中单击"格式"，然后选择"单元格大小"→"列宽"，在"列宽"框中输入所需的值（用数字表示）。

（2）更改行高

单行的行高：拖动行号的下边界来设置所需的行高。

多行的行高：选择需要更改行高的行，然后拖动所选行号的下边界。

适应内容：双击行号的下边界。

设置特定的行高：选择要更改行高的行，在"开始"选项卡的"单元格"组中单击"格式"，然后选择"单元格大小"→"行高"，在"行高"框中输入所需的值（用数字表示）。

4．合并与拆分单元格

（1）合并相邻单元格

Step1：选择两个或更多要合并的相邻单元格。

注意：确保在合并单元格中显示的数据位于所选区域的左上角单元格中，只有左上角单元格中的数据将保留在合并的单元格中，所选区域中所有其他单元格中的数据都将被删除。

Step2：在"开始"选项卡的"对齐方式"组中单击"合并后居中"，如图 4-71 所示。这些单元格将在一行或列中合并，并且单元格内容将在合并单元格中居中显示。要合并单元格而不居中显示内容，则单击"合并后居中"旁的箭头，然后单击"跨越合并"或"合并单元格"。

注意：如果"合并后居中"按钮不可用，则所选单元格可能在编辑模式下；要取消编辑模式，则按 Enter 键。

Step3：要更改合并单元格中的文本对齐方式，则选择该单元格，在"开始"选项卡的"对齐"组中单击某个对齐按钮。

（2）拆分合并的单元格

Step1：选择合并的单元格。当选择合并的单元格时，"合并后居中"按钮 在"开始"选项卡的"对齐"组中也显示为选中状态。

Step2：要拆分合并的单元格，可单击"合并后居中"按钮 。合并单元格的内容将出现在拆分单元格区域左上角的单元格中。

【例 4-2】 制作一个图书列表。

Step1：启动 Excel 程序，新建一个工作簿，首先输入各种内容，如图 4-72 所示。

图 4-71　合并后居中

图 4-72　输入内容

Step2：选择填充内容的单元格区域，然后在"开始"选项卡的"对齐方式"组中单击"自动换行"按钮，如图 4-73 所示，效果如图 4-74 所示。

图 4-73　自动换行

图 4-74　设置"自动换行"后的效果

Step3：选择"开始"选项卡中的"格式"→"自动调整行高"命令和"自动调整列宽"命令，如图 4-75 所示。

Step4：选择所有单元格，然后在"开始"选项卡的"对齐方式"组中单击"垂直居中"命令（见图 4-73），效果如图 4-76 所示。

Step5：设置第 3～6 行的标题行格式为黑体、11 号，效果如图 4-77 所示。

Step6：选定第一行的内容，然后选择"开始"选项卡中的"单元格样式"→"标题 1"命令，如图 4-78 所示。设置完毕的效果如图 4-79 所示。

Step7：选择 A2:D2 单元格区域，然后在"开始"选项卡的"样式"组中选择"合并后居中"→"合并单元格"命令，如图 4-80 所示。最后效果如图 4-81 所示。

Step8：选择第三行，然后选择"视图"选项卡中的"冻结窗格"→"冻结窗格"，如图 4-82 所示。应用后的效果如图 4-83 所示。

图 4-75 自动调整列宽

	A	B	C	D
1	图书列表			
2	序号	编号	数量	图书名称
3	1	NF-83021	36	《计算机基础及MS Office应用》
4	2	NF-83022	34	《计算机基础及Photoshop应用》
5	3	NF-83023	42	《C语言程序设计》
6	4	NF-83024	38	《VB语言程序设计》

图 4-76 设置垂直居中后的效果

	A	B	C	D
1	图书列表			
2	序号	编号	数量	图书名称
3	1	NF-83021	36	《计算机基础及MS Office应用》
4	2	NF-83022	34	《计算机基础及Photoshop应用》
5	3	NF-83023	42	《C语言程序设计》
6	4	NF-83024	38	《VB语言程序设计》

图 4-77 设定第 3~6 行字体格式

图 4-78 采用样式

	A	B	C	D
1	图书列表			
2	序号	编号	数量	图书名称
3	1	NF-83021	36	《计算机基础及MS Office应用》
4	2	NF-83022	34	《计算机基础及Photoshop应用》
5	3	NF-83023	42	《C语言程序设计》
6	4	NF-83024	38	《VB语言程序设计》

图 4-79 应用样式后的效果

图 4-80 合并单元格

	A	B	C	D
1	图书列表			
2	序号	编号	数量	图书名称
3	1	NF-83021	36	《计算机基础及MS Office应用》
4	2	NF-83022	34	《计算机基础及Photoshop应用》
5	3	NF-83023	42	《C语言程序设计》
6	4	NF-83024	38	《VB语言程序设计》

图 4-81 设置合并单元格效果

图 4-82 冻结首行

	A	B	C	D	E
1	图书列表				
2	序号	编号	数量	图书名称	
6	4	NF-83024	38	《VB语言程序设计》	

图 4-83 最后效果

4.4.5　使用自定义数字格式

在 Excel 内置的数字格式无法满足需求时，用户可以自定义特定的数字格式。

【例 4-3】　图书销售情况如图 4-84 所示。在表格中，每本书的"销量"单位都为"本"，但不想每次在单元格中都输入单位，这时可以使用自定义数字格式来解决这样的问题。

Step1：选中 C2:C7 区域并单击右键，在弹出的快捷菜单中选择"设置单元格格式"。

Step2：弹出"设置单元格格式"对话框，选择"数字"选项卡，在"分类"栏中选择"自定义"项，如图 4-85 所示。

图 4-84　图书销售情况

图 4-85　数字自定义

Step3：在"类型（T）"栏中输入"0 "本""，如图 4-86 所示。

Step4：单击"确定"按钮，在 C2:C7 单元格区域中只需输入数值，结果如图 4-87 所示。

图 4-86　输入自定义的数字格式

	A	B	C
1	书店名称	图书编号	销量
2	新华书店	XH-83021	12本
3	新华书店	XH-83033	35本
4	南方书店	NF-83034	26本
5	南方书店	NF-83027	45本
6	红星书店	HX-83028	13本
7	红星书店	HX-83029	52本

图 4-87　只输入数字的结果

在 Excel 自定义数字格式代码中，最多可以指定 4 节；每节之间用 ";" 进行分隔，这 4 节顺序定义了格式中的正数、负数、零和文本。自定义数字格式的表达形式如表 4.3 所示。

表 4.3   自定义数字格式的表达形式

正数的格式	负数的格式	零的格式	文本的格式
#,##0.00	[Red]-#,##0.00	0.00	"TEXT"@

4.4.6   使用条件格式

设定条件格式易于达到以下效果：突出显示所关注的单元格或单元格区域，强调异常值，使用数据条、颜色刻度和图标集来直观地显示数据。条件格式基于条件更改单元格区域的外观。如果条件为 True，则基于该条件设置单元格区域的格式；如果条件为 False，则不基于该条件设置单元格区域的格式。

1. 使用双色刻度设置所有单元格的格式

双色刻度使用两种颜色的深浅程度来帮助用户比较某个区域的单元格。颜色的深浅表示值的高低。例如，在绿色和红色的双色刻度中，可以指定较高值单元格的颜色更绿，而较低值单元格的颜色更红。

（1）快速设置

Step1：选择单元格区域，或确保活动单元格在一个表或数据透视表中。

Step2：在"开始"选项卡的"样式"组中选择"条件格式"→"色阶"→"双色刻度"（一般第三行为双色刻度），如图 4-88 所示。提示：悬停在颜色刻度图标上，可以查看哪个颜色刻度为双色刻度。上面的颜色代表较高值，下面的颜色代表较低值。

图 4-88   选择色阶中的双色刻度

（2）高级设置

【例 4-4】 使用双色刻度设置例 4-3 中"销量"列的单元格的格式。

Step1：选择"销量"列的单元格区域。

Step2：在"开始"选项卡的"样式"组中选择"条件格式"→"新建规则"，将显示"新建格式规则"对话框，如图 4-89 所示。

图 4-89　新建格式规则

Step3：在"选择规则类型"下选择"基于各自值设置所有单元格的格式"，在"编辑规则说明"组的"格式样式"列表框中选择"双色刻度"，然后选择"最小值"和"最大值"类型，如图 4-90 和图 4-91 所示。根据需要可以选择不同的"最小值"和"最大值"类型，如可以选择"最小值"为"数字"和"最大值"为"百分比"。

图 4-90　设置最小值

图 4-91　设置最大值

Step4：设置颜色刻度的"最小值"和"最大值"。单击每个刻度的"颜色"，然后选择颜色，如图 4-92 所示。

Step5：设置完毕后单击"确定"按钮，结果如图 4-93 所示。

2．使用三色刻度设置所有单元格的格式

三色刻度使用三种颜色的深浅程度来比较某个区域的单元格。颜色的深浅表示值的高、中、低。例如，在绿色、黄色和红色的三色刻度中，可以指定较高值单元格的颜色为绿色，中间值单元格的颜色为黄色，而较低值单元格的颜色为红色。

【例 4-5】　使用三色刻度设置例 4-3 中"销量"列的单元格的格式。

使用三色刻度与使用双色刻度类似，不同的是：① 在快速设置中，选择的是如图 4-94 中的三色刻度。② 在高级设置中，在"新建格式规则"对话框（见图 4-89）中的"编辑规则说明"下的"格式样式"列表框中选择"三色刻度"，如图 4-95 所示。然后设置"最小值""中间值"和"最大值"的类型、值、颜色刻度等，最后单击"确定"按钮，结果如图 4-96 所示。

图 4-92　设置颜色　　　　　　　　　　　图 4-93　应用双色刻度设置

图 4-94　选择三色刻度

图 4-95　"格式样式"设置为"三色刻度"

图 4-96　三色刻度的显示结果

3．使用数据条设置所有单元格的格式

　　数据条可方便用户查看某个单元格相对于其他单元格的值。数据条的长度代表单元格中的值。数据条越长，表示值越高，数据条越短，表示值越低。在观察大量数据（如节假日销售报表中最畅销和最滞销的玩具）中的较高值和较低值时，数据条尤其有用。

（1）快速设置

Step1：选择单元格区域，或确保活动单元格在一个表或数据透视表中。

Step2：在"开始"选项卡的"样式"组中选择"条件格式"→"数据条"，然后选择"绿色数据条"图标，如图4-97所示。

（2）高级设置

Step1：选择单元格区域，或确保活动单元格在一个表或数据透视表中。

Step2：打开"新建格式规则"对话框，在"编辑规则说明"下的"格式样式"列表框中选择"数据条"，如图4-98所示。

图4-97　数据条

图4-98　"格式样式"设置为"数据条"

Step3：选择数据条的"最小值"和"最大值"的"类型"，并设置其"值"。

Step4：在"条形图外观"组中设置"填充""颜色""边框"等内容。

Step5：要在单元格中只显示数据条不显示数据值，可勾选"仅显示数据条"复选框。

4．使用图标集设置所有单元格的格式

使用图标集可以对数据进行注释，并可以按阈值将数据分为3～5个类别。每个图标代表一个值的范围。例如，在三向箭头图标集中，红色的上箭头代表较高值，黄色的横向箭头代表中间值，绿色的下箭头代表较低值。

（1）快速设置

Step1：选择单元格区域，或确保活动单元格在一个表或数据透视表中。

Step2：选择"开始"选项卡，在"样式"组中选择"条件格式"→"图标集"，然后选择箭头的图标集，如图4-99所示。

（2）高级设置

Step1：选择单元格区域，或确保活动单元格在一个表或数据透视表中。

Step2：打开"新建格式规则"对话框，在"编辑规则说明"下的"格式样式"列表中选择"图标集"，如图4-100所示。

图 4-99　图标集

图 4-100　"格式样式"设置为"图标集"

Step3：选择"图标样式"，默认为"三色交通灯（无边框）"。

Step4：如果需要，可以调整比较运算符和阈值。每个图标的默认取值范围是相同的，但可以根据自己的需要进行调整。注意，要确保阈值的逻辑顺序为自上而下从最高值到最低值。

Step5：要将图标放在单元格的左边，可单击"反转图标次序"。

Step6：要在单元格中只显示图标不显示数值，可勾选"仅显示图标"复选框。

5．添加、更改或清除条件格式

在"开始"选项卡的"样式"组中单击"条件格式"按钮，其中的"新建规则""删除规则""管理规则"项用来添加、更改或清除条件格式，见图 4-94。

① 新建规则。单击"新建规则"，弹出"新建格式规则"对话框（见图 4-89），从中可以选择规则的类型，可以对规则进行一些自定义设置。设置完成后单击"确定"按钮，就添加了一个新的条件格式。

② 清除规则。"清除规则"有四个选项（如图 4-101 所示），可以根据自己的需要选择相应的选项。

③ 管理规则。单击"管理规则"，弹出"条件格式规则管理器"对话框，可以在工作簿中创建、编辑、删除和查看所有的条件格式规则，如图 4-102 所示。

图 4-101　清除规则

图 4-102　条件格式规则管理器

4.4.7　数据验证

数据验证主要有两大功能：一是设定一定的数值范围或特定要求，当输入的数值超过这个范围或者不满足所设定的要求时，Excel 会自动阻止并提醒；二是设置一系列的下拉列表，然后通过设置强制输入特定下拉列表中的内容，这样可以减少重复输入，提高效率。

1．设定一定的数值范围或特定要求

通过对要输入的数值的类型、样式和内容进行规定，可以避免输入一些无效数值。

Step1：选定要设置有效性的单元格区域，然后选择"数据"选项卡中的"数据验证"→"数据验证"，打开"数据验证"对话框，如图 4-103 所示。

Step2：在"设置"选项卡中可以选择允许输入的内容，如整数、小数、日期、时间和文本长度等，如图 4-104 所示。例如，在"设置"选项卡中进行如图 4-105 所示的设置，表示在选择的单元格区域中只能输入 0～120 之间的整数。

Step3：在"输入信息"选项卡中可以选择在输入信息时显示的特定的内容，如图 4-106 所示。

在"输入信息"选项卡中进行如图 4-106 所示的设置后，在单元格区域中输入数值时，Excel 会自动在鼠标处出现如图 4-107 所示的提示。

Step4：在"出错警告"选项卡中可以设置一旦输入错误信息时显示的出错警告，如图 4-108 所示。

在"出错警告"选项卡中进行设置后，在单元格区域中输入数值出错时，Excel 会自动在鼠标处出现如图 4-109 所示的警告。

图 4-103　数据验证　　　　　　　　　　　　图 4-104　验证条件

图 4-105　设置只能输入 0～120 之间的整数

图 4-106　输入信息

图 4-107　输入提示　　　　　　图 4-108　出错警告　　　　　　图 4-109　警告

2．强制输入特定的下拉列表中的内容

Step1：选定要设置数据验证的单元格区域，然后在"数据"选项卡中选择"数据验证"→"数据验证"，打开"数据验证"对话框。

Step2：在"设置"选项卡中选择"数据验证"为"序列"，然后在"来源"文本框中输入

特定的内容，如图4-110所示。设置完成后，在单元格中可见到一个下拉列表，从中可看到图4-110中所示的"来源"文本框中设置的内容，如图4-111所示。

图4-110 有效性条件为"序列"

图4-111 下拉列表

注意：在"来源"文本框中输入序列时，序列中的各元素之间要用"，"隔开，而且必须是英文格式的。

4.5 数据的筛选、排序

4.5.1 筛选数据

Excel的筛选功能可以对数据进行筛选，可以快速查看特定的数据。

1. 自动筛选

Step1：选择数据表中任意一个单元格，在"数据"选项卡的"排序和筛选"组中单击"筛选"按钮，则在标题栏的每个单元格右下角会出现一个下拉按钮。

Step2：单击任意下拉按钮，会出现多个可供选择的筛选项，如图4-112所示。

图4-112 自动筛选

注意：若要按某项内容排名，则可选择此项内容的下拉菜单中的"升序"或"降序"。

2．自定义筛选

"自动筛选"只能按单一的条件进行筛选，如需对表格进行较复杂的筛选，可选择"自定义筛选"。

【例4-6】 使用自动筛选筛选出"销售量"大于100且小于200的记录。

Step1：选择数据表中任意一个单元格，单击"数据"选项卡中的"筛选"按钮，在标题栏的每个单元格右下角会出现一个下拉按钮，单击"销售量"列的下拉按钮，选择"数字筛选"→"自定义筛选"（如图4-113所示），弹出"自定义自动筛选方式"对话框（如图4-114所示）。

图4-113　自定义自动筛选方式

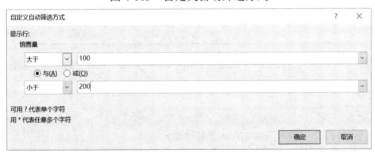

图4-114　设置条件

Step2：在"销售量"下拉列表中选择"大于"，然后在其右侧下拉列表中输入数值"100"；选中"与"单选按钮，然后单击其下方的下拉列表的下拉按钮，从中选择"小于"，然后在右侧下拉列表中输入数值"200"。

Step3：单击"确定"按钮后，符合条件的数据即被筛选出来，结果如图4-115所示。

计算机设备全年销量统计表			
店铺	季度	商品名称	销售量
天河店	2季度	笔记本	150
海珠店	2季度	笔记本	180
白云店	1季度	笔记本	180
白云店	2季度	笔记本	140
南沙店	2季度	笔记本	170

图4-115　筛选结果

3. 高级筛选

若要通过复杂的条件来筛选单元格区域，可在"数据"选项卡的"排序和筛选"组中单击"高级"按钮，对数据进行高级筛选。

高级筛选前必须先在单元格区域上写出要筛选的条件区域。条件区域的相关规定如下：

① 条件区域分为条件标记行和具体条件行，其中条件标记行在条件区域的最上方，涉及的列名逐一列示；具体条件行在条件标记行的下方，用于设定具体的条件。

② 在具体条件行中位于同一行的条件为"与"（AND）关系，表示要求筛选出同时满足这些条件的记录；错行的条件为"或"（OR）关系，表示筛选出只要满足其中一个条件的记录。

例如，要查找"天河店1季度商品名称为鼠标"的所有记录，则条件区域设置如图4-116所示。又如，要查找"天河店1季度"或者"商品名称为鼠标"的所有记录，则条件区域设置如图4-117所示。

店铺	季度	商品名称
天河店	1季度	鼠标

条件标记行，列出涉及到的列名（标题名）
具体条件行，位于同一行的条件为"与"的关系
筛选条件：天河店1季度商品名称为鼠标

图4-116 条件区域设置1

店铺	季度	商品名称
天河店	1季度	
		鼠标

条件标记行，列出涉及到的列名（标题名）
具体条件行，位于不同一行的条件为"或"的关系
筛选条件：天河店1季度或者商品名称为鼠标

图4-117 条件区域设置2

③ 对相同的列（字段）指定一个以上的条件或条件为一个数据范围，则应重复列标题。

例如，查找"天河店销售量为100至200之间"的记录，条件区域设置如图4-118所示。

店铺	销售量	销售量
天河店	>=100	<=200

条件标记行：指定某一列数据范围，应重复标题行

图4-118 条件区域设置3

【例4-7】 查找"1季度销售量大于等于300"的记录，显示这些记录的所有信息。

Step1：设置条件区域，如图4-119所示。

	A	B	C	D	E	F	G
1	计算机设备全年销量统计表						
2	店铺	季度	商品名称	销售量			
3	天河店	1季度	笔记本	200		季度	销售量
4	天河店	2季度	笔记本	150		1季度	>=300
5	天河店	3季度	笔记本	250			
6	天河店	4季度	笔记本	300			
7	海珠店	1季度	笔记本	230			
8	海珠店	2季度	笔记本	180			
9	海珠店	3季度	笔记本	290			
10	海珠店	4季度	笔记本	350			
11	白云店	1季度	笔记本	180			
12	白云店	2季度	笔记本	140			
13	白云店	3季度	笔记本	220			
14	白云店	4季度	笔记本	280			

图4-119 原始数据及条件区域

Step2：选中任意单元格，在"数据"选项卡的"排序和筛选"组中单击"高级"按钮，如

图 4-120 所示，打开"高级筛选"对话框，然后选中"将筛选结果复制到其他位置"（如图 4-121 所示）。另外，在"列表区域"中指定要进行筛选的数据区域，在"条件区域"中指定要进行筛选的条件区域，在"复制到"中指定筛选结果位置，勾选"选择不重复的记录"，则在筛选时过滤重复记录。

图 4-120 高级筛选

图 4-121 "高级筛选"设置

Step3：单击"确定"按钮，筛选结果就会保存到指定的单元格中，结果如图 4-122 所示。

	A	B	C	D	E	F	G	H	I
2	店铺	季度	商品名称	销售量					
3	天河店	1季度	笔记本	200		季度	销售量		
4	天河店	2季度	笔记本	150		1季度	>=300		
5	天河店	3季度	笔记本	250					
6	天河店	4季度	笔记本	300		店铺	季度	商品名称	销售量
7	海珠店	1季度	笔记本	230		南沙店	1季度	台式机	336
8	海珠店	2季度	笔记本	180		天河店	1季度	鼠标	538
9	海珠店	3季度	笔记本	290		海珠店	1季度	鼠标	586
10	海珠店	4季度	笔记本	350		白云店	1季度	鼠标	516
11	白云店	1季度	笔记本	180		南沙店	1季度	鼠标	648
12	白云店	2季度	笔记本	140		天河店	1季度	键盘	597
13	白云店	3季度	笔记本	220		海珠店	1季度	键盘	754
14	白云店	4季度	笔记本	280		白云店	1季度	键盘	686
15	南沙店	1季度	笔记本	210		南沙店	1季度	键盘	674
16	南沙店	2季度	笔记本	170		天河店	1季度	打印机	503
17	南沙店	3季度	笔记本	260		海珠店	1季度	打印机	597
18	南沙店	4季度	笔记本	320		白云店	1季度	打印机	500
19	天河店	1季度	台式机	260		南沙店	1季度	打印机	406

图 4-122 "高级筛选"结果

4.5.2　数据的排序

对数据进行排序有助于快速直观地显示数据并更好地理解数据，是数据分析不可缺少的组成部分。

【例4-8】　实现如图4-123所示中的按"季度"进行升序排序，如"季度"有相同的，再按"销售量"由低到高进行排名。

	A	B	C	D
1	计算机设备全年销量统计表			
2	店铺	季度	商品名称	销售量
3	天河店	1季度	笔记本	200
4	天河店	2季度	笔记本	150
5	天河店	3季度	笔记本	250
6	天河店	4季度	笔记本	300
7	海珠店	1季度	笔记本	230
8	海珠店	2季度	笔记本	180
9	海珠店	3季度	笔记本	290
10	海珠店	4季度	笔记本	350
11	白云店	1季度	笔记本	180
12	白云店	2季度	笔记本	140
13	白云店	3季度	笔记本	220
14	白云店	4季度	笔记本	280
15	南沙店	1季度	笔记本	210
16	南沙店	2季度	笔记本	170
17	南沙店	3季度	笔记本	260
18	南沙店	4季度	笔记本	320

图4-123　排序结果

Step1：选中数据区域中的任一单元格后，在"数据"选项卡的"排序和筛选"组中单击"排序"按钮，弹出"排序"对话框，如图4-124所示。

图4-124　"排序"对话框

Step2：单击"主要关键字"下拉列表，从中选择"季度"，再选择右侧的"降序"。

Step3：单击"添加条件"按钮，可以添加"次要关键字"；单击"次要关键字"下拉列表，从中选择"销售量"，再选择右侧的"降序"，如图4-125所示。

Step4：单击"确定"按钮完成设置。

图 4-125　排序设置

4.6　分类汇总和合并计算

4.6.1　数据的分类汇总

1. 分类汇总

分类汇总可以把数据表中的数据进行分门别类的统计处理，不需要建立公式即可快速分级显示汇总结果。进行分类汇总的数据列表的第一行必须有列标签，并且在执行分类汇总命令之前要对数据进行排序，将数据中关键字相同的记录集中到一起。数据排序完成后，就可以对数据进行分类汇总操作了。

分类汇总可以实现：在表格上显示一组数据的分类汇总及全体汇总；在表格上显示多组数据的分类汇总及全体汇总；在分组数据上完成不同的计算，如求和、平均值、计数、最大值、最小值等汇总运算。

【例 4-9】　图 4-126 是关于计算机设备全年销量统计表，分别统计出每个店铺笔记本的销售量平均值。

计算机设备全年销量统计表			
店铺	季度	商品名称	销售量
白云店	1季度	笔记本	180
天河店	1季度	笔记本	200
南沙店	1季度	笔记本	210
海珠店	1季度	笔记本	230
白云店	2季度	笔记本	140
天河店	2季度	笔记本	150
南沙店	2季度	笔记本	170
海珠店	2季度	笔记本	180
白云店	3季度	笔记本	220
天河店	3季度	笔记本	250
南沙店	3季度	笔记本	260
海珠店	3季度	笔记本	290
白云店	4季度	笔记本	280
天河店	4季度	笔记本	300
南沙店	4季度	笔记本	320
海珠店	4季度	笔记本	350

图 4-126　原始数据

Step1：进行分类汇总前，必须先对分类的字段进行排序，本例中以"店铺"为主要关键字进行"升序"排序，打开"排序"对话框，设置如图4-127所示。

图 4-127　设置排序方式

Step2：单击"确定"按钮，得到的排序结果如图4-128所示。

计算机设备全年销量统计表			
店铺	季度	商品名称	销售量
白云店	1季度	笔记本	180
白云店	2季度	笔记本	140
白云店	3季度	笔记本	220
白云店	4季度	笔记本	280
海珠店	1季度	笔记本	230
海珠店	2季度	笔记本	180
海珠店	3季度	笔记本	290
海珠店	4季度	笔记本	350
南沙店	1季度	笔记本	210
南沙店	2季度	笔记本	170
南沙店	3季度	笔记本	260
南沙店	4季度	笔记本	320
天河店	1季度	笔记本	200
天河店	2季度	笔记本	150
天河店	3季度	笔记本	250
天河店	4季度	笔记本	300

图 4-128　排序后的结果

Step3：选择需要进行分类汇总的数据区域，在"数据"选项卡的"分级显示"组中单击"分类汇总"按钮（如图4-129所示），弹出"分类汇总"对话框（如图4-130所示）。

Step4：设置"分类字段""汇总方式""选定汇总项"等参数。单击"确定"按钮，结果如图4-131所示。Excel已经为各"店铺"创建了汇总行，分别计算出了各店铺的笔记本的销售量平均值，并且在表格的末尾创建了"总计平均值"行。

图 4-129　分类汇总

1 2 3		A	B	C	D
	1	计算机设备全年销量统计表			
	2	店铺	季度	商品名称	销售量
	3	白云店	1季度	笔记本	180
	4	白云店	2季度	笔记本	140
	5	白云店	3季度	笔记本	220
	6	白云店	4季度	笔记本	280
	7	白云店 平均值			205
	8	海珠店	1季度	笔记本	230
	9	海珠店	2季度	笔记本	180
	10	海珠店	3季度	笔记本	290
	11	海珠店	4季度	笔记本	350
	12	海珠店 平均值			262.5
	13	南沙店	1季度	笔记本	210
	14	南沙店	2季度	笔记本	170
	15	南沙店	3季度	笔记本	260
	16	南沙店	4季度	笔记本	320
	17	南沙店 平均值			240
	18	天河店	1季度	笔记本	200
	19	天河店	2季度	笔记本	150
	20	天河店	3季度	笔记本	250
	21	天河店	4季度	笔记本	300
	22	天河店 平均值			225
	23	总计平均值			233.125

图 4-130　设置分类汇总　　　　图 4-131　汇总后的数据

2．分级显示

分级显示可以快速显示摘要行或摘要列，或者显示每组的明细数据。如果要分级显示一个数据列表，必须将这个数据列表进行汇总或组合。分类汇总后，Excel 自动为表格创建了分级显示视图（见图 4-131），如果显示 ➕，那么表示该项还包含展开项；如果显示 ➖，那么表示该项可以折叠，不包含展开项。

若只显示分类汇总和总计的汇总，则可单击行编号旁边的分级显示符号 1 2 3。例如，单击 2，则显示第 2 级汇总，如图 4-132 所示。

1 2 3		A	B	C	D
	1	计算机设备全年销量统计表			
	2	店铺	季度	商品名称	销售量
	7	白云店 平均值			205
	12	海珠店 平均值			262.5
	17	南沙店 平均值			240
	22	天河店 平均值			225
	23	总计平均值			233.125

图 4-132　显示第 2 级汇总

单击"白云店"所在行的 ➕，可展开显示"白云店"明细，结果如图 4-133 所示；单击"总计平均值"所在行的 ➖，可折叠显示总的汇总，结果如图 4-134 所示。

4.6.2　合并计算

合并计算是指根据用户指定的关键字，对多个数据列表中关键字值相同记录的数据值字段进行汇总计算，从而得到一个汇总数据表。根据引用区域的不同，合并计算可以分为同一工作簿中工作表的合并计算、不同工作簿工作表的合并计算。

147

店铺	季度	商品名称	销售量
计算机设备全年销量统计表			
白云店 平均值			205
海珠店	1季度	笔记本	230
海珠店	2季度	笔记本	180
海珠店	3季度	笔记本	290
海珠店	4季度	笔记本	350
海珠店 平均值			262.5
南沙店 平均值			240
天河店 平均值			225
总计平均值			233.125

图 4-133 展开显示明细

店铺	季度	商品名称	销售量
计算机设备全年销量统计表			
总计平均值			233.125

图 4-134 折叠显示总的汇总

1．对同一个工作簿中工作表的合并计算

用多个工作表管理不同的数据时，若用户希望根据这些工作表得到一张新的汇总表，用公式计算会非常麻烦，这时可以利用合并计算功能来实现。

【例 4-10】 已知某公司 1、2、3 号店的销售统计报表，各表位于同一个工作簿中，如图4-135 所示，希望统计出各商品季度累计销售数量。

	第一季	第二季	第三季	第四季
洗衣机	12456	13400	21098	18954
微波炉	9806	9342	10087	9986
电冰箱	8754	8009	10211	8870
空调	6793	8879	7603	7732
合计	37809	39630	48999	45542

	第一季	第二季	第三季	第四季
洗衣机	14008	13786	20005	19763
微波炉	9703	9823	9980	11123
电冰箱	7900	8901	8011	7999
空调	7003	7929	8056	7728
合计	38614	40439	46052	46613

	第一季	第二季	第三季	第四季
洗衣机	13780	12586	13991	19540
微波炉	9994	8972	9836	11021
电冰箱	8954	9012	9845	8923
空调	6804	9854	7560	8034
合计	39532	40424	41232	47518

图 4-135 同一工作簿中 1、2、3 号店销售统计报表

Step1：打开一张空白工作表，选择 A1 单元格，然后在"数据"选项卡的"数据工具"组中单击"合并计算"按钮，如图 4-136 所示，弹出"合并计算"对话框，如图 4-137 所示。

Step2：单击"引用位置"文本框右侧的"压缩对话框"按钮，选择"1 号店"工作表的 A1:E6 单元格区域，然后单击"添加"按钮。

Step3：重复上述步骤，依次添加"2 号店"工作表中的 A1:E6 和"3 号店"工作表中的 A1:E6 单元格区域，分别勾选"首行"和"最左列"复选框，如图 4-138 所示。然后单击"确定"按钮，即可将多表数据合并计算，结果如图 4-139 所示。

图 4-136 单击"合并计算"按钮

图 4-137 添加第一个引用位置

图 4-138 添加多个引用位置

图 4-139 汇总表格

2．对不同工作簿中工作表的合并计算

在上述例子中，工作表存放在同一个工作簿中。事实上，各分店会将各自的报表保存在工作簿中发给总公司，总公司在进行统计时，必须将各分店报表合并计算，才能形成总报表。这就需要将多个工作簿中的工作表进行合并计算。

【例 4-11】 已知某公司 1、2、3 号店的销售统计报表，各表在不同工作簿中，如图 4-140所示，希望统计出各商品季度累计销售数量。

图 4-140 不同工作簿的 1、2、3 号店销售统计报表

Step1：分别打开 1、2、3 号店工作簿，再打开要进行合并计算的工作簿；选择 A1 单元

格，然后在"数据"选项卡的"数据工具"组中单击"合并计算"按钮，弹出"合并计算"对话框。

Step2：单击"引用位置"文本框右侧的"压缩对话框"按钮，切换至"1号店"工作簿，选择工作表中的A1:E6单元格区域，如图4-141所示，然后单击"添加"按钮。

图4-141　添加第一个引用位置

Step3：重复上述步骤，依次添加"2号店"工作簿中的A1:E6和"3号店"工作簿中的A1:E6单元格区域，分别勾选"首行"和"最左列"复选框，然后单击"确定"按钮，即可将多表数据合并计算，结果如图4-142所示。

	A	B	C	D	E
1		第一季	第二季	第三季	第四季
2	洗衣机	40244	39772	55094	58257
3	微波炉	29503	28137	29903	32130
4	电冰箱	25608	25922	28067	25792
5	空调	20600	26662	23219	23494
6	合计	115955	120493	136283	139673

图4-142　多工作簿合并计算结果

3．自动更新合并计算的数据

创建合并计算表格后，用户可以通过链接功能实现对合并计算数据的自动更新，这样当源数据发生改变时，Excel会自动更新合并计算表格中的结果。

合并计算时，在打开的"合并计算"对话框（见图4-141）中勾选"创建指向源数据的链接"复选框，然后根据需要进行设置即可。

4.7　公式与函数

Excel的主要功能之一是对数据的操作与处理提供了公式和函数功能，可以对表格中的复杂数据内容进行计算。

4.7.1 公式与函数基础

1．公式与函数输入方法

（1）输入公式

在输入公式时，必须以"="开头，然后输入公式中的全部内容。在 Excel 中，公式包含下列基本元素。

- ❖ 运算符：用于对公式中的元素进行特定类型的计算，一个运算符就是一个符号，如"+""–"">""="等。
- ❖ 单元格引用：公式是对单元格中的基本数据进行计算的，所以在公式中需要对单元格中的数据进行引用。
- ❖ 值或常量：在一些公式中会有一些常量，如系数等，这些值由用户直接输入。
- ❖ 工作表函数：包括函数和参数，可以返回相应的函数值，如 SUM 函数等。

输入公式的步骤如下：选中要输入公式的单元格，直接在选定单元格或编辑栏中输入计算的公式内容，输入公式时以"="开头；输入完成后回车或单击编辑栏的"输入"按钮 ✔️，在选定单元格中将显示公式的计算结果。

（2）输入函数

① 直接手工输入

Step1：单击要输入函数的单元格，直接在选定单元格或编辑栏中输入函数的内容。与公式一样，每个函数的输入都要以"="开始。

Step2：输入函数名，接着是括号和参数，如图 4-143 所示。完成后按 Enter 键完成输入，选定的单元格中显示计算结果。

J3				fx	=SUM(D3:I3)					
	A	B	C	D	E	F	G	H	I	J
1	南方公司2018年上半年销售业绩统计表									
2	编号	姓名	部门	一月份	二月份	三月份	四月份	五月份	六月份	合计
3	NF00001	杨伟健	二部	76,500	70,000	64,000	75,000	87,000	78,000	450,500
4	NF00002	张红	二部	95,000	95,000	70,000	89,500	61,150	61,500	
5	NF00003	杜月红	一部	88,000	82,500	83,000	75,500	62,000	85,000	
6	NF00004	杨红敏	二部	80,500	96,000	72,000	66,000	61,000	85,000	

图 4-143　输入公式

② 使用"插入函数"对话框输入

当对函数格式、参数等具体信息不清楚时，可以使用"插入函数"对话框。

Step1：选择要插入函数的单元格，单击"插入函数"按钮 *fx*，打开"插入函数"对话框，如图 4-144 所示，选择所需要的函数，然后单击"确定"按钮。或者，选择"公式"选项卡，在"函数库"组中（如图 4-145 所示）单击"插入函数"按钮，也可打开"函数参数"对话框（如图 4-146 所示）。"函数库"组中提供了多种函数类型，可以根据需要选择使用的函数。

Step2：在"函数参数"对话框中设置相应参数即可。

2．单元格的引用

在编辑公式内容时，为方便用户对单元格数据的引用，使用引用地址来代表工作表中的一个或一组单元格数据。单元格引用的作用在于：标示工作表中的单元格或单元格区域，并使用引用的单元格地址对公式内容进行计算。

图 4-144 "插入函数"对话框

图 4-145 "公式"选项卡中的"函数库"组

图 4-146 设置函数参数

（1）相对引用

相对引用用于标示单元格或单元格区域，在默认情况下，Excel 使用的都是相对引用。由列标和行号表示的地址称为单元格的相对地址，如 A5、B3 等。

当对公式进行复制时，其引用位置也随之改变。例如，在单元格 K3 中输入公式"=(D3+E3+F3)/6"，拖动 K3 单元格的填充柄至 K4（实现公式复制），结果如图 4-147 所示。K4 单元格中的公式变成了"=(D4+E4+F4)/6"，这就是相对引用。

（2）绝对引用

绝对引用就是对特定位置的单元格的引用，即单元格的精确地址。使用绝对引用的方法是在行号和列标前面加上"$"符号，如$A$1、$B$2等。当对含有绝对引用的公式进行复制时，公式中的绝对地址保持不变。

在图4-148所示的表中计算图书打折后的定价。B7是折扣率，这是一个不变的数字，应该使用绝对引用。在单元格C3中输入公式"=B3-B3*B7"，然后拖动C3右下角的填充手柄以复制公式，得出其他图书的"打折后"的值。C4单元格的公式为"=B4-B4*B7"，B7不变；C5单元格的公式为"=B5-B5*B7"，B7不变。

图4-147　单元格引用自动变换　　　　　　　图4-148　函数的绝对引用

（3）混合引用

单元格的混合引用是指在一个单元格地址的引用中，既含有相对引用地址又有绝对引用地址。例如，在需要对A列中的数据内容进行引用时，则将A列固定，在指定引用单元格时可以设置为"$A1"，表示将A列设置为绝对引用，行号1为相对引用。当对公式进行复制时，公式中相对引用部分会随引用公式的单元格地址变动而变动，而绝对引用部分保持不变。

以如图4-149中所示的计算销售额为例，在单元格B2中输入公式"=$A2*B$1"，然后对该公式进行复制并粘贴到相应的单元格中，结果如图4-150所示。

	A	B	C	D	E	F	G
1	销售量 / 单价	32	54	63	98	50	120
2	1221	39072					
3	3266						
4	10012						
5	9510						
6	6652						
7	1300						

图4-149　输入混合引用公式

	A	B	C	D	E	F	G
1	销售量 / 单价	32	54	63	98	50	120
2	1221	39072	65934	76923	119658	61050	146520
3	3266	104512	176364	205758	320068	163300	391920
4	10012	320384	540648	630756	981176	500600	1201440
5	9510	304320	513540	599130	931980	475500	1141200
6	6652	212864	359208	419076	651896	332600	798240
7	1300	41600	70200	81900	127400	65000	156000

图4-150　混合引用结果

（4）单元格名称

当某个单元格或单元格区域被定义为名称后，就可以在公式中引用，而且是绝对引用。以计算出图书打折后的定价为例，定义和使用名称的步骤如下。

图 4-151 为 C1 单元格命名

Step1：单击单元格 B7，然后在名称框中输入名称"discount"，如图 4-151 所示。

Step2：将单元格 B7 命名为"discount"后，在公式中就可以绝对引用 B7 了。在单元格 C3 中输入公式"=B3- B3*discount"，如图 4-152 所示。

Step3：拖动 C3 单元格右下角的填充柄至 C5，计算出其他图书的打折后的价格，如图 4-153 所示。

图 4-152 输入公式　　　　　　　　图 4-153 计算结果

（5）单元格区域的引用

一组单元格标示的区域称为单元格区域，表示形式有如下 3 种："A1:B3"表示单元格 A1～B3 的连续区域；"A1:B2, C2:D5"表示单元格 A1～B3 及 C2～D5 的两个区域；"A1:C3 B2:E5"表示单元格 A1～C3 和 B2～E5 的共同区域。

（6）引用同一工作簿中其他工作表中的单元格

引用同一工作簿中其他工作表中的单元格时，只需在引用的单元格名字前面加上工作表名和"!"，如"表 1!D4"。

（7）引用其他工作簿中工作表上的单元格

引用其他工作簿中工作表上的单元格的数据时，引用方法是"[工作簿名称]工作表名称!单元格名称"，如"[工作簿 1.xls]Sheet2!A2"。

4.7.2　常用函数

Excel 中提供了多种函数，下面介绍比较常用的几种。

1. 求和函数 SUM

语法：SUM(number1, number2, …)

其中，number1，number2，…是要对其求和的 1～255 个参数。

功能：返回某一单元格区域中所有数字之和。

SUM 函数应用示例如图 4-154 所示。

说明：① 直接输入到参数表中的数字、逻辑值及数字的文本表达式将被计算，如图 4-168 所示的示例一和示例二。

② 如果参数是一个数组或引用，则只计算其中的数字。数组或引用中的空白单元格、逻辑值或文本将被忽略。如图 4-168 所示的示例三和示例五。

③ 如果参数为错误值或为不能转换为数字的文本，将导致错误。

▲	A	B	C	D	E
1		数据	SUM使用	说明	结果
2	例1	-9	=SUM(30,40)	将30和40相加	70
3	例2	20	=SUM("15", 30, TRUE)	将15,30,1相加，因SUM函数里面的数据均为数值，所以文本值15被转换为数值15，逻辑值TRUE被转换为1	46
4	例3	148	=SUM(B2:B4)	将B2至B4单元格中的三个数相加	159
5	例4	6	=SUM(B2:B4,1)	将B2至B4三个数的和与1相加	160
6	例5	FALSE	=SUM(B5,B6,3)	将B5、B6的值与3相加。因B5（文本内容6）、B6（逻辑值FALSE）不是数值，所以B5、B6的值被忽略，只有3被相加	3

图 4-154　SUM 函数的应用

2．算数平均值函数 AVERAGE

语法：AVERAGE(number1, number2, …)

其中，number1，number2，…是要计算其平均值的 1～255 个参数。

功能：返回参数的平均值（算术平均值）。

说明：① 参数可以是数字或者是包含数字的名称、数组或引用。

② 逻辑值和直接输入到参数列表中代表数字的文本被计算在内。

③ 如果数组或引用参数包含文本、逻辑值或空白单元格，则这些值将被忽略；但包含零值的单元格将计算在内。

④ 如果参数为错误值或为不能转换为数字的文本，将导致错误。

⑤ 如果要使计算包括引用中的逻辑值和代表数字的文本，可使用 AVERAGEA 函数。

AVERAGE 函数应用示例如图 4-155 所示。

	A	B	C	D	E
7					
8		数据	AVERAGE使用	说明	结果
9	例1	-9	=AVERAGE(B9:B11)	求B9至B11三个数的平均值	53
10	例2	20	=AVERAGE(B9:B11,9)	求B9至B11三个数与9的平均值	42
11	例3	148	=AVERAGE(B9,B11)	求B9和B11两个数的平均值	69.5

图 4-155　AVERAGE 函数的应用

3．最大值函数 MAX

语法：MAX(number1, number2,…)

其中，number1，number2，…是从中找出最大值的 1～255 个参数。

功能：返回一组值中的最大值。

说明：① 参数可以是数字或者是包含数字的名称、数组或引用。

② 逻辑值和直接输入到参数列表中代表数字的文本被计算在内。

③ 如果参数为数组或引用，则只使用该数组或引用中的数字。数组或引用中的空白单元格、逻辑值或文本将被忽略。

④ 如果参数不包含数字，函数 MAX 返回 0（零）。

⑤ 如果参数为错误值或不能转换为数字的文本，将导致错误。

⑥ 如果要使计算包括引用中的逻辑值和代表数字的文本，可使用 MAXA 函数。

4．最小值函数 MIN

语法：MIN(number1, number2, …)

功能：返回一组值中的最小值。

其中，number1，number2，…是要从中查找最小值的 1～255 个数值。

说明：与 MAX 函数类似，如果要使计算包括引用中的逻辑值和代表数字的文本，可使用 MINA 函数。

5．计数函数 COUNT

语法：COUNT(value1, value2,…)

其中，value1，value2，…是可以包含或引用各种类型数据的 1～255 个参数，但只有数值类型的数据才计算在内。

功能：返回包含数字的单元格的个数和返回参数列表中的数字个数。COUNT 函数可以计算单元格区域或数字数组中数字字段的输入项个数。

说明：① 数字参数、日期参数或者代表数字的文本参数被计算在内。

② 逻辑值和直接输入到参数列表中代表数字的文本被计算在内。

③ 如果参数为错误值或不能转换为数字的文本，将被忽略。

④ 如果参数是一个数组或引用，则只计算其中的数字。数组或引用中的空白单元格、逻辑值、文本或错误值将被忽略。

⑤ 如果要统计逻辑值、文本或错误值，可使用 COUNTA 函数。

6．取整函数 INT

语法：INT(number)

其中，number 是需要进行向下舍入取整的实数。

功能：将数字向下舍入到最接近的整数。

图 4-156 为利用 INT 函数取整后的结果。

7．当前日期函数 TODAY

语法：TODAY( )

功能：返回当前日期的序列号。序列号是 Microsoft Excel 日期和时间计算使用的日期-时间代码。如果在输入函数前，单元格的格式为"常规"，则结果将设为日期格式。

Excel 可将日期存储为可用于计算的序列号。在默认情况下，1900 年 1 月 1 日的序列号是 1，而 2008 年 1 月 1 日的序列号是 39448，这是因为它距 1900 年 1 月 1 日有 39448 天。

8．年份函数 YEAR

语法：YEAR(serial_number)

其中，serial_number 为一个日期值，其中包含要查找年份的日期。

功能：返回某日期对应的年份。返回值为 1900～9999 之间的整数。

图 4-157 为利用 YEAR 函数获取年份的结果。

	A	B	C
1	原始数据	使用INT函数后的数据	说明
2	12.9	12	
3	-12.9	-13	向下舍入取最接近的整数，-12.9向下是-13，即-13比-12.9小
4	12.1	12	

图 4-156　INT 函数取整

	A	B
1	日期	使用YEAR函数获取的年份
2	2019年7月9日	2019
3	2019/7/9	2019
4	2019-07-09	2019

图 4-157　用 YEAR 函数获取年份

9．四舍五入函数 ROUND

语法：ROUND(number, num_digits)

其中，number 为需要进行四舍五入的数字；num_digits 为指定的位数，按此位数进行四舍五入。

功能：返回某个数字按指定位数取整后的数字。

说明：① 如果 num_digits 大于 0，则四舍五入到指定的小数位。

② 如果 num_digits 等于 0，则四舍五入到最接近的整数。

③ 如果 num_digits 小于 0，则在小数点左侧进行四舍五入。

图 4-158 为利用 ROUND 函数对数据进行四舍五入的结果。

	A	B	C
1	原始数据	使用ROUND函数	结果
2	19.12909	=ROUND(A2,2)	19.13
3	19.68	=ROUND(A3,1)	19.7
4	19.98	=ROUND(A4,0)	20
5	191290	=ROUND(A5,-2)	191300

图 4-158　对数据进行四舍五入

4.7.3　函数的嵌套

在引用函数时，函数的参数又引用了函数，称为"函数的嵌套"。使用函数的嵌套时需注意被嵌套的函数必须返回与当前函数的参数的数值类型相同的数值。如果嵌套函数返回的数值类型不正确，将显示"#VALUE!"错误值。

【例 4-12】 对成绩表中的平均成绩进行四舍五入。在如图 4-159 所示的工作表的"平均分"列中计算每个学生的平均成绩，并保留 1 位小数，对小数点后的第 2 位进行四舍五入。

	A	B	C	D	E	F	G	H	I	J
1	学号	姓名	语文	数学	英语	生物	地理	历史	政治	平均分
2	NFNF120301	包宏伟	91.5	89	94	92	91	86	86	
3	NFNF120302	陈万地	93	99	92	86	86	73	92	
4	NFNF120303	杜学江	102	116	113	78	88	86	73	
5	NFNF120304	符合	99	98	101	95	91	95	78	
6	NFNF120305	吉祥	101	94	99	90	87	95	93	
7	NFNF120306	李北大	100.5	103	104	88	89	78	90	
8	NFNF120307	刘康锋	95.5	92	96	84	95	91	92	
9	NFNF120308	刘鹏举	93.5	107	96	100	93	92	93	
10	NFNF120309	倪冬声	95	97	102	93	95	92	88	

图 4-159　函数嵌套的数据源

计算时需要同时用到两个函数：求平均值函数 AVERAGE 和四舍五入函数 ROUND。计算时应先对各科成绩求平均值，然后对平均值的结果进行四舍五入。此时的公式为：=ROUND(AVERAGE(C2:I2), 1)。

Step1：选中要输入公式的单元格 J2。

Step2：打开"插入函数"对话框，选择类别为"数学与三角函数"，选择函数"ROUND"并单击"确定"按钮。

Step3：按图 4-160 所示输入公式。

Step4：选择单元格 J2，拖动填充柄完成其他行的计算。结果如图 4-161 所示。

图 4-160　ROUND 与 AVERAGE 函数的嵌套方法

	A	B	C	D	E	F	G	H	I	J
1	学号	姓名	语文	数学	英语	生物	地理	历史	政治	平均分
2	NFNF120301	包宏伟	91.5	89	94	92	91	86	86	89.9
3	NFNF120302	陈万地	93	99	92	86	86	73	92	88.7
4	NFNF120303	杜学江	102	116	113	78	88	86	73	93.7
5	NFNF120304	符合	99	98	101	95	91	95	78	93.9
6	NFNF120305	吉祥	101	94	99	90	87	95	93	94.1
7	NFNF120306	李北大	100.5	103	104	88	89	78	90	93.2
8	NFNF120307	刘康锋	95.5	92	96	84	95	91	92	92.2
9	NFNF120308	刘鹏举	93.5	107	96	100	93	92	93	96.4
10	NFNF120309	倪冬声	95	97	102	93	95	92	88	94.6

图 4-161　计算结果

4.7.4　含有条件的函数

1. IF 函数

根据对指定的条件计算结果为 TRUE 或 FALSE，返回不同的结果。可以使用 IF 函数对数值和公式执行条件检测。

语法：IF(logical_test,value_if_true,value_if_false)

logical_test：表示计算结果为 TRUE 或 FALSE 的任意值或表达式。例如，A10=100 就是一个逻辑表达式；如果单元格 A10 中的值等于 100，则表达式的计算结果为 TRUE，否则为 FALSE。此参数可使用任何比较运算符。

value_if_true：logical_test 为 TRUE 时返回的值。value_if_true 可以是其他公式。

value_if_false：logical_test 为 FALSE 时返回的值。如果 logical_test 为 FALSE 且 value_if_false 为空（即 value_if_true 后有逗号并紧跟着右括号），则返回值 0。value_if_false 可以是其他公式。

IF 函数的应用示例如图 4-162 所示。

	A	B	C	D
1	数据	使用IF函数	说明	结果
2	76	=IF(A2>=60,"及格","不及格")	如果A2单元格的数字大于等于60，则B2单元格的值为"及格"，否则为"不及格"	及格
3	38	=IF(SUM(A2:A3)>=100,1000,"")	如果A2和A3单元格的和大于等于，则B3单元格的值为1000，否则为""（空，什么都没有）	1000
4	1	=IF(A4=1,"是","否")	如果A3单元格的值等于1，则B4单元格的值为"是"，否则为"否"	是

图 4-162　IF 函数的应用示例

【例 4-13】　在成绩表中，根据"平均分"计算成绩等级。

在如图 4-161 所示的工作表中增加"成绩等级"列，其中计算每个学生的成绩等级。要求：平均成绩大于 100 为优秀，90～100 为良好，90 以下为中等。

用 IF 函数的嵌套方法来实现，判断该学生的成绩是否大于 100，若是，则为"优秀"，否则继续判断该学生的成绩是否大于等于 90 分，若是，则为"良好"，否则为"中等"。

Step1：选中 K2 单元格。

Step2：打开"插入函数"对话框，选择常用函数类的 IF 函数。

Step3：设置 IF 函数的参数。如图 4-163 所示，设置函数参数的逻辑表达式和表达式值为真时的返回值，并将光标定位于第 3 个参数（逻辑表达式值为假时的返回值）的文本框，单击"编辑"工具栏左侧的 IF 函数按钮，此时第 1 个 IF 函数的第 3 个参数的位置上又插入了一个 IF 函数。

按上面的方法完成第 2 个 IF 函数的嵌套，具体设置如图 4-164 所示。

Step4：复制公式，完成其他学生"成绩等级"的计算，如图 4-165 所示。

2．COUNTIF 函数与 SUMIF 函数

（1）COUNTIF 函数

功能：计算区域中满足给定条件的单元格的个数。

语法：COUNTIF(range, criteria)

range：是一个或多个要计数的单元格，其中包括数字或名称、数组或包含数字的引用。空值和文本值将被忽略。

criteria：为确定哪些单元格将被计算在内的条件，其形式可以为数字、表达式、单元格引用或文本。例如，条件可以表示为">20"、"computer"或 A4。

COUNTIF 函数的应用示例如图 4-166 所示。

（2）SUMIF 函数

功能：按给定条件对指定单元格求和。

语法：SUMIF(range, criteria, sum_range)

图 4-163　设定 IF 函数的参数

图 4-164　IF 函数的嵌套 1

	A	B	C	D	E	F	G	H	I	J	K
1	学号	姓名	语文	数学	英语	生物	地理	历史	政治	平均分	成绩等级
2	NFNF120301	包宏伟	91.5	89	94	92	91	86	86	89.9	中等
3	NFNF120302	陈万地	93	99	92	86	86	73	92	88.7	中等
4	NFNF120303	杜学江	102	116	113	78	88	86	73	93.7	良好
5	NFNF120304	符合	99	98	101	95	91	95	78	93.9	良好
6	NFNF120305	吉祥	101	94	99	90	87	95	93	94.1	良好
7	NFNF120306	李北大	100.5	103	104	109	98	96	90	100.1	优秀
8	NFNF120307	刘康锋	95.5	92	96	84	95	91	92	92.2	良好
9	NFNF120308	刘鹏举	93.5	107	96	100	93	92	93	96.4	良好
10	NFNF120309	倪冬声	95	97	102	93	95	92	88	94.6	良好

图 4-165　计算结果

	A	B	C	D
1	数据	使用COUNTIF函数	说明	结果
2	computer	=COUNTIF(A2:A5,"computer")	计算A2至A4单元格中有多少个"computer"	2
3	Python	=COUNTIF(A2:A5,A3)	计算A2至A4单元格中有多少个"Python"(即A3单元格中的值)	1
4	computer	=COUNTIF(A2:A4,A4)	计算A2至A4单元格中有多少个"computer"(即A4单元格中的值)	2
5	38	=COUNTIF(A5:A6,">20")	计算A5至A6单元格中大于20的单元格的个数	2
6	125	=COUNTIF(A5:A6,">120")	计算A5至A6单元格中大于120的单元格的个数	1

图 4-166　COUNTIF 函数的应用

range：要根据条件计算的单元格区域。每个区域中的单元格都必须是数字和名称、数组和包含数字的引用。空值和文本值将被忽略。

criteria：确定对哪些单元格相加的条件，其形式可以为数字、表达式或文本。例如，条件可以表示为 32、"32"、">32"或"apples"。

sum_range：为要相加的实际单元格（如果区域内的相关单元格符合条件）。如果省略 sum_range，则当 range 中的单元格符合条件时，它们既按条件计算，也执行相加。

SUMIF 函数的应用示例如图 4-167 所示。

	A	B	C	D	E
1	数据1	数据2	使用SUMIF函数	说明	结果
2	1000	80	=SUMIF(A2:A5,">3000")	计算A2至A5单元格中值大于3000的单元格的和（此处为A4和A5的和）	7800
3	2500	60	=SUMIF(A2:A5,">3000",B2:B5)	计算A2至A5单元格中值大于3000的单元格其对应的B列数据的和（此处为B4和B5的和）	140
4	3800	90	=SUMIF(A2:A5,"=2500",B2:B5)	计算A2至A5单元格中值等于2500的单元格其对应的B列数据的和（此处为B3的和）	60
5	4000	50	=SUMIF(A2:A5,"<>2500",B2:B5)	计算A2至A5单元格中值不等于2500的单元格其对应的B列数据的和（此处为B1、B3和B4的和）	220

图 4-167　SUMIF 函数的应用示例

4.7.5　函数应用补充示例

【例 4-14】　制作勤工助学工作统计表。

现要计算勤工助学学生的相关费用统计表，计算标准为：工作日每小时 18 元，星期六和星期日加班每小时 25 元。工作时间如果在 30 分钟以上计 1 小时，30 分钟及以下计 0.5 小时。每月统计一次，图 4-168 为某同学 9 月份的工作时间记录。

图 4-168　统计表原始数据

Step1：计算工作时间为星期几，可在单元格 B3 中输入公式"=WEEKDAY(A3,1)"，按 Enter 键，其中显示值为"7"；单击右键，在弹出的快捷菜单中选择"设置单元格格式"；在弹出的对话框的"分类"中选择"日期"，在"类型"中选择"星期三"格式；单击"确定"按钮，则其中显示"星期六"。

公式"=WEEKDAY(A3,1)"显示单元格 A3 对应的星期数，返回值类型设置为"1"，返回的数字为 1～7，代表的值为星期日～星期六。

Step2：复制公式，拖动单元格 B3 右下角的填充柄复制公式到其他单元格，计算其他时间对应为星期几，结果如图 4-169 所示。

图 4-169　计算工作时间为星期几

Step3：计算工作时间的"小时数"，在单元格 E3 中输入公式"=HOUR(D3-C3)"，按 Enter 键后，其中显示值为"3"（如图 4-170 所示）。

图 4-170　计算工作小时数

Step4：计算工作时间的"分钟数"，在单元格 F3 中输入公式"=MINUTE(D3-C3)"，按 Enter 键后，其中显示值为"55"（如图 4-171 所示）。

图 4-171　计算工作分钟数

Step5：输入费用标准，工作日为每小时 18 元，星期六和星期日加班为每小时 25 元。在单元格 G3 中输入公式"=IF(OR(B3=7, B3=1), 25, 18)"，按 Enter 键后，其中显示"费用标准"为"25"（如图 4-172 所示）。

图 4-172　输入费用标准

公式"OR(B3=7, B3=1)"表示的是，如果 B3=7 和 B3=1 这两个条件任意一个成立，则返回"TRUE"，否则返回"FALSE"。

Step6：计算"工作费用总计"。"工作费用总计"等于工作的总小时数乘以费用标准，所以在单元格 H3 中输入公式"=(E3+IF(F3=0, 0, IF(F3>30, 1, 0.5)))*G3"，按 Enter 键后，其中的值为"87.5"（如图 4-173 所示）。

图 4-173　计算工作费用总计

公式说明：IF(F3>30, 1, 0.5)表示，如果 F3>30，则返回 1，否则返回 0.5；IF(F3=0, 0)表示，如果分钟数为 0，则返回 0；E3+IF(F3=0, 0, IF(F3>30, 1, 0.5))计算工作的总小时数。

Step7：复制第一行所有公式到其他单元格，计算其他工作时间、费用标准等，最后的计算结果如图 4-174 所示。

	A	B	C	D	E	F	G	H
1	勤工助学工作统计表							
2	工作日期	星期	开始时间	结束时间	小时数	分钟数	费用标准	工作费用总计
3	2018-9-1	星期六	8:00	11:30	3	30	25	87.5
4	2018-9-5	星期三	8:00	12:00	4	0	18	72
5	2018-9-13	星期四	10:35	12:00	1	25	18	27
6	2018-9-14	星期五	14:30	17:35	3	5	18	63
7	2018-9-20	星期四	14:30	17:35	3	5	18	63
8	2018-9-24	星期一	16:10	17:35	1	25	18	27

图 4-174 工作统计表计算完成结果

【例 4-15】 从身份证号中自动提取性别和生日。

在 18 位的身份证号码中，第 17 位表示性别；在 15 位的身份证号码中，最后 1 位表示性别；单数表示男性，双数表示女性。注意：在输入身份证号时，首先需要将"身份证号"列的单元格格式设置为"文本"，否则将不能正确显示数据。

源数据如图 4-175 所示。提取性别和生日的步骤如下。

	A	B	C	D
1	姓名	身份证号	生日	性别
2	黎明明	452311199004141250		
3	刘继岩	321340199812022242		
4	秦朗	425025761225252		
5	袁莉	251420770910347		

图 4-175 提取性别和生日的源数据

Step1：在单元格 C2 中输入"=CHOOSE(MOD(IF(LEN(B2)=18, MID(B2,17,1), RIGHT(B2,1)),2) +1, "女", "男")"，按 Enter 键。

公式说明：首先判断身份证号码位数，若是 18 位，则返回第 17 位的数字，否则返回最后 1 位，即 IF(LEN(B2)=18, MID(B2,17,1), RIGHT(B2,1))；然后将返回的数字除以 2 取余数，即 MOD(IF(LEN(B2)=18, MID(B2,17,1), RIGHT(B2,1)),2)，若余数为 0，则表示为女性，余数为 1，则表示为男性。

LEN 函数的语法为：LEN(text)。其中，text 是要查找其长度的文本，空格将作为字符进行计数）返回文本字符串中的字符数，如 LEN(B2)。函数返回单元格 B2 中字符串的字符数。

MID 函数的语法为：MID(text, start_num, num_chars)。其中，text 是包含要提取字符的文本字符串；start_num 是文本中要提取的第一个字符的位置；num_chars 指定希望 MID 从文本中返回字符的个数。MID 函数返回文本字符串中从指定位置开始的特定数目的字符。如 MID(B2,17,1)函数返回单元格 B2 从第 17 位字符开始取的 1 位字符。

RIGHT 函数的语法为：RIGHT(text, num_chars)。其中，text 是包含要提取字符的文本字符串；num_chars 指定要由 RIGHT 提取的字符的数量。RIGHT 函数是根据所指定的字符数返回文本字符串中最后一个或多个字符。如 RIGHT(B2,1)返回单元格 B2 中的最后一个字符。

MOD 函数的语法为：MOD(number, divisor)。其中，number 为被除数，Divisor 为除数。函数返回两数相除的余数。如 MOD(5,2)返回 5 除以 2 的余数，即 1。

CHOOSE 函数的语法为：CHOOSE(index_num, value1, value2, …)，使用 index_num 返回数值参数列表中的数值。如 CHOOSE(1,"女","男")返回第 1 个参数列表中的值，即"女"；

CHOOSE(2,"女","男")返回第 2 个参数列表中的值，即"男"。

Step2：单击单元格 D2，输入公式"=IF(LEN(B2)=18, DATE(MID(B2,7,4), MID(B2,11,2), MID(B2,13,2)), DATE("19"&MID(B2,7,2), MID(B2,9,2), MID(B2,11,2)))"，按 Enter 键。

公式说明：首先判断身份证号码位数，若为 18 位，则指定年、月、日的位置，提取出来，再利用 DATE 函数显示，即 DATE(MID(B2, 7, 4), MID(B2, 11, 2), MID(B2, 13, 2))；若为 15 位，则用 DATE("19"&MID(B2, 7, 2), MID(B2, 9, 2), MID(B2, 11, 2)) 计算。其中，"19"&MID(B2, 7, 2)表示在年份前加上"19"后显示。

DATE 函数的语法为：DATE(year, month, day)，返回代表特定日期的序列号。例如，DATE(2019, 9,8)返回代表 2019 年 9 月 8 日的序列号。

Step3：将单元格 D2 中的单元格格式改为日期，如图 4-176 所示。

	A	B	C	D
1	姓名	身份证号	性别	生日
2	黎明明	452311199004141250	男	1990年4月14日
3	刘继岩	321340199812022242		
4	秦朗	425025761225252		
5	袁莉	251420770910347		

图 4-176　从单元格 B2 中获取性别和生日

Step4：选中单元格 C2 和 D2，拖动右下角的填充柄至单元格 D5，结果如图 4-177 所示。

	A	B	C	D
1	姓名	身份证号	性别	生日
2	黎明明	452311199004141250	男	1990年4月14日
3	刘继岩	321340199812022242	女	1998年12月2日
4	秦朗	425025761225252	女	1976年12月25日
5	袁莉	251420770910347	男	1977年9月10日

图 4-177　快速填充后的结果

4.7.6　Excel 中常见公式错误提示及解决方法

1．#####

原因：此错误表明列宽不足以显示所有内容，或者在单元格中使用了负日期或时间。

解决方法：

① 如果单元格所含的数字、日期或时间比单元格宽，可以通过拖动列表之间的宽度来修改列宽。

② 如果使用的是 1900 年的日期系统，那么 Excel 中的日期和时间必须为正值，用较早的日期或者时间值减去较晚的日期或者时间值就会导致"#####"错误。

③ 如果公式正确，也可以将单元格的格式改为非日期和时间型来显示该值。

2．#DIV/0!

将数字除以零（0）时，Excel 会显示"#DIV/0!"错误。

原因：① 输入了执行显式零除（0）计算的公式，如"=5/0"。

② 在公式中，除数使用了指向空单元格或包含零值单元格的单元格引用（在 Excel 中如

果运算对象是空单元格，Excel 将此空值当作零值）。如 A1 单元格值为 6，A2 单元格值为 0，A3 单元格为空单元格，若 A4 单元格中输入公式 "=A1/A2" 或 "=A1/A3"，都会出现此错误。

解决方法：

① 确保函数或公式中的除数不为零（0）或不是空值。

② 将公式中的单元格引用指向的单元格更改为不含零或空值的其他单元格。

3. #N/A

此错误表明值对函数或公式不可用。

原因一：数据缺失，并且在其位置输入了 "#N/A" 或 "NA()"。

解决方法：如果之前在单元格中手动输入了 "#N/A"，请在数据可用时将其替换为实际的数据。例如，如果之前在数据尚不可用的单元格中输入了 "#N/A"，引用这些单元格的公式也会返回 "#N/A" 而不是尝试计算值。如果输入值来代替它们，则能够解决含有公式的单元格中出现的这一错误。

原因二：数组公式中使用的参数的行数或列数与包含数组公式的区域的行数或列数不一致。数组公式对一组或多组值执行多重计算，并返回一个或多个结果，数组公式放在 "{ }" 中，按 Ctrl+Shift+Enter 键可以输入数组公式。

解决方法：如果已在多个单元格中输入数组公式，请确保公式所引用的区域具有相同的行数和列数，或者将数组公式输入到更少的单元格中。例如，如果在高为 15 行的区域 C1:C15 中输入了数组公式，但公式引用的区域 A1:A10 高为 10 行，则区域 C11:C15 中将显示 "#N/A"。若要更正此错误，请在较小的区域（如 C1:C10）中输入公式，或将公式所引用的区域更改为相同的行数（如 A1:A15）。

原因三：内置或自定义工作表函数中省略了一个或多个必需的参数。

解决方法：对于返回错误的函数，请输入该函数的所有必需的参数。

原因四：使用的自定义工作表函数不可用。

解决方法：请确保包含工作表函数的工作簿已经打开且函数工作正常。

原因五：运行的宏程序所输入的函数返回 "#N/A"。

解决方法：确保函数中的参数正确，并且用在正确的位置。

4. #VALUE!

当使用错误的参数或运算对象类型时，或者当公式自动更正功能不能更正公式时，将产生错误值 "#VALUE!"。

原因一：在需要数字或逻辑值时输入了文本，Excel 不能将文本转换为正确的数据类型。

解决方法：确认公式或函数所需的运算符或参数正确，并且公式引用的单元格中包含有效的数值。例如，如果单元格 A1 中包含一个数字，单元格 A2 中包含文本 "学籍"，则公式 "=A1+A2" 将返回错误值 "#VALUE!"。可以用 SUM 函数 "SUM(A1:A2)" 将这两个值相加（SUM 函数忽略文本）。

原因二：将单元格引用、公式或函数作为数组常量输入。

解决方法：确认数组常量不是单元格引用、公式或函数。

原因三：赋予需要单一数值的运算符或函数一个数值区域。

解决方法：将数值区域改为单一数值。修改数值区域，使其包含公式所在的数据行或列。

5．#NAME?

当 Excel 无法识别公式中的文本时，将出现此错误。

原因一：使用了不存在的名称。

解决方法：请确保使用的名称确实存在。名称代表单元格、单元格区域、公式或常量值的单词或字符串。名称更易于理解，如"产品"可以引用难于理解的区域 Sales!C20:C30。在"公式"选项卡的"已定义名称"组中单击"名称管理器"，然后查看名称是否列出。如果名称未列出，请单击"定义名称"，以添加名称。

原因二：名称拼写错误。

解决方法：验证拼写。在编辑栏 *fx* 中选择名称，按 F3 键，单击要使用的名称，然后单击"确定"按钮。编辑栏位于 Excel 窗口顶部的条形区域中，用于输入、编辑单元格或图表中的值或公式。编辑栏中显示了存储于活动单元格中的常量值或公式。

原因三：函数名称拼写错误。

解决方法：更正拼写。在"公式"选项卡的"函数库"组中单击"函数向导"，在公式中插入正确的函数名称。

原因四：在公式中输入文本时没有使用双引号。虽然本意是将输入的内容作为文本使用，但 Excel 会将其解释为名称。

解决方法：将公式中的文本用双引号括起来。例如，公式"="The total amount is "&B50"将文本"The total amount is"与单元格 B50 中的值连接起来。

原因五：区域引用中漏掉了"："。

解决方法：请确保公式中的所有区域引用都使用了"："，如"SUM(A1:C10)"。

原因六：引用的另一张工作表未使用单引号引起。

解决方法：如果公式中引用了其他工作表或工作簿中的值或单元格，且这些工作簿或工作表的名字中包含非字母字符或空格，那么必须用"'"将名称引起。

6．#NULL!

如果指定两个并不相交的区域的交集，则出现此错误。交集运算符为引用之间的空格。

原因：使用了不正确的区域运算符或不正确的单元格引用。

解决方法：如果要引用两个不相交的区域，请使用联合运算符"，"。公式要对两个区域求和，请确认在引用这两个区域时使用"，"，如 SUM(A1:A13, D12:D23)。如果没有使用"，"，如 SUM(A1:A13 D12:D23)，则 Excel 将试图对同时属于两个区域的单元格求和，因为 A1:A13 和 D12:D23 并不相交，所以它们没有共同的单元格。

7．#NUM!

此错误表明公式或函数中含有无效的数值。

原因一：在需要数字参数的函数中使用了不能接受的参数。

解决方法：确认函数中使用的参数类型正确无误。

原因二：使用了迭代计算的工作表函数，如 IRR 或 RATE，并且函数不能产生有效的结果。

解决方法：为工作表函数使用不同的初始值。

原因三：由公式产生的数字太大或太小，Excel 不能表示。

解决方法：修改公式，使其结果在有效数字范围之间。

8. #REF!

当单元格引用无效时会出现此错误。

原因：可能删除了其他公式所引用的单元格，或者将已移动的单元格粘贴到其他公式所引用的单元格中。

解决方法：更改公式或者在删除或粘贴单元格后，立即单击"撤销"按钮 ，以恢复工作表中的单元格。

4.8 图表

在对数据进行分析时，通过图表来表示众多数据之间的关系，不仅简明直观，还方便用户查看数据的差异和预测趋势。在 Excel 中创建图表既快速又简便。Excel 提供了各种图表类型，供用户在创建图表时选择。

4.8.1 认识图表

在制作图表前，先了解图表的各组成部分，如图 4-178 所示。

图 4-178 图表的组成

数据系列：在图表中绘制的相关数据点，这些数据源自数据表的行或列。图表中的每个数据系列具有唯一的颜色或图案并且在图表的图例中表示。可以在图表中绘制一个或多个数据系列。

数据点：在图表中绘制的单个值，这些值由条形、柱形、折线、饼图或圆环图的扇面、圆点和其他被称为数据标记的图形表示。相同颜色的数据标记组成一个数据系列。

分类名称：Excel 会将工作表数据中的行标题或列标题作为分类轴的名称使用。

Excel 2016 支持各种类型的图表，以方便使用对目标用户有意义的方式来显示数据。在创建图表或更改现有图表时，可以从各种图表类型所提供的图表子类型中进行选择。常见的图表类型如下。

① 柱形图：排列在工作表的列或行中的数据可以绘制到柱形图中。柱形图用于显示一段时间内的数据变化或显示各项之间的比较情况。在柱形图中，通常沿水平轴组织类别，沿垂直轴组织数值。

② 折线图：排列在工作表的列或行中的数据可以绘制到折线图中。折线图可以显示随时间（根据常用比例设置）而变化的连续数据，因此非常适合显示在相等时间间隔下数据的趋势。在折线图中，类别数据沿水平轴均匀分布，所有值数据沿垂直轴均匀分布。

③ 饼图：仅排列在工作表的一列或一行中的数据可以绘制到饼图中。饼图显示一个数据系列中各项的大小与各项总和的比例。饼图中的数据点显示为整个饼图的百分比。

④ 条形图：排列在工作表的列或行中的数据可以绘制到条形图中。条形图显示各项目之间的比较情况。

⑤ 面积图：排列在工作表的列或行中的数据可以绘制到面积图中。面积图强调数量随时间而变化的程度，也可用于引起人们对总值趋势的注意。例如，表示随时间而变化的利润的数据可以绘制在面积图中以强调总利润。通过显示所绘制的值的总和，面积图还可以显示部分与整体的关系。

⑥ XY 散点图：排列在工作表的列或行中的数据可以绘制到 XY 散点图中。散点图显示若干数据系列中各数值之间的关系，或者将两组数绘制为 X、Y 坐标的一个系列。散点图有两个轴，沿水平轴（X 轴）方向显示一组数值数据，沿垂直轴（Y 轴）方向显示另一组数值数据。散点图将这些数值合并到单一数据点并以不均匀间隔或簇来显示它们。散点图通常用于显示和比较数值，如科学数据、统计数据和工程数据。

4.8.2 创建图表

工作表的行或列中排列的数据可以绘制在图表（如柱形图和条形图）中，但某些图表类型（如饼图和气泡图）需要特定的数据排列方式。

【例 4-16】 以簇状柱形图表示南方公司 2018 年上半年的销售业绩。

Step1：选择包含要用于图表的数据的单元格区域，如图 4-179 所示。

编号	姓名	部门	一月份	二月份	三月份	四月份	五月份	六月份
南方公司2018年上半年销售业绩统计表								
NF00001	杨伟健	二部	76,500	70,000	64,000	75,000	87,000	78,000
NF00002	张红	二部	95,000	95,000	70,000	89,500	61,150	61,500
NF00003	杜月红	一部	88,000	82,500	83,000	75,500	62,000	85,000
NF00004	杨红敏	二部	80,500	96,000	72,000	66,000	61,000	85,000
NF00005	许泽平	三部	94,000	68,050	78,000	60,500	76,000	67,000
NF00006	李丽丽	三部	71,500	61,500	82,000	57,500	57,000	85,000

图 4-179 原始数据

提示：如果只选择一个单元格，则 Excel 自动将紧邻该单元格的包含数据的所有单元绘制在图表中。如果要绘制在图表中的单元格不在连续的区域中，那么只要选择的区域为矩形，便可以选择不相邻的单元格或区域。还可以隐藏不想绘制在图表中的行或列。

Step2：在"插入"选项卡的"图表"组中，执行下列操作之一。

❖ 单击需要的图表类型，然后单击要使用的图表子类型，如图 4-180 所示。

图 4-180 在组中选择图表类型

❖ 单击"插入柱形图或条形图"，然后单击"更多柱形图"，显示"插入图表"对话框，如图 4-181 所示，从中可浏览所有可用图表类型和图表子类型，然后选择要使用的图表类型，再单击"确定"按钮。

图 4-181 在对话框中选择图表类型

Step3：创建图表后的效果如图 4-182 所示。

提示：图表默认作为嵌入图表放在工作表上。如果将图表放在单独的图表工作表中，则可以更改其位置。

図 4-182 显示结果

4.8.3 编辑图表

创建图表时,图表工具将变为可用状态,且将显示"设计"和"格式"选项卡。可以使用这些选项卡的命令修改图表,以使图表按照所需的方式表示数据。例如,可以使用"设计"选项卡按行或列显示数据系列,更改图表的源数据,更改图表的位置,更改图表类型,将图表保存为模板或选择预定义布局和格式选项。可以使用"布局"选项卡更改图表元素(如图表标题和数据标签)的显示,使用绘图工具或在图表上添加文本框和图片。"格式"选项卡可以添加填充颜色、更改线型或应用特殊效果。

1.设置图表标签

切换到"设计"选项卡,"图表布局"组为用户提供了图表元素设置内容,如图 4-183 所示。用户可以为图表添加或删除图表标签内容,单击相应的按钮,在展开的列表中选择合适的选项进行设置即可。

图 4-183 添加图表元素

（1）添加图表标题

用户可以为图表插入标题，从而使制作的图表更加完善。

【例4-17】 为例4-16中创建的图表添加标题。

Step1：在"设计"选项卡的"图表布局"组中单击"添加图表元素"按钮，在展开的列表中选择"图表标题"→"图表上方"选项，如图4-184所示。

图4-184　选择"图表上方"选项

Step2：在图表上方会插入默认的图表标题内容，单击"图表标题"字样，输入自定义的标题内容。

Step3：选中标题文本内容，并设置其字体格式效果。

Step4：设置完成后返回到图表中，可查看设置的图表标题效果，如图4-185所示。

图4-185　设置图表标题

（2）设置坐标轴标题

【例4-18】 为例4-17中的图表设置坐标轴。

Step1：在"设计"选项卡的"图表布局"组中单击"添加图表元素"按钮，在展开的列表中选择"坐标轴标题"→"主要横坐标轴",如图 4-186 所示。

图 4-186 设置坐标轴

Step2：横坐标轴下方会插入默认的坐标轴标题，单击之，输入自定义的标题内容，结果如图 4-187 所示。

图 4-187 输入坐标轴标题内容

Step3：同样设置纵坐标轴标题，设置完成后返回到图表中，可查看设置的横、纵坐标轴标题效果，如图 4-188 所示。

在"图表布局"组中的其他项的设置类似。

2．更改图表类型

在创建图表时已经选择图表类型，若觉得另一种图表类型更能明了地显示数据，就需要更改图表类型。在"设计"选项卡的"类型"组中单击"更改图表类型"按钮，可打开"更改图表类型"对话框，从中可选择需要更改的图表类型。

【例 4-19】 把如图 4-188 所示的图表类型更改为"带数据标记的折线图"。

Step1：选中要更改的图表，单击"设计"选项卡中的"更改图表类型"按钮，如图 4-189 所示。

图 4-188　设置的坐标轴标题效果

图 4-189　更改图表类型

Step2：在弹出的"更改图表类型"对话框中选择"带数据标记的折线图"，如图 4-190 所示，单击"确定"按钮。

图 4-190　选择要更改的图表类型

Step3：图表类型更改后的效果如图 4-191 所示。

图 4-191　更改图标类型后的效果

3．更改图表中的数据

在制作图表的时候，工作表的数据经常需要改变，为了保持图表与数据的一致性，就需要更改图表中的数据。在"设计"选项卡的"数据"组中单击"选择数据"，弹出"选择数据源"对话框，从中可以对图表中的数据进行设置。

【例 4-20】 新增 2 位员工的销售额数据，新的数据源如图 4-192 所示。需要把新增的 2 位员工的信息也反映到例 4-19 所创建的图表中。

	A	B	C	D	E	F	G	H	I
1	南方公司2018年上半年销售业绩统计表								
2	编号	姓名	部门	一月份	二月份	三月份	四月份	五月份	六月份
3	NF00001	杨伟健	二部	76,500	70,000	64,000	75,000	87,000	78,000
4	NF00002	张红	二部	95,000	95,000	70,000	89,500	61,150	61,500
5	NF00003	杜月红	一部	88,000	82,500	83,000	75,500	62,000	85,000
6	NF00004	杨红敏	二部	80,500	96,000	72,000	66,000	61,000	85,000
7	NF00005	许泽平	三部	94,000	68,050	78,000	60,500	76,000	67,000
8	NF00006	李丽丽	三部	71,500	61,500	82,000	57,500	57,000	85,000
9	NF00007	郝艳芬	二部	84,500	78,500	87,500	64,500	72,000	76,500
10	NF00008	李娜	三部	85,500	64,500	74,000	78,500	64,000	76,000

图 4-192　新的原始数据

Step1：选中图表，在"设计"选项卡的"数据"组中单击"选择数据"按钮，如图 4-193 所示。

图 4-193　选择数据

Step2：弹出"选择数据源"对话框，选择新的数据源，如图 4-194 所示。

Step3：单击"确定"按钮，结果如图 4-195 所示。

图 4-194 "选择数据源"对话框

图 4-195 显示结果

在如图 4-194 所示的对话框中还可以删除某一数据系列，只需在"图例项（系列）"框中选中某一项，如图 4-196 所示，然后单击"删除"按钮即可。结果如图 4-197 所示。

在图 4-196 所示的对话框中还可以切换列，只需单击图中的"切换行/列"按钮。

图 4-196 选中"杨伟健"数据系列

图 4-197　删除"纯利"数据的结果

4．更改图表布局

当为图表添加对象元素后，可自行调整对象的分布位置，若需要快速对图表进行设置，使其按某种分布规律放置对象元素，可使用图表布局功能。"设计"选项卡的"图表布局"组中为用户提供了多种图表布局效果，用户选择需要应用的图表布局类型，可快速地设计图表的布局效果。

【例 4-21】　更改图 4-197 所示的图表布局的效果。

Step1：选中图表，然后在"设计"选项卡的"图表布局"组中单击"快速布局"的下拉箭头，如图 4-198 所示。

图 4-198　快速布局

Step2：在展开的布局列表单中选择"布局 1"，如图 4-199 所示。

图 4-199　选择"布局 1"

Step3：更改图表布局后的图表效果如图 4-200 所示。

图 4-200   更改图表布局后的图表效果

5．设置图表格式

在设置图表效果时，用户还可以对图表的格式进行设置。可以切换到"格式"选项卡，对图表的形状样式、艺术字样式、图表大小等格式进行设置。注意：在设置格式之前，先要选定图表中要设置格式的对象元素，可以使用鼠标单击的方法来选定。

（1）设置图表形状样式

在"格式"选项卡的"图表样式"组中对图表中的对象元素进行格式效果的设置。可以在"图表样式"列表中选择合适的样式，还可以为图表设置形状填充、形状轮廓、形状效果等内容。单击相应的按钮，在展开的列表中选择需要的选项进行设置即可。

【例 4-22】 更改图 4-200 所示的图表样式。

Step1：选中图表。

Step2：在"设计"选项卡的"图表样式"组中单击"其他"按钮 ，在图表样式中进行选择，如图 4-201 所示。

图 4-201   选择应用的样式

Step3：设置后的图表绘图区格式效果如图 4-202 所示。

（2）设置图表艺术字样式

"格式"选项卡的"艺术字样式"组中提供了多种可以直接套用的艺术字样式效果，还可以对文本填充、文本轮廓、文本效果等内容进行设置。

【例 4-23】 设置图 4-202 中的图表标题文本内容为艺术字效果。

图 4-202　设置后的绘图区格式效果

Step1：选中图表中的图表标题。

Step2：在"格式"选项卡的"艺术字样式"组中单击"渐变填充；水绿色，主题色 5；映像"选项，如图 4-203 所示。

图 4-203　选择引用的艺术字样式

Step3：套用艺术字样式后的图表标题效果如图 4-204 所示。

图 4-204　套用艺术字样式后的图表标题效果

4.8.4　复合图表的设计与应用

复合图表是指由不同图表类型的系列组成的图表，如可以让一个图表同时显示折线图和柱形图。创建一个复合图表只需将一个或一个以上的数据系列转变为其他图表类型即可。

【例 4-24】 将"郝艳芬"的数据系列改为折线图。

Step1：选中如图 4-204 所示的图表中的四车间这一数据系列。

图 4-204　选中数据系列

Step2：单击"设计"选项卡的"更改图表类型"按钮，见图 4-189。

Step3：弹出"更改图表类型"对话框，选择"簇状柱形图"，单击"确定"按钮。效果如图 4-205 所示。

图 4-205　创建复合图表

4.8.5　迷你图

迷你图是工作表单元格中的一个微型图表，用于显示数值系列中的趋势，可以直观地表示数据。

【**例 4-25**】 数据源如图 4-206 所示，在单元格 J3～J10 中分别创建迷你图，以显示每个员工半年内的销售变化。

	A	B	C	D	E	F	G	H	I	J
1	南方公司2018年上半年销售业绩统计表									
2	编号	姓名	部门	一月份	二月份	三月份	四月份	五月份	六月份	
3	NF00001	杨伟健	二部	76,500	70,000	64,000	75,000	87,000	78,000	
4	NF00002	张红	二部	95,000	95,000	70,000	89,500	61,150	61,500	
5	NF00003	杜月红	一部	88,000	82,500	83,000	75,500	62,000	85,000	
6	NF00004	杨红敏	二部	80,500	96,000	72,000	66,000	61,000	85,000	
7	NF00005	许泽平	三部	94,000	68,050	78,000	60,500	76,000	67,000	
8	NF00006	李丽丽	三部	71,500	61,500	82,000	57,500	57,000	85,000	
9	NF00007	郝艳芬	二部	84,500	78,500	87,500	64,500	72,000	76,500	
10	NF00008	李娜	三部	85,500	64,500	74,000	78,500	64,000	76,000	

图 4-206 创建复合图表

Step1：选中 J3 单元格，选择"插入"选项卡的"迷你图"组中的一个图表类型，如"折线图"，如图 4-207 所示。

图 4-207 选择"迷你图"组中的"折线图"

Step2：弹出"创建迷你图"对话框，单击"数据范围"文本框右侧的"压缩对话框"按钮，然后选择单元格区域 D3:I3（在 J3 单元格中的迷你图从单元格区域 D3:I3 中获取数据），如图 4-208 所示。

图 4-208 "创建迷你图"对话框

Step3：分别选中 J4～J10 单元格，重复上述步骤，图表类型可选择折线图或柱形图，结果如图 4-209 所示。

单击创建了迷你图的单元格，在功能区中会出现"迷你图工具 - 设计"选项卡，在其中可以对创建的迷你图进行其他设置。

	A	B	C	D	E	F	G	H	I	J
1	南方公司2018年上半年销售业绩统计表									
2	编号	姓名	部门	一月份	二月份	三月份	四月份	五月份	六月份	
3	NF00001	杨伟健	二部	76,500	70,000	64,000	75,000	87,000	78,000	
4	NF00002	张红	二部	95,000	95,000	70,000	89,500	61,150	61,500	
5	NF00003	杜月红	一部	88,000	82,500	83,000	75,500	62,000	85,000	
6	NF00004	杨红敏	二部	80,500	96,000	72,000	66,000	61,000	85,000	
7	NF00005	许泽平	三部	94,000	68,050	78,000	60,500	76,000	67,000	
8	NF00006	李丽丽	三部	71,500	61,500	82,000	57,500	57,000	85,000	
9	NF00007	郝艳芬	二部	84,500	78,500	87,500	64,500	72,000	76,500	
10	NF00008	李娜	三部	85,500	64,500	74,000	78,500	64,000	76,000	

图 4-209　创建迷你图

4.9　进一步学习 Excel 2016

4.9.1　使用数据透视表分析数据

如果数据量很大，而且需要对数据进行多种复杂的比较，需要制作出复杂的分类汇总表格，用前面介绍的排序、分类汇总的方法操作起来很麻烦，那么可以通过数据透视表来快速汇总大量数据。

数据透视表是一种可以快速汇总大量数据的交互式方法，让用户可以深入分析数值数据，并且可以回答一些预计不到的数据问题。如果要分析相关的汇总值，尤其是在合计较大的数字列表并对每个数字进行多种比较时，通常使用数据透视表。

【例 4-26】图 4-210 所示的数据为各系各专业的工资情况表。创建一个数据透视表，以便了解各系中各专业男女在基本工资、岗位工资、补贴、房租、实发工资平均值之间的差异。

	A	B	C	D	E	F	G	H	I
1	姓名	性别	系	专业	基本工资	岗位工资	补贴	房租	实发工资
2	陈琦	女	电子	通信	2000	1700	300	200	3800
3	伍小敏	男	电子	通信	1500	1500	250	200	3050
4	钟俊伟	男	电子	通信	2000	1600	300	200	3700
5	刘达	男	电子	自动化	1800	1600	260	200	3460
6	区丽婷	女	电子	自动化	1800	1500	280	200	3380
7	欧洋	男	电子	自动化	1500	1500	270	200	3070
8	罗伊利	女	电子	自动化	2000	1700	300	200	3800
9	莫军歌	男	计算机	软件工程	1950	1700	250	200	3700
10	伍志敏	男	计算机	软件工程	2000	1800	300	200	3900
11	刘林丽	女	计算机	软件工程	1700	1600	260	200	3360

图 4-210　工资情况表

Step1：单击数据清单中的任一单元格，在"插入"选项卡的"表格"组中单击"数据透视表"，弹出"创建数据透视表"对话框，然后设置数据源区域及放置数据透视表的位置，如图 4-211 所示。

Step2：单击"确定"按钮，效果如图 4-212 所示。

Step3：在数据透视表中添加字段。将系、专业、性别字段拖动到"行标签"处，将基本工资、岗位工资、补贴、房租、实发工资字段拖动到"Σ 数值"处，结果如图 4-213 所示。

图 4-211　创建数据透视表相关设置

图 4-212　待添加字段的数据透视表

姓名	性别	系	专业	基本工资	岗位工资	补贴	房租	实发工资
陈琦	女	电子	通信	2000	1700	300	200	3800
伍小敏	男	电子	通信	1500	1500	250	200	3050
钟俊伟	男	电子	通信	2000	1600	300	200	3700
刘达	男	电子	自动化	1800	1600	260	200	3460
区丽婷	女	电子	自动化	1800	1500	280	200	3380
欧洋	男	电子	自动化	1500	1500	270	200	3070
罗伊利	女	电子	自动化	2000	1700	300	200	3800
莫军歌	男	计算机	软件工程	1950	1700	250	200	3700
伍志敏	男	计算机	软件工程	2000	1800	300	200	3900
刘林丽	女	计算机	软件工程	1700	1600	260	200	3360

行标签	求和项:基本工资	求和项:岗位工资	求和项:补贴	求和项:房租	求和项:实发工资
⊟电子					
⊟通信					
男	3500	3100	550	400	6750
女	2000	1700	300	200	3800
通信 汇总	5500	4800	850	600	10550
⊟自动化					
男	3300	3100	530	400	6530
女	3800	3200	580	400	7180
自动化 汇总	7100	6300	1110	800	13710
电子 汇总	12600	11100	1960	1400	24260
⊟计算机					
⊟软件工程					

图 4-213　在数据透视表中添加字段

Step4：在"Σ数值"处单击第一项按钮，在弹出的级联菜单中选择"值字段设置"命令，如图 4-214 所示，弹出"值字段设置"对话框，在"汇总方式"选项卡中选择"值汇总方式"为"平均值"，如图 4-215 所示。其他项也同样设置。最后的结果如图 4-216 所示。

图 4-214　更改字段的汇总方式

图 4-215　设置值汇总方式

姓名	性别	系	专业	基本工资	岗位工资	补贴	房租	实发工资
陈琦	女	电子	通信	2000	1700	300	200	3800
伍小敏	男	电子	通信	1500	1500	250	200	3050
钟俊伟	男	电子	通信	2000	1600	300	200	3700
刘达	男	电子	自动化	1800	1600	260	200	3460
区丽婷	女	电子	自动化	1800	1500	280	200	3380
欧洋	男	电子	自动化	1500	1500	270	200	3070
罗伊利	男	电子	自动化	2000	1700	300	200	3800
莫军歌	男	计算机	软件工程	1950	1700	250	200	3700
伍志敏	男	计算机	软件工程	2000	1800	300	200	3900
刘林丽	女	计算机	软件工程	1700	1600	260	200	3360

行标签	求和项:基本工资	求和项:岗位工资	平均值项:补贴	平均值项:房租	平均值项:实发工资
电子					
通信					
男	3500	3100	275	200	3375
女	2000	1700	300	200	3800
通信 汇总	5500	4800	283.3333333	200	3516.666667
自动化					
男	3300	3100	265	200	3265
女	3800	3200	290	200	3590
自动化 汇总	7100	6300	277.5	200	3427.5
电子 汇总	12600	11100	280	200	3465.714286
计算机					
软件工程					

图 4-216　创建的数据透视表的最后结果

可以在"行标签""列标签"中任意拖动，改变各字段的顺序，以显示不同的汇总结果。

4.9.2　数据安全

1．对单元格和表数据的写保护

（1）对单元格的输入信息进行有效性检测

参见 4.4.6 节的内容。

（2）设置单元格的锁定属性，以保护存入单元格的内容不能被改写。

Step1：选定需要锁定的单元格或单元格集合。

Step2：在"审阅"选项卡的"更改"组中单击"保护工作表"。

Step3：在弹出对话框的"取消工作表保护时使用的密码"框中输入密码，并单击"确定"按钮。

Step4：再次在"重新输入密码"框中输入上面的密码，并单击"确定"按钮。完成对单元格的锁定设置。

Step5：当对被锁定的数据进行编辑时，便会发出警告，如图 4-217 所示。

图 4-217　单元格的锁定

2. 保护工作簿数据

在 Excel 中可以设置工作簿的修改权限、设置以密码打开工作簿等方法来保护工作簿。

（1）设置工作簿的修改权限

Step1：在"审阅"选项卡的"更改"组中单击"保护工作簿"按钮，然后选择"限制编辑" →"保护结构和窗口"。

Step2：勾选"结构"复选框，如图 4-218 所示，输入密码并单击"确定"按钮。在"重新输入密码"框中再次输入并单击"确定"按钮，此时完成了对工作簿结构的保护。可以禁止对工作表的删除、移动、隐藏/取消隐藏、重命名等操作，而且不能插入新的工作表。选中"窗口"复选框，则保护工作簿的窗口不被移动、缩放、隐藏/取消隐藏或关闭。

（2）设置以密码方式打开工作簿

Step1：打开需要设置密码的工作簿。

Step2：选择"文件"→"另存为"，弹出"另存为"对话框，单击"工具"按钮下的"常规选项"。

Step3：在弹出的对话框中设置"打开权限密码"和"修改权限密码"，如图 4-219 所示，单击"确定"按钮即可。

①

②

③

图 4-218　工作簿修改权限设置

①

②

③

图 4-219　工作簿打开、修改权限的设置

4.9.3　Excel 2016 常见故障的诊断与排除

1. 双击工作簿没有反应的问题

Step1：从"开始"菜单中选择"运行"命令，弹出"运行"对话框，如图 4-220 所示。

图 4-220　"运行"对话框

Step2：在"打开"文本框中输入"excel/regserver"命令，再单击"确定"按钮。

Step3：弹出一个信息对话框，自动显示注册的过程。将信息对话框关闭后，Excel 文件即可恢复正常的启动。

2．启动时崩溃的问题

Excel 在启动时崩溃有两种可能的情况：*.xlsb 文件损坏，或者*.xlsb 文件非常大。第二种情况的可能性小一点，一般*.xlsb 文件不会大于 500 KB。在遇到 Excel 启动时崩溃的问题，可以先尝试删除*.xlsb 文件，步骤如下。

Step1：利用 Windows 的搜索功能在本地硬盘上搜索"*.xlsb"文件，找到*.xlsb 文件所在的位置。

Step2：备份这个*.xlsb 文件后，删除原来的*.xlsb 文件。

Step3：重新启动 Excel 2016，这时应该可以正常启动。

3．启动时报错的问题

当 Excel 启动时，弹出"文件正在由 xxx 编辑"的提示框，遇到这样的保持情况，一般因为文件设置为了共享，所以当网络中的其他人正在使用该文件时，打开该文件后就会提示现在只能以只读方式打开。

但是，若没有其他人使用该文件，弹出该提示框，则最可能的原因是 Excel 崩溃造成的。由于 Excel 的崩溃造成该文件不能正常的启动或关闭，因此解决该问题的最好的方法是重新启动系统。

4．加载项无效

若要确定问题是否由无效的加载项引起，按照下列步骤操作。

Step1：选择"文件"→"选项"→"加载项"命令。

Step2：在"管理"框中选择要禁用的加载项类型（如"Excel 加载项"），然后单击"转到"。

Step3：清除已选中的任何加载项的加载项复选框，然后单击"确定"按钮。

5．注册表项无效

若要确定问题是否由无效的注册表项引起，可删除以下注册表项。重新启动，然后退出 Excel 后，会重新创建这些注册表项。

注意：删除这些注册表项可能会重置自定义的用户设置。

❖ HKEY_CURRENT_USER\Software\Microsoft\Office\12.0。

❖ HKEY_LOCAL_MACHINE\Software\Microsoft\Office\12.0。

6．Excel 工具栏文件（Excel12.xlb）损坏

在这种情况下，应找到工具栏文件，然后重命名它。在重命名工具栏文件后，下一次启动 Excel 时，它将重新构建一个新的工具栏文件。

要重命名 Excel 2016 工具栏文件，可按照下列步骤操作。

Step1：找到"Excel.xlb"文件或"Excel.qat"文件。

在默认情况下，Excel.xlb 文件位于 C:\Documents and Settings\username\Application Data\Microsoft\Excel 文件夹中，Excel.qat 文件位于以下文件夹中。

❖ Windows 7/8/10：C:\Users\username\AppData\Local\Microsoft\Office。

❖ Windows XP/2000、Windows Server 2003：C:\Documents and Settings\username\Local Settings\Application Data\Microsoft\Office。

Step2：右击"Excel.xlb"文件或"Excel.qat"文件，然后在弹出的快捷菜单中选择"重命名"命令。

Step3：输入"Excel.xlb.old"或"Excel.qat.old"，然后按 Enter 键。

注意：Excel.xlb 文件存储对功能区的更改，这些更改包括由加载项添加的按钮。Excel.qat 存储对"快速访问工具栏"的更改。

本章小结

Excel 适合处理大量的数据，用户不仅可以轻松处理大量的数据，还能通过数据表生成各种具有直观效果的图表。

本章介绍了 Excel 2016 表格处理软件的主要功能，包括：Excel 2016 的基本操作、数据的输入与编辑、工作表的管理与美化、数据的筛选与排序、数据的汇总与分级显示、常用的公式及函数的使用、图表的创建与编辑，以及 Excel 2016 新增的功能和较高级的功能，如数据透视表、数据安全和一些常见的故障诊断与排除。

通过本章的学习，读者可以利用 Excel 2016 对数据进行有效处理。

第5章 演示文稿软件

罗伯特·加斯金斯（Robert Gaskins） PowerPoint 的最初发明者并不是 Microsoft 公司，而是美国加州大学伯克利分校的博士研究生 Robert Gaskins 和他的团队。PowerPoint 产品和公司后被微软收购，并最终被发扬光大。

Robert Gaskins 给出了 PowerPoint 的意义，他认为，新的图形化软件应该将力量（Power）交到那些实际制作演示文稿的人手中，而这些人也正是对于某个想法或者某个项目肩负着责任或掌握着权力的，他们需要这种力量。

PowerPoint 2016 是 Office 2016 工具软件包中的重要组件之一。PowerPoint 2016 是一款用于制作和演示幻灯片的软件，可以快速地创建并制作出极具感染力的动态演示文稿。随着计算机的普及，演示文稿的用途越来越广泛，更多的用户能够使用 PowerPoint 制作出精美的演示文稿，在各种演示中使用精美的演示文稿进行演示。本章介绍使用 PowerPoint 2016 制作演示文稿的基本知识，并通过相关实例，深入介绍在实际中的应用。

PowerPoint 的用途十分广泛，其常见用途如下。

❖ 制作报告：使用 PowerPoint 可以制作各种报告，如总结报告或项目报告等。
❖ 产品介绍：PowerPoint 常用于制作产品介绍的演示文稿。
❖ 教学课件：在教育教学中，教师通过 PowerPoint 制作教学课件进行演示或课堂讲解。
❖ 宣传活动：在商务展示会上，常常可以看到通过演示文稿进行的宣传。
❖ 会议简报：通过制作的演示文稿将会议内容体现，这样更直观，更突出重点。

PowerPoint 是制作和演示幻灯片的应用软件，将所要表达的信息组织在一组图文并茂的幻灯片中。利用 PowerPoint 制作的文件被称为演示文稿，在 PowerPoint 2016 中制作的演示文稿以 .pptx 为文件扩展名。演示文稿的每一张也叫幻灯片，每张幻灯片都是演示文稿中既相互独立又相互联系的内容。通常，在一个演示文稿中包含一张或数十张幻灯片，如图 5-1 所示。

图 5-1 PowerPoint、演示文稿和幻灯片之间的关系

PowerPoint 2016 继承了 PowerPoint 2007 之后的文档格式，其扩展名是在 2003 版本的扩展名后面添加"x"或"m"，如表 5.1 所示。

表 5.1   PowerPoint 2016 的扩展名及文件类型

扩展名	文件类型
.pptx	PowerPoint 2016 演示文稿
.pptm	启用了宏的 PowerPoint 2016 演示文稿。宏是一系列命令的组合，可以自动执行反复的操作任务
.potx	PowerPoint 2016 设计模板
.potm	启用了宏的 PowerPoint 2016 模板，其中可以包含预先批准的宏以供演示文稿使用
.ppsx	PowerPoint 2016 放映文件，双击文件即可自动播放
.ppsm	启用了宏的 PowerPoint 2016 放映文件

5.1   PowerPoint 2016 的基础知识

5.1.1   PowerPoint 2016 的启动和退出

启动 PowerPoint 2016 的方法有多种，可以在"开始"中选择"所有程序"→"Microsoft Office"→"PowerPoint 2016"，或双击桌面上的 PowerPoint 2016 的快捷方式。相比而言，后者更方便、快捷。如果桌面上没有 PowerPoint 2016 快捷方式图标，可以进行创建，这样通过快捷方式就可以快速启动 PowerPoint 2016 了。

不需要使用 PowerPoint 2016 时，可以采用如下方法之一退出 PowerPoint 2016。

❖ 直接单击 PowerPoint 2016 窗口右上角的"关闭"按钮。

❖ 单击 PowerPoint 2016 窗口左上角的"文件"按钮，在弹出的菜单中单击"退出"按钮。

❖ 右击 PowerPoint 2016 的标题栏，在弹出的快捷菜单中选择"关闭"选项。

❖ 按组合键 Alt+F4 退出。

5.1.2   PowerPoint 2016 的工作界面

要熟练使用 PowerPoint 2016，必须了解其工作界面。PowerPoint 2016 抛弃了基于菜单和工具栏的传统界面，为用户提供了全新的、面向结果的工作界面（如图 5-2 所示）。与 PowerPoint 2003 及以前的版本相比，PowerPoint 2016 中的工作界面更加人性化，用户可以轻松地找到需要使用的功能并进行相应的设置（如表 5.2 所示）。

图 5-2   PowerPoint 2016 的工作界面

表 5.2　PowerPoint 2016 的工作界面介绍

界面元素	说　明
① "文件" 按钮	单击此按钮，在打开的菜单中可以对文档执行新建、保存、打印等命令
② 选项卡	单击相应的按钮，可打开相应的选项卡，不同的选项卡为用户提供了不同的操作设置选项
③ 功能区	单击相应的按钮，可进行相应的操作
④ 快速访问工具栏	集成了多个常用的按钮，在默认状态下包括 "保存" "撤销" "恢复" 按钮，用户可以自定义修改
⑤ 窗口操作按钮	设置窗口的最大化、最小化或者关闭窗口
⑥ 帮助按钮	可打开相应的帮助文件
⑦ 视图按钮	单击需要显示的视图类型按钮，可切换到相应的视图方式下，对演示文稿进行查看
⑧ 显示比例	可调整窗口中的幻灯片大小
⑨ 幻灯片/大纲浏览窗格	显示幻灯片或幻灯片文本的缩略图，从中可以对幻灯片进行预览、移动、添加、删除等操作
⑩ 备注窗格	添加与幻灯片内容相关的备注，供演讲者演示文稿时参考使用
⑪ 幻灯片窗格	显示当前幻灯片，用户可以在该窗格中对幻灯片内容进行编辑

在 PowerPoint 2016 中，如果选中文稿中的某个对象进行操作，功能区会自动激活相应的选项卡。如在某张幻灯片中输入文字，可以发现功能区的 "绘图工具 – 格式" 选项卡被激活，这时可以利用其中的相关按钮进行操作，如图 5-3 所示。

图 5-3　相关功能区的选项卡被激活

5.1.3　PowerPoint 2016 的视图方式

在 PowerPoint 中，用户与计算机的交互工作环境称为 "视图"，"视图" 就是一种工作界面。为了便于演示文稿的编排，PowerPoint 2016 根据不同的操作提供了不同的视图方式，分别是：普通视图、大纲视图、幻灯片浏览视图、备注页视图和阅读视图。选择 "视图" 选项卡，在 "演示文稿视图" 组中分别单击 "普通" "大纲视图" "幻灯片浏览" "备注页" "阅读视图"，即可切换相应的视图方式，也可以使用 PowerPoint 2016 窗口右下角的按钮（图 5-2 中的⑦）进行视图间的切换。

1．普通视图

普通视图是主要的编辑视图，可用于撰写或设计演示文稿，普通视图是 PowerPoint 2016 的默认视图，主要由 "幻灯片" 选项卡、"幻灯片窗格" 和 "备注窗格" 组成，如图 5-4 所示。

① 幻灯片窗格：位于窗口右侧区域，显示幻灯片的全貌，是 PowerPoint 2016 的工作区，从中完成对幻灯片的大多数编辑操作，如添加文本、插入图片、文本框、影音文件、超链接等。

② 缩略图窗格：位于窗口左侧，主要以缩略图显示幻灯片，使用缩略图可以方便地浏览演示文稿，并观看更改的设计效果，在幻灯片选项卡中还可以快速地添加、删除、移动幻灯片。

③ 备注窗格：位于窗口底部，可以输入对当前幻灯片的备注说明，在放映演示文稿时将备注内容作为参考资料。备注也可以打印。

2．大纲视图

大纲视图主要显示大纲文字，在该视图中可以输入幻灯片的内容。大纲视图结构主要由主

图 5-4　普通视图

标题、层次小标题和正文组成；可以通过大纲视图标题栏对各层次内容进行分级管理，大纲视图显示效果如图 5-5 所示。

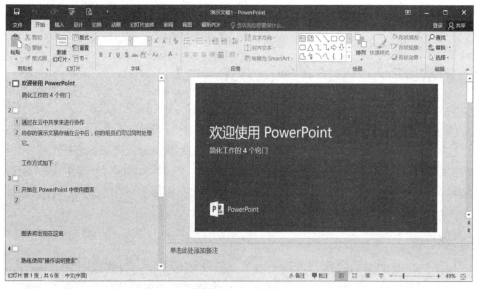

图 5-5　大纲视图

> 不要小看普通视图中的备注窗格，其中可以添加当前幻灯片的备注。此后，不仅可以使用备注页视图查看幻灯片和对应的备注内容，还可以在播放演示文稿时设置在计算机上显示幻灯片备注，而在投影仪上显示全屏的幻灯片，这样有助于演讲者轻松地完成演示。

3. 幻灯片浏览视图

　　幻灯片浏览视图（如图 5-6 所示）是一个幻灯片整体展示环境，其中所有幻灯片以缩略图形式排列在屏幕上，包括幻灯片文字、图形等全部内容。通过幻灯片浏览视图，可以在准备打印幻灯片时方便地对幻灯片的顺序进行排列和组织。在幻灯片浏览视图下可以完成以下操作。

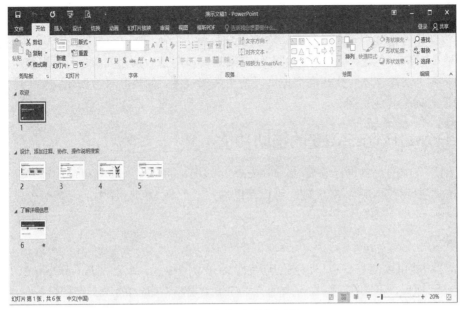

图 5-6　幻灯片浏览视图

❖ 更改幻灯片顺序：选择一个或多个幻灯片缩略图，用鼠标拖动至新位置。

❖ 删除幻灯片：选择待删除的一个或多个幻灯片缩略图，按 Delete 键。

❖ 复制幻灯片：选择要复制的幻灯片，单击"复制"和"粘贴"按钮，或者按住 Ctrl 键并拖动鼠标。

4．备注页视图

备注页视图是指在"备注窗格"中输入备注的视图，分为上下两部分（如图 5-7 所示）。编辑区上半部分为幻灯片的缩略图，下半部分是备注页编辑区。在备注页中既可以插入文本，也可以插入图片等其他对象信息。

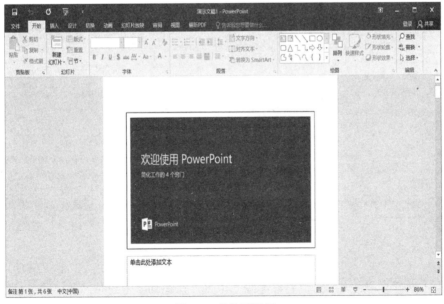

图 5-7　备注页视图

5．阅读视图

阅读视图用于向用自己的计算机查看演示文稿的人员而非受众（如通过大屏幕）放映演示文稿。如果希望在一个设有简单控件以方便审阅的窗口中查看演示文稿，而不想使用全屏的幻灯片放映视图，则在自己的计算机上也可以使用阅读视图。如果要更改演示文稿，可随时从阅读视图切换至某个其他视图。

5.1.4　PowerPoint 2016 的辅助功能

在对幻灯片中的对象进行编辑时，PowerPoint 2016 提供了一系列可选的辅助功能，如标尺、网格线、参考线、颜色/灰度等，可以帮助用户更好地对幻灯片中的元素对象进行定位或对齐。

1．标尺

"标尺"功能可以用来控制和调整幻灯片中各元素的位置。如果在 PowerPoint 2016 程序窗口中没有显示标尺，可以在"视图"选项卡下勾选"显示"组中的"标尺"复选框，标尺将显示在程序窗口中。如果要隐藏标尺，取消勾选即可。

2．网格线和参考线

在 PowerPoint 2016 幻灯片中，还可以利用网格线和参考线辅助用户更精确地对齐对象（如图 5-8 所示）。网格线和参考线可以选择显示和隐藏。参考线可以添加或删除，还可以进行拖动。当演示文稿进行演示时，网格线和参考线并不出现。显示/隐藏网格线的方法与标尺的方法类似，勾选"网格线"复选框即可。

图 5-8　标尺、网格和参考线

图 5-9　设置网格线和参考线

下面介绍设置网格线和参考线的方法：在"幻灯片"窗格中，右击幻灯片，在弹出的快捷菜单中选择"网格和参考线"，打开"网格和参考线"对话框（如图 5-9 所示）；在"网格设置"组中设置间距，并勾选"屏幕上显示网格"复选框和"屏幕上显示绘图参考线"复选框，最后单击"确定"按钮，此时幻灯片中即显示了网格线和参考线。

将鼠标置于水平（竖直）参考线上，上下（左右）拖动，即可调整参考线的位置。在拖动参考线时，会出现一个数字指示，使用户能够了解标尺的位置。如果在拖动参考线时按住 Ctrl 键

（即复制参考线），可以创建额外的参考线组。最多有 8 条水平和垂直参考线，全都显示于用户指定的位置上。

显示/隐藏参考线的快捷键是 Alt+F9。

3．颜色/灰度/纯黑白视图

大多数时候，我们处理的都是有颜色的演示文稿。若计划以纯黑白或灰度的形式打印演示文稿（如在投影幻灯片或黑白讲义上），那么我们可以查看没有颜色时的效果。例如，传真一份幻灯片，则"颜色/灰度/纯黑白"选项会非常有用，因为传真在大多数情况下都是黑白的。有些内容在彩色屏幕上看起来非常好，但在黑白的传真件上看上去就像毫无头绪的污渍。

在"视图"选项卡中单击"灰度"或"黑白模式"按钮，可切换到相应视图。此时"灰度"或"黑白模式"选项卡可用，如图 5-10 所示，从中可以微调灰度或黑白预览。选择后，演示文稿中的幻灯片将会应用这一设置。将演示文稿打印或输出为灰度或黑白色调时使用此设置。

图 5-10　设置演示文稿的灰度模式

完成后，单击"灰度"选项卡的"返回颜色视图"按钮。更改灰度或纯黑白设置不会对幻灯片上的颜色造成影响，仅影响以灰度或纯黑白形式显示和打印幻灯片的方式。

5.2　PowerPoint 2016 演示文稿的基本操作

对 PowerPoint 2016 有了初步的认识后，如何在 PowerPoint 2016 中创建演示文稿，如何打开、保存和关闭演示文稿，这些操作是必须掌握的。

5.2.1　创建演示文稿

演示文稿是由一系列幻灯片组成的，多张幻灯片就组成了一个完整的演示文稿。要制作演示文稿，先要进行创建操作。PowerPoint 2016 提供了多种创建演示文稿的途径，可以根据不同的需要选取不同的途径，从而方便、快捷地制作出最满意的文稿。

1．创建空白演示文稿

在启动并进入 PowerPoint 2016 时，会自动新建一份空白的演示文稿，空白演示文稿是指没有使用过、没有任何信息和内容的演示文稿。这时幻灯片的编辑区提示"单击此处添加标题"（如图 5-11 所示），单击即可新建一张空白的幻灯片。

在 PowerPoint 2016 中创建空白演示文稿还有以下 2 种方法。

方法 1：在打开的 PowerPoint 2016 界面下，通过快捷键 Ctrl+N 创建。

方法 2：通过"文件"菜单创建。单击窗口左上角的"文件"按钮，然后选择"新建"选项，打开"新建"界面，单击"空白演示文稿"项，然后单击"创建"按钮，即可创建一篇新的空白演示文稿，如图 5-12 所示。

图 5-11　空白演示文稿

图 5-12　创建空白演示文稿

2．利用模板创建演示文稿

模板是 PowerPoint 为了让用户能方便地创建出统一风格（如对象的搭配、色彩的设置、主题的应用、文本的布局等）的演示文稿而设计的。PowerPoint 2016 提供了多种模板，可以是已安装的模板，也可以是用户自己设计的模板。

使用模板创建演示文稿的操作步骤如下：在"文件"菜单中选择"新建"选项，打开"新建"对话框（如图 5-13 所示），从中选择需要的模板类型，再单击"创建"按钮即可。

图 5-13　利用模板创建演示文稿

3．使用 Office Online 模板创建演示文稿

除了已安装的模板和用户自定义的模板，PowerPoint 2016 还提供了在线模板（Microsoft Office Online）。用户可以搜索联机模板和主题，下载需要的模板，快速创建相应的演示文稿。下面以创建"自然生活演示"为例，具体操作步骤如下。

Step1：选择模板类型。在"文件"菜单中选择"新建"选项。

Step2：在出现的对话框下方的"搜索联机模板和主题"栏中搜索"大自然"，此时在搜索结果中选择"自然生活演示"。

Step3：下载模板。选择该文档后，预览其效果，如图 5-14 所示。下载完成后，单击"创建"按钮即可。

图 5-14　下载选定模板

在实际操作中，如果需要直接在某指定文件夹中创建一个 PowerPoint 2016 演示文稿，如何快速操作？打开需要创建演示文稿的文件夹，在空白处单击右键，然后选择"新建"→"Microsoft Office PowerPoint 演示文稿"，即可在该文件夹中创建一篇演示文稿，再进行文件的命名即可。

5.2.2　保存演示文稿

在 PowerPoint 中创建演示文稿时，演示文稿临时存放在计算机的内存中。如果出现断电、计算机故障或其他意外，则会导致文件丢失。因此，创建了演示文稿后，应及时将其保存。同时，保存演示文稿也方便以后使用。

在创建、编辑或修改了演示文稿后，必须手动保存演示文稿。PowerPoint 不仅提供了保存功能，还提供了"另存为"功能。

1．保存新建的演示文稿

对于新建的演示文稿，保存步骤如下。

Step1：执行下列操作之一，打开"另存为"对话框。

❖ 单击快速访问工具栏中的"保存"按钮。

❖ 单击"文件"按钮，在打开的"文件"菜单中选择"保存"选项。

❖ 按 Ctrl+S 组合键。

Step2：在"另存为"对话框的"保存位置"下拉列表中选择要保存的位置，在"文件名"文本框中输入文件名，选择文件保存的类型，然后单击"保存"按钮，即可完成保存。

在选择保存位置时，选择合适的保存路径有助于以后能快速找到演示文稿。另外，在 PowerPoint 2016 中进行保存时，"另存为"对话框中提供了多种保存类型，用户可根据实际需要选择相应类型。

2．保存打开并修改后的演示文稿

对于打开并修改后保存在原位置的演示文稿，按照保存新建演示文稿的第一步操作即可，这样操作后，将不会再弹出"另存为"对话框，而是按照文件之前的位置、名称和类型保存。

如果对已有演示文稿进行修改后，希望原演示文稿内容不变，而另存为一篇新的演示文稿，则可执行以下步骤。

Step1：在"文件"菜单中选择"另存为"选项，打开"另存为"对话框。

Step2：根据需要重新设置文件名、文件类型和文件位置，然后单击"保存"按钮即可。

3．设置文件访问密码

用户可以使用密码阻止其他人打开或者修改 PowerPoint 2016 演示文稿，使用密码保护可以仅让被授权的审阅者查看和修改内容。保护演示文稿的方法有以下两种。

（1）利用"加密文档"命令

Step1：选择"文件"→"信息"→"保护演示文稿"→"用密码进行加密"命令（如图 5-15 所示），弹出"加密文档"对话框。

图 5-15　加密文档

Step2：在"加密文档"对话框中输入密码，单击"确定"按钮，再次输入密码，确认即可。

（2）利用"另存为"命令

Step1：选择"文件"→"另存为"命令，弹出"另存为"对话框，单击"工具"按钮，在展开的列表中选择"常规选项"，如图 5-16 所示，弹出"常规选项"对话框，如图 5-17 所示。

Step2：在"打开权限密码"文本框和"修改权限密码"文本框中输入密码。

Step3：再次输入确定密码后，选择好演示文稿的保存位置，输入相应的文件名，单击"保存"按钮即可。

图 5-16　另存为选项　　　　　　　　　　图 5-17　常规选项设置

打开权限密码和修改权限密码可以设置为相同密码，也可以设置为不同的密码。

在设置好密码之后，关闭演示文稿。再次打开文件，会弹出"密码"对话框，提示用户输入密码，需要输入正确密码才能打开或修改文档内容。

4．PowerPoint 的文件恢复功能

文件恢复是指 PowerPoint 可以在一定的间隔时间内，自动保存演示文稿。遇到断电、软件错误、系统不稳定等因素造成对正处理的文件关闭后，再次启动 PowerPoint 2016 时，它会将最近一次自动保存下来的文稿恢复出来，这样用户可以选择重新手动保存，以减少损失。

PowerPoint 2016 的自动保存功能比较实用，我们可以设置自动保存的时间频率。

Step1：单击"自定义快速访问工具栏"按钮，然后选择"其他命令"。

Step2：弹出"PowerPoint 选项"对话框，在"保存"选项卡中勾选"保存自动恢复信息时间间隔　　分钟"复选框，在"分钟"列表中输入希望该程序保存数据和程序状态的频率，如图 5-18 所示。

图 5-18　保存功能

恢复文件包含的新信息量取决于 Microsoft Office 程序保存恢复文件的频率。例如，如果每隔 15 分钟才保存恢复文件，则恢复文件将不包含在发生电源故障或其他问题之前最后 14 分钟所做的工作。

　　自动恢复的演示文稿，如果不及时保存，在关闭后，自动恢复的文档会被自动删除，再次启动 PowerPoint 时，也不会提示恢复信息。所以，自动保存设置只是预防用户的工作因意外丢失，要真正保存文件还需要采用手动保存的方法。

5.2.3　打开与关闭演示文稿

1. 打开演示文稿

对于已经编辑好的演示文稿，可能需要对其中的内容进行查看或修改。在进行这些操作之前，需要先打开演示文稿，打开演示文稿的常见方法有以下 3 种：

❖ 找到要打开的演示文稿文件，双击文件图标，即可打开演示文稿。

❖ 选择"文件"→"打开"（快捷键 Ctrl+O），在"打开"对话框（如图 5-19 所示）的"查找范围"下拉列表中选择要打开演示文稿所在的位置，然后选择要打开的演示文稿，再单击"打开"按钮，即可打开演示文稿。

❖ 对于查看最近编辑过的演示文稿，选择"文件"→"最近所用文件"命令，即可看到最近编辑过的文稿，单击之即可将其打开，如图 5-20 所示。

图 5-19　打开演示文稿

图 5-20　最近所用文件列表

2．关闭演示文稿

关闭演示文稿与退出 PowerPoint 是有区别的，关闭只是退出当前演示文稿的编辑状态，而不是退出 PowerPoint 程序。

可以采用以下几种方法之一关闭演示文稿：

❖ 选择"文件"→"关闭"命令（关闭演示文稿）。

❖ 直接单击窗口右上角的"关闭"按钮 ❌（直接退出 PowerPoint）。

❖ 在标题栏上单击右键，在弹出的快捷菜单中选择"关闭"（直接退出 PowerPoint）。

❖ 按 Alt+F4 组合键，可以关闭当前的演示文稿窗口（直接退出 PowerPoint）。

如果没有保存而直接关闭演示文稿，那么 PowerPoint 2016 会在关闭前弹出提示对话框，询问用户是否保存该演示文稿，单击"是"按钮，则保存后才关闭演示文稿；单击"否"按钮，则不保存修改内容，直接关闭该演示文稿；单击"取消"按钮，则取消关闭操作，返回到演示文稿的编辑环境。

5.2.4 打印演示文稿

PowerPoint 2016 创建的演示文稿既可以以幻灯片的形式放映，也可以直接在计算机上浏览。但在实际操作中，用户经常需要将演示文稿以黑白、灰度或者彩色的模式打印出来，方便其他用户使用，如打印幻灯片、备注页和讲义等。

1．页面设置

幻灯片的页面设置决定了幻灯片、备注页、讲义及大纲在屏幕和打印纸上的尺寸和方向，用户可以改变这些设置。

Step1：打开要设置页面的演示文稿，单击"设计"选项卡的"页面设置"按钮，出现"幻灯片大小"对话框（如图 5-21 所示）。

图 5-21　页面设置

Step2：在"幻灯片大小"下拉列表中选择幻灯片的打印尺寸，如"全屏显示""A4 纸张""35 毫米幻灯片"等。如果选择"自定义"，则在"宽度"和"高度"框中输入具体的数值。

Step3：在"幻灯片编号起始值"框中输入幻灯片编号的起始值，默认为 1，一般情况下选用默认值。

Step4：分别设置幻灯片、备注、讲义和大纲的方向。设置完毕后，单击"确定"按钮。

2．打印预览

与 Word、Excel 一样，PowerPoint 2016 也可以在打印前预览演示文稿。可以利用打印预览中的设置，在预览状态下再次设置页面。

选择"文件"→"打印"命令（或者单击快捷工具栏中的"打印预览和打印"按钮），出现"打印"窗口（如图 5-22 所示），在"设置"组中单击"打印全部幻灯片"列表框右侧的下拉箭头，从中选择要打印的内容，即可预览相关内容。如果预览后发现页面设置已经满足要求，可以直接单击"打印"按钮。

图 5-22 "打印"窗口

3. 进行打印

完成幻灯片的页面设置后，如果不需要再进行修改，可以进行打印。

Step1：打开"打印"窗口（见图 5-22）。

Step2：在"打印机"下选择所需的打印机。

Step3：在"设置"组中，单击"打印全部幻灯片"列表框右侧的下拉箭头，可选择"打印全部幻灯片""打印所选幻灯片""打印当前幻灯片"或者"自定义范围"，如图 5-23 所示。

Step4：单击"整页幻灯片"列表框右侧的下拉箭头，可以选择打印版式（如"整页幻灯片""备注页""大纲"）、在"讲义"组中可以指定每页的幻灯片数和排列的顺序等，如图 5-24 所示。

图 5-23 打印设置

图 5-24 打印版式

Step5：单击"颜色"，可进行"颜色""灰度"或者"纯黑白"的设置，如图 5-25 所示。

Step6：单击"编辑页眉和页脚"，可以编辑页眉和页脚，如图 5-26 所示。

图 5-25　打印选项设置　　　　　　　　　　　图 5-26　编辑页眉和页脚

Step7：在"份数"框中指定打印的份数。

Step8：单击上方的"打印"按钮，即可开始打印。

5.3　PowerPoint 2016 幻灯片的基本操作

演示文稿由一系列幻灯片组成，一份精美的演示文稿由一张张精美的幻灯片组合而成。幻灯片包含在演示文稿之中，所有文本、图片、动画、多媒体等都在幻灯片中进行处理。幻灯片的基本操作包括选择幻灯片、新建幻灯片、复制幻灯片、移动幻灯片、删除幻灯片、隐藏幻灯片等。

5.3.1　选择幻灯片

在对幻灯片进行编辑和各种操作前，需要先选择该幻灯片。选择幻灯片有以下 3 种方法。

❖ 选择一张幻灯片：单击要选择的幻灯片，即为选中。

❖ 选择多张连续的幻灯片：单击要选择的多张幻灯片的第一张，按住 Shift 键再单击最后一张，即可选择从第一张到最后一张中的所有幻灯片。

❖ 选择多张不连续的幻灯片：按住 Ctrl 键，单击不同的幻灯片，可选择多张连续或不连续的幻灯片。

如果在选择的过程中错误地选择了某一张幻灯片，在按住 Ctrl 键的同时单击此幻灯片即可取消选择。

5.3.2　新建幻灯片

启动 PowerPoint 2016 时，系统默认创建了一个演示文稿，并在该演示文稿中自动生成一张幻灯片，演示文稿一般包含多张幻灯片。在制作演示文稿时，可根据需要添加幻灯片。

新建幻灯片有以下几种方法。

（1）通过菜单操作新建幻灯片

在"幻灯片"选项卡中选择需要添加幻灯片的位置，然后在功能区中选择"开始"选项卡

的"幻灯片"组中的"新建幻灯片"来新建幻灯片。"新建
幻灯片"按钮有两种用法（如图5-27所示）：

- ❖ 如果单击幻灯片图标所在的按钮的上部，会立即在
  "幻灯片"选项卡中所选幻灯片的下面添加一个新
  幻灯片。
- ❖ 如果单击该按钮的下部，将获得幻灯片版式库。选
  择一个版式后，将插入该版式的幻灯片。

（2）在幻灯片选项卡中添加幻灯片

在幻灯片窗格中找到需要新建幻灯片的位置，出现闪
烁的直线后，单击右键，在弹出的快捷菜单中选择"新建
幻灯片"，即插入一张新的幻灯片。也可以按 Enter 键来实
现添加幻灯片的效果。

图 5-27　新建幻灯片

5.3.3　复制幻灯片

当用户在编辑演示文稿时，有时候会需要制作相同的一些幻灯片，此时用户可以进行幻灯
片的复制操作，提高幻灯片的编辑速度。

如果用户需要对演示文稿中的幻灯片进行复制操作，可以单击"开始"选项卡的"复制"
和"粘贴"按钮进行操作。用户还可以使用其他方法进行幻灯片的复制操作，如利用鼠标右键
单击弹出的快捷菜单中的"复制"和"粘贴"命令。

Step1：右击要复制的幻灯片，在弹出的快捷菜单中选择"复制"命令。

Step2：右击幻灯片要复制到的位置，在弹出的快捷菜单中选择"粘贴"命令。

用户可以在同一文稿中复制幻灯片，也可以在不同演示文稿之间复制幻灯片。

> 在幻灯片窗格中选择准备复制的幻灯片，按 Ctrl+C 组合键，可以快速复制所选择的幻灯片。
> 在准备粘贴的位置按 Ctrl+V 组合键，可以快速粘贴所复制的幻灯片。

图 5-28　粘贴选项

在默认情况下，将幻灯片粘贴到演示文稿中的新位置时，它会继
承前面的幻灯片的主题。但是，如果从使用不同主题的其他演示文稿
复制幻灯片，则当用户将该幻灯片粘贴到其他演示文稿中时，可以保
留该主题。要更改此格式设置，使粘贴的幻灯片不继承它前面的幻灯
片的主题，可单击粘贴的幻灯片旁边显示的"粘贴选项"按钮，然后
选择"保留源格式"选项，如图 5-28 所示。

在将幻灯片粘贴到演示文稿中的新位置时，"粘贴选项"按钮在"普通"视图中通常显示
在"大纲"或"幻灯片"选项卡上粘贴的幻灯片旁边，或显示在"幻灯片"窗格中。用户可以
使用"粘贴选项"按钮控制内容在粘贴后的显示方式（也称为粘贴恢复）。

如果粘贴幻灯片后看不到"粘贴选项"按钮，可能是因为以下原因之一：

- ❖ 通过"选择性粘贴"（位于"开始"选项卡的"剪贴板"部分）进行粘贴。为了查看粘
  贴选项，必须使用"剪切"或"复制"和"粘贴"命令，或者通过 Office 剪贴板进行
  复制和粘贴。
- ❖ 粘贴了一组来自其他程序（如 Microsoft Office Word）的对象。

所粘贴的幻灯片的源格式与目标格式之间没有差异。

5.3.4　移动幻灯片

在制作演示文稿的过程中，如果发现某个位置上的幻灯片需要根据设计的内容进行位置的调整时，可以将幻灯片移动到合适位置。

Step1：在幻灯片缩略图上单击要移动的幻灯片，按住鼠标左键将幻灯片拖动到合适的位置。

Step2：将其拖动到新的位置后释放鼠标左键完成操作，原位置幻灯片消失，被移动到了新位置，如图 5-29 所示。

图 5-29　移动幻灯片

另外，"剪切"选项也可实现幻灯片的移动。在需要移动的幻灯片上单击右键，在弹出的快捷菜单中选择"剪切"，或通过 Ctrl+X 组合键将该幻灯片进行剪切处理，然后在新位置单击右键，在弹出的快捷菜单中选择"粘贴"或通过 Ctrl+V 组合键进行粘贴，也实现了幻灯片的移动。

上述操作过程在普通视图和幻灯片浏览视图下都可以使用，而且可以同时选中多张幻灯片进行移动。

5.3.5　删除幻灯片

在进行演示文稿的编辑整理时，若发现一些不满意或不必要的幻灯片，这时需要将这些幻灯片删除。删除幻灯片有以下 2 种方法：

❖ 右击要删除的幻灯片，从弹出的快捷菜单中选择"删除幻灯片"（如图 5-30 所示）。

❖ 选择要删除的幻灯片，按 Delete 键，也可将该幻灯片删除。

图 5-30　删除幻灯片

5.3.6　隐藏幻灯片

在幻灯片编辑的过程中，如果需要将一张幻灯片放在演示文稿中，却不希望它在幻灯片放映中出现，则可以隐藏该幻灯片。如果向演示文稿中添加了为同一个主题提供不同详细程度的内容的幻灯片（可能面向不同的观众），用户可以将这些幻灯片标记为隐藏，以便它们不显示在主幻灯片放映中，但仍可以在需要时访问它们。

例如，某位观众可能要求演讲者更详细地解释某个项目中的内容。在这种情况下，演讲者可以显示包含相关详细信息的隐藏幻灯片。但是，如果时间有限并且观众能够领会演讲者讲述的概念，演讲者可以将包含这些辅助信息的幻灯片隐藏起来，以便继续演示而不让观众知道跳过了这些幻灯片。

> 隐藏的幻灯片是仍然留在文件中的，用户可以对演示文稿中的任何幻灯片分别打开或关闭"隐藏幻灯片"选项。

要隐藏幻灯片，可以右击要隐藏的幻灯片，在弹出的快捷菜单中选择"隐藏幻灯片"，这样隐藏幻灯片图标就显示在隐藏的幻灯片的左上方，图标内部有幻灯片编号。

要显示以前隐藏的幻灯片，则右击要显示的幻灯片，然后选择"隐藏幻灯片"即可。

除了上面的方法，用户还可以通过"幻灯片放映"选项卡的"设置"组中的"隐藏幻灯片"按钮，来实现对幻灯片进行隐藏或显示操作，如图 5-31 所示。

图 5-31　隐藏幻灯片

如果正在查看幻灯片放映视图，并且决定要显示以前隐藏的幻灯片，则可以右击当前幻灯片，然后选择"定位至幻灯片"，再单击要放映的幻灯片。

5.3.7　重用幻灯片

在 PowerPoint 2016 中，可以在当前演示文稿中插入另一个演示文稿的部分或全部幻灯片。

图 5-32　"重用幻灯片"窗格

Step1：打开要向其中添加幻灯片的演示文稿，在左侧选择"幻灯片"窗格，然后单击需要添加幻灯片的位置。

Step2：在"开始"选项卡的"幻灯片"组中单击"新建幻灯片"，在如图 5-27 所示的菜单中选择"重用幻灯片"，窗口的右侧出现"重用幻灯片"任务窗格（如图 5-32 所示）。

Step3：单击"浏览"按钮，从弹出的列表中选择"浏览文件"，弹出"浏览"对话框。

Step4：在"浏览"对话框中找到并单击包含所需幻灯片的演示文稿文件，然后单击"打开"。

Step5："重用幻灯片"窗格中将显示来自所选演示文稿的幻灯片的缩略图，将指针停留在缩略图上可以预览其效果。如果想让向目标演示文档中添加的幻灯片保留原始演示文稿的格式，可在将该幻灯片添加至目标演示文稿之前勾选"保留源格式"复选框。

Step6：如果添加单张幻灯片，直接单击，即可将幻灯片插入到指定的位置。如果添加所有幻灯片，那么右击任一幻灯片，然后在弹出的快捷菜单中选择"插入所有幻灯片"。

5.4 PowerPoint 2016 幻灯片的编辑

5.4.1 在幻灯片中添加文本内容

文本内容是幻灯片的重要组成部分，清楚表达幻灯片展示内容的主要对象也是文本对象。幻灯片中的文本可以来自其他应用程序，也可以利用 PowerPoint 自带的文本编辑功能输入文本。在幻灯片中添加文本的内容区域包括：占位符、形状和文本框。

1．在占位符中添加文本

当用户建立一个演示文稿时，系统会自动插入一张标题幻灯片。该标题幻灯片中有两个虚线框，这两个虚线框被称为占位符。占位符是一种带有虚线或阴影线边缘的方框。在占位符中可以放置标题、正文等文本对象。在占位符中添加文本是最简单的方式。

如图 5-33 所示的幻灯片中包含标题和副标题两个占位符，其中标有"单击此处添加标题"和"单击此处添加副标题"，这是 PowerPoint 设计版式中非常方便的一种文本添加方式。用户只需单击占位符内部，将占位符切换至文本书写状态，就可以在其中输入标题和副标题。

如图 5-34 所示的幻灯片中除了有标题占位符，还有文本占位符。文本占位符内提示有"单击此处添加文本"，单击后将切换至文本书写状态，便可以向其中输入文本。

图 5-33　占位符

图 5-34　文本占位符

在文本占位符内有 6 个图标，每个图标实际代表添加的一种对象，包括：插入表格、插入图表、插入 SmartArt 图形、图片、联机图片和插入视频文件。单击相应图标时，就会激活相应的插入命令。各对象的插入方法将在后面讲解，这里只是提醒，在单击文本占位符添加文本时不要单击这些图标。

在文本占位符内添加文字时，如果添加的文字占满并超出占位符边框，则在占位符左下方将显示"自动调整"按钮。单击之，将打开下拉菜单，如图 5-35 所示，其中有 6 个选项，可以根据需要选择合适的选项，对超出占位符边框的文本内容进行调整。

单击占位符，选择"控制自动更正选项"，可执行下列操作：如果在占位符中关闭自动调整标题文本，则清除"根据占位符自动调整标题文本"复选框；如果在占位符中关闭自动调整正文文本，则清除"根据占位符自动调整正文文本"复选框。

如果要关闭"自动调整"选项，则选择"文件"→"选项"，在弹出的对话框中选择"校对"选项卡，然后单击"自动更正选项"按钮，弹出如图 5-36 所示的对话框，取消"显示'自动更正选项'按钮"的选中，则可关闭"自动调整"选项。

图 5-35　自动调整选项　　　　　图 5-36　自动更正选项

2．在文本框中添加文本

在幻灯片中，如果需要在已有的占位符外某个位置添加文本，则需要使用文本框。文本框是可移动、可调整大小的文字或图形的容器，使用文本框可将文本放置在幻灯片任何位置，在一页幻灯片中可以放置多个文本框。

Step1：选择文本框。切换至"插入"选项卡，在"文本"组中单击"文本框"的下拉按钮，在列表中可以选择"横排文本框"或"竖排文本框"（如图 5-37 所示）。

图 5-37　选择文本框

Step2：绘制文本框。此时鼠标指针呈十字形，在幻灯片中指定文本框的位置，拖动鼠标绘制文本框。释放鼠标后，即可在其中输入文字内容。

> 文本框和文本占位符是有区别的，具体表现在以下几方面：
> ❖ 文本框通常是根据需要人为添加的，并可以拖动到任何地方放置。
> ❖ 文本占位符是在添加新幻灯片时，由于选择版式的不同而由系统自动添加的，其数量和位置只与幻灯片的版式有关，通常不能直接在幻灯片中添加新的占位符。
> ❖ 文本框中的内容在大纲视图中无法显示，而文本占位符的内容则可显示出来。

3．在形状中添加文本

在演示文稿中，为了使文字更具显示效果，可以将文本添加到形状中。在形状中添加文本后，文本会随形状一起移动或旋转。例如，在"插入"选项卡中选择"形状"→"星与旗帜"→"爆炸性 1"（如图 5-38 所示），然后按住鼠标左键进行拖放，就可以绘制图形，再单击右键，在弹出的快捷菜单中选择"编辑文字"，形状将会切换至文字编辑状态，如图 5-39 所示。

图 5-38　添加形状

图 5-39　在形状中添加文本

5.4.2　文本框的线条、填充和效果

在 PowerPoint 中，文本添加最常见的是在文本框中添加文本，文本框的线条、填充和效果功能也很重要，因为涉及幻灯片的美观设置和信息可视化体现的功能。在默认情况下，PowerPoint 的文本框线条、填充和效果均是无色的。在实际操作中，我们可以根据自己的需要对文本框的线条、填充和效果进行设置。

1．文本框的线条

文本框线条又称为文本框轮廓，其设置包括线条的颜色、线型和线宽设置。下面以"计算机基础"文本框为例进行介绍，如图 5-40 所示。

在本例中，"计算机基础"文本框的线条是没有的，不过 PowerPoint 2016 中提供了文本框线条的编辑功能。要进入编辑状态，可以双击"计算机基础"文本框，激活"绘图工具"的"格式"选项卡，"形状样式"组的"形状轮廓"用来设置文本框的轮廓，如线条样式、线条宽度、线条颜色等（如图 5-41 所示）。把鼠标放在不同的选项上，可以直接预览效果。

2．文本框填充

文本框填充是指在文本框内部添加颜色，包括纯色、渐变色或者图片，填充的范围仅为文本框边框内部。"形状填充"中包括"主题颜色""标准色""其他填充颜色""图片""渐变""纹理"等（如图 5-42 所示），可以直接选择填充颜色，也可以单击"其他填充颜色"，弹出"颜色"对话框，从中选择更多的颜色进行填充。

图 5-40　文本框

图 5-41　形状轮廓

图 5-42　形状填充

在文本框中同样可以添加图片，以图片作为文本框的背景。选择"形状填充"→"图片"，可以打开"插入图片"对话框，选择合适的图片后，单击"插入"按钮即可完成图片填充。

渐变是指颜色和阴影的一种渐变过程，通常从一种颜色向另一种颜色或从同一种颜色的一种深浅到另一种深浅渐变。如果在文本框中进行渐变填充，则可以选择"形状填充"→"渐变"，其中包括"无渐变""浅色变体""深色变体"和"其他渐变"。可以选择基本的渐变样式，也可以单击"其他渐变"，弹出"设置形状格式"对话框（如图 5-43 所示），从中可以选择更多的渐变填充样式。

要对文本框进行纹理填充，可以通过"形状填充"中的"纹理"进行设置。"纹理"子菜单中提供了一系列的纹理样式，我们可以直接选择这些纹理样式作为文本框的填充背景，如果不满意系统提供的纹理样式，则可以选择"其他纹理"选项，打开"设置背景格式"对话框进行设置（如图 5-44 所示），与设置渐变填充方法相似。

3．文本框效果

PowerPoint 2016 提供了专门的"形状效果"，我们可以通过系统提供的效果编辑样式完成需要的设置。形状效果包括"预设""阴影""映像""发光""柔化边缘""棱台""三维旋转"（如图 5-45 所示）。

❖ 预设：用于设置系统原本具有的效果样式。

❖ 阴影：用于设置文本框阴影效果。

❖ 映像：用于设置文本框是否产生映像以及映像的效果。

图 5-43　设置渐变填充

图 5-44　设置纹理填充　　　　　　　　　　　图 5-45　形状效果

- ❖ 发光：用于设置文本框四周发光的颜色。
- ❖ 柔化边缘：用于设置文本框边缘的柔和程度。
- ❖ 棱台：用于模拟文本框至三维棱台形状，同时控制是否有凸出等。
- ❖ 三维旋转：控制文本框在空间内的方向。

用户可根据实际需要选择合适的方式进行相关设置。

5.4.3 幻灯片中文本的编辑

文本是表达幻灯片主题内容的关键因素之一，文本的形式也影响着幻灯片的美观。

1．选择文本

在对文本进行编辑之前，首先要选择文本，然后才能对选取的文本进行格式设置等操作。选取文本时可进行如下快捷操作：

❖ 如果选取的是单词，直接双击即可选中。

❖ 用鼠标连续 3 次单击要选取段落中的任何位置，即可选取该段落及其所有附属文本。

❖ 将光标插入点置于占位符中，按 Ctrl+A 组合键，可快速选取该占位符中的所有文本。

2．设置文本格式

在 PowerPoint 中，文本格式主要包括文本的字体格式和段落格式设计两方面。

（1）字体格式的设置

在 PowerPoint 2016 中，对文本字体格式设置的操作包括字体、字号、字体颜色和字符底纹等。这些设置均可在"开始"选项卡的"字体"组中完成，类似 Word 中的"字体"组的设置。也可以单击"字体"组右下角的对话框启动器，弹出如图 5-46 所示的对话框，从中可以进行设置。

PowerPoint 2016 中同样提供了一种实时的文本编辑工具，当选中文本后，稍微一动鼠标，在文本中就会出现文本编辑工具，如图 5-47 所示，在这里可以快捷地设置。

图 5-46　字体设置

图 5-47　快捷文本编辑工具

在进行文本编辑时，如果对文字字体格式所做的修改不恰当，则需要重新设置，可以通过"清除所有格式"按钮将文本的格式清除，再进行设置。"清除所有格式"按钮位于"开始"选项卡的"字体"组中。

（2）段落格式的设置

在进行幻灯片文本编辑时，文本的段落格式设置也是相当重要的。文本的段落格式主要包

图 5-48　段落组快捷按钮

括项目符号、编号、多级列表、对齐方式和行距等。在 PowerPoint 2016 中，段落格式设置一方面可以通过系统弹出的文本编辑浮动工具栏进行，另一方面可以通过"开始"选项卡的"段落"组来完成（如图 5-48 所示）。

PowerPoint 段落格式的设置方法与 Word 的设置类似，在此不再赘述。

3．查找和替换文本

如果要在一份比较长的演示文稿中查找或替换某个单词或短语，采用人工一次阅读查找是相当麻烦的，这时用户可以利用 PowerPoint 2016 的"查找和替换"功能，轻松完成任务。

（1）查找文本

打开"查找"对话框（如图 5-49 所示）有以下两种方法：选择"开始"选项卡，在"编辑"组内单击 🔍查找 按钮，或者按 Ctrl+ F 组合键。

例如，要查找某演示文稿中"Computer"一词所在的位置，操作步骤如下。

Step1：在"查找内容"文本框中输入需要查找的内容"Computer"。

Step2：对其下的三个复选项进行选择设置。

Step3：完成设置后，单击"查找下一个"按钮，即可从演示文稿的第一页到最后一页依次开始查询。

Step4：完成查找操作后，单击"关闭"按钮或按 Esc 键，退出"查找"对话框。

"查找"对话框的三个复选项的含义如下。

❖ 区分大小写：表现在进行查找时要区分单词中字母的大小写，通常用于英文单词或字母的查询，勾选此项，可以找出与输入内容大小写精确匹配的对象。

❖ 全字匹配：用于查询特定的单词或短语，并忽略该单词作为其他单词或短语的一部分的情况。例如，查找内容为"news"，勾选后将忽略"newspaper"之类的单词。

❖ 区分全/半角：用于查找的对象要严格区分输入的全角和半角状态。

（2）替换文本

替换文本与查找文本的方法基本相同：按 Ctrl+ H 组合键，或者在"查找"对话框中单击"替换"按钮，打开"替换"对话框（如图 5-50 所示），在"替换为"文本框中输入需要修改成为的对象，单击"替换"按钮即可；如果要替换整个文档中的这个对象，则单击"全部替换"按钮。完成后会弹出提示窗口。

图 5-49 "查找"对话框

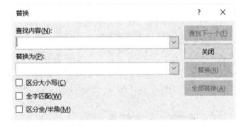

图 5-50 "替换"对话框

5.4.4 幻灯片中艺术字的使用

在进行 PowerPoint 2016 演示文稿编辑时，为了增强演示文稿的可读性和美观性，经常需要将演示文稿中的字体进行美化处理。PowerPoint 2016 为用户提供了强大的文本装饰工具，即艺术字。艺术字是一个文字样式库，集中了很多文本样式，用户可以根据自己的需要选择合适的样式。

1．插入艺术字

在 PowerPoint 2016 中，插入艺术字的主要工具是"插入"选项卡的"文本"组中的"艺术字"；进行艺术字编辑的主要工具在"绘图工具 - 格式"选项卡的"艺术字样式"组中。在 PowerPoint 2016 中，插入艺术字的步骤如下：在"插入"选项卡的"文字"组中单击"艺术字"按钮，然后选择所需的艺术字样式，再在插入艺术字文本编辑区输入文字内容。

2．艺术字的调整

（1）艺术字旋转

在幻灯片中，如果要旋转艺术字，可以通过艺术字文本框上伸出部分端点处的旋转样式箭头调整，将指针移动到这个旋转样式箭头内，指针会变成旋转样式箭头，按住鼠标左键拖动鼠标即可旋转艺术字。不过这样的旋转角度不精确，如果要精确旋转，需要单击"格式"选项卡的"排列"组中的"旋转"按钮，在打开的菜单中进行选择（如图 5-51 所示）。前 4 个选项是比较简单的水平和垂直旋转，如果要精确选择度数，如旋转 45°等，则单击"其他旋转选项"，出现"设置形状格式"选项卡（如图 5-52 所示），在"旋转"数值框中输入旋转角度。单击"关闭"按钮，即可完成旋转。

图 5-51　艺术字旋转

图 5-52　设置精确旋转角度

（2）艺术字文本效果设置

PowerPoint 2016 为艺术字提供了一系列丰富多彩的效果，这些效果增强了幻灯片的艺术效果，更美化了幻灯片。艺术字文本效果的设置方法与文本框效果的设置方法类似，在此不再赘述。

5.4.5　幻灯片中图片的使用

在演示文稿中，图片是增强美观和提高阅读性的重要组成部分，能使演示文稿更加生动，丰富演示文稿的内容，更清楚地表达主题。在幻灯片中可以插入图片，还可以将图片设置为幻灯片背景，以增强美观性。

1．插入图片

在进行幻灯片设计时，很多时候需要通过插入图片的方法将需要的图片插入到幻灯片中。

Step1：单击要插入图片的位置。

Step2：在"插入"选项卡的"图像"组中单击"图片"按钮。

Step3：弹出"插入图片"对话框，选择图片保存的位置，选择图片后单击"插入"按钮。如果添加多张图片，可以在按住 Ctrl 的同时单击要插入的图片，然后单击"插入"按钮。同样，可以通过正文占位符中的"插入来自文件的图片"图标打开"插入图片"对话框。

> 从文件插入的图片将嵌入在演示文稿中，成为演示文稿的一部分。即使原图片删除，演示文稿中仍将存在。作为演示文稿的一部分，插入较多图片时将导致演示文稿的体积比较庞大。可以通过链接到图片来减小文件的大小。在"插入图片"对话框中单击要插入的图片，再单击"插入"旁边的箭头，然后选择"链接到文件"（如图 5-53 所示）。

图 5-53　链接到文件

2．插入联机图片

在进行幻灯片设计时，如果需要的图片事先没有找好下载到本地计算机，可以通过插入联机图片的方法将需要的图片插入到幻灯片中。

Step1：单击要插入图片的位置。

Step2：在"插入"选项卡的"图像"组中单击"联机图片"按钮。

Step3：弹出"插入图片"对话框（如图 5-54 所示），在默认搜索引擎的图片搜索位置中，输入需要查找的图片关键词查找到相应图片，选择合适图片后单击"插入"按钮。

如果要添加多张图片，可以在按住 Ctrl 键的同时单击要插入的图片，然后单击"插入"按钮（如图 5-55 所示）。

图 5-54　插入联机图片

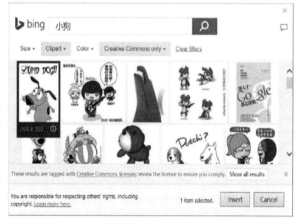

图 5-55　选择联机图片

3．编辑图片

图片的编辑包括图片大小、位置、亮度、灰度及颜色等参数的设置和调整，还有图片形状、边框、图片效果及外观样式等设置。在 PowerPoint 2016 中，进行图片编辑的主要工具集中在"图片工具－格式"选项卡下，如图 5-56 所示。

图 5-56　"图片工具－格式"选项卡

（1）设置图片大小

通过拖动图片边缘上的圆点可以完成图片大小的调整。如果需要对图片的高度和宽度进行精确的调整，可以在"格式"选项卡的"大小"组中设置完成。

通过对图片进行裁剪可以改变图片大小。裁剪是通过删除图片的垂直或水平边缘来减小图片的方法，常用于隐藏或修剪图片的一部分，目的是突出主要部分或删除不需要的部分。裁剪图片分为模糊裁剪和精确裁剪。模糊裁剪是指利用"裁剪"按钮拖动图片的裁剪控制点进行调整，精确裁剪是指利用"大小和位置"对话框按指定的精确数据进行裁剪。

> 即使已将部分图片裁剪，裁剪部分仍将作为图片文件的一部分保留。如果要删除裁剪掉的部分，可以通过压缩图片的方法。

（2）设置图片对齐方式

可以通过如下方法设置图片对齐方式：选择"图片工具－格式"选项卡，在"排列"组中单击"对齐"下拉按钮，然后选择图片的对齐方式（如图 5-57 所示）。

（3）设置图片形状

PowerPoint 2016 中提供了一系列的基本形状，如直线、矩形框、椭圆、三角形和箭头等。幻灯片中的图片可以转换成具有一定形状的图形。选中需要更改形状的图片，单击"格式"选项卡的"大小"组中的"裁剪"按钮，打开"裁剪为形状"菜单，如图 5-58 所示，再选择需要的样式。

（4）设置图片的排列顺序

如果在一张幻灯片中插入几张图片，这些图片之间有重合部分，我们如何根据实际需要显示被遮挡的图片部分呢？下面以图 5-59 所示的幻灯片为例进行介绍。

图 5-57　图片的对齐方式

图 5-58　更改图片形状

图 5-59　幻灯片实例

此幻灯片中有两幅图片，叠放次序为人在上，云朵在下。如果要显示被云朵挡住的人可以采取如下两种方法：

❖ 选中有云朵的图片，选择"格式"选项卡，单击"排列"组中的"下移一层"按钮或其下拉按钮，在打开的菜单中选择"置于底层"，也可以直接在图片上单击右键，在打开的快捷菜单中直接选择。

❖ 选中有人的图片，在"格式"选项卡的"排列"组中单击"上移一层"按钮或其下拉按钮，在打开的菜单中选择"置于顶层"，也可以直接在图片上单击右键，在弹出的快捷菜单中直接选择。

（5）压缩图片

当演示文稿中插入较多大的图片时，会使演示文稿体积变大。我们可以根据图片中使用的颜色数量，减少图像的颜色格式，以使其文件变小。图片压缩是将较大的图片按照特点比例进行压缩，以减小图片的大小、尺寸或像素值。选择适当的压缩比例不会降低图片质量，如果选择较大的压缩比，有可能导致图片失真。压缩图片的操作步骤如下。

Step1：单击要压缩的图片。

Step2：在"图片工具－格式"选项卡中单击"调整"组的"压缩图片"按钮，弹出"压缩图片"对话框，如图 5-60 所示。

Step3：若仅压缩文档中选定的图片而非所有图片，则勾选"仅应用于此图片"复选框。"删除图片的裁剪区域"复选框指将从图片文件中删除裁剪部分，勾选该复选框，将删除文档中选定图片的裁剪部分，以减小文件。

图 5-60　压缩图片设置

Step4：在"分辨率"中选择"使用默认分辨率"，单击"确定"按钮即可。

5.4.6　幻灯片内形状的使用

在 PowerPoint 中，除了可以使用系统自带或者来自文件的图片，还可以根据系统提供的基本形状自行绘制图形。PowerPoint 2016 中提供了一系列的形状，包括线条、矩形、基本形状、箭头总汇、公式形状、流程图、星与旗帜、标注和动作按钮等。

1．绘制形状

Step1：选择需要绘制形状的幻灯片。

Step2：在"开始"选项卡的"插图"组中选择"形状"，如图 5-61 所示。

Step3：单击所需形状，接着单击文档中的任意位置，然后拖动鼠标以放置形状。

要创建规范的正方形或圆形（或限制其他形状的尺寸），可在拖动的同时按住 Shift 键。

2．编辑形状

使用上面的方法绘制的形状的颜色和样式比较单一。我们可以在幻灯片内编辑这些形状，选中需要编辑的形状，单击右键，在弹出的快捷菜单（如图 5-62 所示）中选择相应的命令进行设置。

图 5-61　PowerPoint 中的形状　　　　　图 5-62　编辑形状的快捷菜单

3．组合形状

同一张幻灯片中如果有多个形状，分别对各形状进行设置后，可以将这些对象组合成一个对象。通过组合，用户可以同时翻转、旋转、移动所有形状或对象，或者同时调整它们的大小，就好像它们是一个形状或对象一样。用户还可以同时更改组合中所有形状的属性，如更改填充颜色或添加阴影，从而更改组合中所有形状的相应属性。组合形状的操作步骤如下：选择要组合的形状或其他对象，在"绘图工具－格式"选项卡中选择"排列"组中的"组合"→"组合"。

用户可以随时取消组合，以后再重新组合它们。

5.4.7　幻灯片内图表的使用

在 PowerPoint 2016 中绘制图表有多种方法，不过在 PowerPoint 2016 演示文稿中绘制图表主要是创建链接到 Excel 2016 中的图表，也就是说，在 PowerPoint 2016 中绘制图表很大程度上需要 Excel 2016 的图表功能。第 4 章中详细介绍了 Excel 的图表功能，这里不再详细说明。

PowerPoint 2016 包含很多不同类型的图表和图形，它们可用来向观众传达有关信息。

要维护与 PowerPoint 中的图表关联的数据时，可执行下面的操作。

Step1：在 PowerPoint 中单击要包含图表的占位符。

Step2：在"插入"选项卡的"插图"组中单击"图表"，弹出"插入图表"对话框。

Step3：单击某个图表，然后单击"确定"按钮。这时 Excel 将在一个分开的窗口中打开，并在一个工作表中显示示例数据。

Step4：在 Excel 中，若要更换示例数据，则单击工作表上的单元格，然后输入所需的数据。最后关闭 Excel。

5.5 PowerPoint 2016 的幻灯片静态效果设置

5.5.1 设置版式

版式是指幻灯片上标题和副标题文本、列表、图片、表格、图表、自选图形和视频等元素的排列方式（如图 5-63 所示）。版式是定义幻灯片上，待显示内容的位置信息的幻灯片母版的组成部分。版式本身只定义了幻灯片上要显示内容的位置和格式设置信息。

图 5-63　幻灯片中包含的版式元素

PowerPoint 2016 包含 11 种内置的标准版式，与之前的版本不同，PowerPoint 2016 允许用户创建自定义版式以满足特定的组织需求。这样，组织中的演示文稿创建人员可以使用内置版式或自定义版式来创建演示文稿。在"普通视图"下，在缩略图窗格单击要应用版式的幻灯片，然后在"开始"选项卡的"幻灯片"组中单击"版式"按钮，再选择一种版式。

PowerPoint 2016 提供了添加版式的功能，如果找不到适合需求的标准版式，可以添加和自定义新的版式。添加特定于文本和特定于对象的占位符，然后将演示文稿保存为模板文件（.potx），即设计模板。

Step1：在"视图"选项卡的"母版视图"组中单击"幻灯片母版"按钮。

Step2：在包含幻灯片母版和版式的左侧窗格中，单击幻灯片母版下方添加新版式的位置。

Step3：在"幻灯片母版"选项卡的"编辑母版"组中单击"插入版式"按钮（如图 5-64 所示）。

图 5-64　插入版式

Step4：如果删除不需要的默认占位符，可以单击该占位符的边框，然后按 Delete 键删除；如果添加占位符，则在"幻灯片母版"选项卡的"母版版式"组中单击"插入占位符"下拉按钮，在下拉菜单中选择一种占位符，再在版式中的某个位置单击鼠标左键，拖动鼠标绘制占位符。

Step5：设置完成后，自定义添加的版式会出现在标准的内置版式的列表中，在"开始"选项卡的"幻灯片"组中单击"版式"按钮，可以查看（如图 5-65 所示）。

设置完成后可以选择"另存为"选项，在打开的"另存为"对话框中选择保存类型，将其保存为 PowerPoint 模板文件。

图 5-65　自定义版式

5.5.2　设置主题

主题是主题颜色、主题字体和主题效果三者的组合。主题可以作为一套独立的选择方案应用于文件中。PowerPoint 2016 提供了一些预先设置的主题，用户可以直接使用这些主题设置演示文稿，还可以自定义主题。

1．使用系统预设主题

PowerPoint 2016 自带多种预设主题，用户可以直接使用这些主题创建演示文稿。

Step1：选择"文件"→"新建"命令，在"新建"对话框中打开如图 5-66 所示的内容，其中列出了已安装的主题，单击后可以预览。

Step2：选择要使用的主题，单击"创建"按钮，即可依照该主题创建演示文稿。

2．更改当前主题

如果更改当前幻灯片的主题，可以按照如下步骤进行操作。

Step1：在"设计"选项卡的"主题"组中单击 按钮，弹出如图 5-67 所示的列表。

Step2：选择要使用的主题，即可更改当前幻灯片的主题。用户还可以通过 Microsoft Office Online 选择其他主题。

3．自定义主题

如果 PowerPoint 自带的主题不能满足用户的要求，或者用户喜欢使用自己设计的主题，那么用户可以通过变体组中的"颜色""字体""效果""背景样式"选项来自定义主题。除了内置颜色，"颜色"选项还提供了"自定义颜色"设置，在弹出的"新建主题颜色"对话框（如图 5-68 所示）中可以自定义主题颜色。除了内置字体，"字体"选项还提供了"自定义字体"设置，在弹出的"新建主题字体"对话框中可以自定义字体（如图 5-69 所示）。

图 5-66　新建演示文稿

图 5-67　主题下拉列表

图 5-68　新建主题颜色

图 5-69　新建主题字体

　　用户设计好自定义主题样式后，可以选择"设计"选项卡，在"主题"组中单击"其他"按钮，在弹出的列表中选择"保存当前主题"选项，弹出"保存当前主题"对话框，在"文件名"文本框中输入准备保存的名称，单击"保存"按钮，即可保存自定义演示文稿的主题样式。

5.5.3 设置背景

背景样式是来自当前文档"主题"中主题颜色和背景亮度的组合的背景填充变体。当更改文档主题时，背景样式会随之更新，以反映新的主题颜色和背景。如果用户希望只更改演示文稿的背景，则应选择其他背景样式。更改文档主题时，更改的不只是背景，同时会更改颜色、标题和正文字体、线条和填充样式以及主题效果的集合。

背景样式在"背景样式"库中显示为缩略图。将鼠标指针置于某个背景样式缩略图上时，可以预览该背景样式对演示文稿的影响。如果用户希望应用该背景样式，则可以单击以应用它。

向演示文稿中添加背景样式的操作步骤如下。

Step1：单击要向其添加背景样式的幻灯片。

Step2：要选择多个幻灯片，单击第一个幻灯片，在按住 Ctrl 键的同时单击其他幻灯片。

Step3：在"设计"选项卡的"变体"组中单击"背景样式"，出现背景样式的列表。

Step4：右击所需的背景样式，然后执行下列操作之一。

❖ 将该背景样式应用于所选幻灯片，选择"应用于所选幻灯片"。

❖ 将该背景样式应用于演示文稿中的所有幻灯片，选择"应用于所有幻灯片"。

另外，在演示文稿中包含多个幻灯片母版时，还会有"应用于相应幻灯片"选项，表示替换所选幻灯片和演示文稿中使用相同幻灯片母版的任何其他幻灯片的背景样式。

自定义演示文稿的背景样式的操作步骤如下。

Step1：单击要向其添加背景样式的幻灯片。

Step2：选择需要的多个幻灯片。

Step3：在"设计"选项卡的"变体"组中单击"背景样式"。

Step4：单击"设置背景格式"（如图 5-70 所示），然后选择所需的选项。

在进行幻灯片背景设置时，为了便于演示文稿讲义的阅读，我们可以选择隐藏背景图形，操作步骤如下：单击"设置背景格式"，在弹出的对话框（如图 5-71 所示）中勾选"隐藏背景图形"即可。也可以通过"设计"选项卡的"背景"组中的"隐藏背景图形"复选框进行设置。

图 5-70 背景样式

图 5-71 隐藏背景图形

5.5.4 设置母版

母版用于演示文稿中所有幻灯片或页面格式的幻灯片视图或页面，它直接影响着整个演示文稿幻灯片的版式和格式。母版包含了所有幻灯片具有的公共属性，如文本和对象在幻灯片中的放置位置、文本和占位符的大小、文本样式、背景、颜色主题、效果和动画等。

PowerPoint 2016 包括 3 种母版：幻灯片母版、讲义母版和备注母版。对母版的任何编辑都将直接应用于所有应用于该母版的幻灯片，因此可以用母版来制作统一背景的内容和格式。

1．幻灯片母版

在通常情况下，一套完整的演示文稿包括标题幻灯片和普通幻灯片，因此幻灯片母版也包括标题幻灯片母版和普通幻灯片母版两类。标题幻灯片所应用的设计模板样式与普通幻灯片不同。

（1）应用幻灯片母版

幻灯片母版决定着幻灯片的整体外观，设置幻灯片母版的具体步骤如下。

Step1：选中应用相同主题幻灯片组中的任意一张幻灯片。

Step2：选择"视图"选项卡，在"母版视图"组中单击"幻灯片母版"按钮，可以打开母版视图（如图 5-72 所示）。将鼠标置于幻灯片版式附近时，可以查看该版式供哪张幻灯片使用。

图 5-72　幻灯片母版的版式

在母版编辑状态下，幻灯片提供了各种功能的占位符（如图 5-73 所示）。幻灯片母版各部分的功能如表 5.3 所示。

图 5-73　幻灯片母版视图

（2）设置母版

母版设置包括对母版主题、背景和方向等的设置。设置母版可以使母版中的内容具有统一的风格，界面更美观。下面以设置母版主题和背景为例，介绍设置母版的方法。

表 5.3　幻灯片母版的各部分

区　域	功　　能
标题区	设置演示文稿中所有幻灯片标题文字的格式、位置和大小
对象区	设置幻灯片所有对象的文字格式、位置和大小，以及项目符号的风格
日期区	为演示文稿中的每一张幻灯片添加日期，并决定日期的位置、文字的大小和字体
页脚区	为演示文稿中的每一张幻灯片添加页脚，并决定页脚的位置、大小和字体
数字区	为演示文稿中的每一张幻灯片添加序号，并决定序号的位置、文字的大小和字体

Step1：选择主题。选中准备设置的母版，选择"幻灯片母版"选项卡，在"编辑主题"组中单击"主题"按钮，然后在列表（如图 5-74 所示）中选择准备应用的主题样式。

Step2：关闭幻灯片母版。在"背景"组中单击"背景样式"按钮，在列表中选择准备应用的背景样式，如"样式 1"（如图 5-75 所示）。

Step3：选择"幻灯片母版"选项卡，在"大小"组中选择"幻灯片大小"→"标准（4：3)"，即可设置幻灯片大小比例。

Step4：选中准备设置背景的母版，在"背景"组中单击"启动器"按钮，弹出"设置背景格式"对话框（如图 5-76 所示），在"填充"选项卡的"填充"区域中选中"渐变填充"；单击"预设渐变"按钮，在弹出的列表中选择准备应用的样式。单击"关闭"按钮，完成母版背景设置。

图 5-74　选择主题样式　　　图 5-75　选择背景样式　　　图 5-76　设置背景格式

（3）编辑母版内容

编辑母版内容包括插入幻灯片母版、插入版式、删除幻灯片母版和重命名幻灯片母版等。

插入幻灯片母版：选择"幻灯片母版"选项卡，在"编辑母版"组中单击"插入幻灯片母版"，或者按 Ctrl+M 组合键。

删除幻灯片母版：选中准备删除的幻灯片母版，选择"幻灯片母版"选项卡，在"编辑母版"组中单击"删除"。

（4）保护母版

在某些情况下，当删除所有遵循某幻灯片母版的幻灯片，或将另一个设计模板应用于所有遵循该母版的幻灯片时，PowerPoint 会自动删除该模板，用户可以使用幻灯片母版中的保留功能来防止被自动删除。在打开的演示文稿中，选择"幻灯片母版"选项卡，单击"编辑母版"组中的"保留"按钮（见图 5-72），此时包含了母版的幻灯片缩略图签名会出现一个标记，表示幻灯片母版处于被保护状态。如果不想保护该模板，再次单击"保留"按钮即可。

2．讲义母版

讲义母版是为了设置讲义的格式。讲义一般用来打印，所以讲义母版的设置与打印页面有关。

（1）关于讲义

用户可以按照讲义的格式打印演示文稿，用户可以在每个打印的页面设置幻灯片的个数，每个页面可以包含 1、2、3、4、6 或者 9 张幻灯片。

如果要更改讲义的版式，可以在"打印"窗口中进行更改，也可以在打印讲义时直接选择讲义版式。在"打印"视图模式下设置的方法如下。

Step1：选择"文件"→"打印"命令，出现"打印"窗口（见图 5-22）。

Step2：在"设置"组中单击"整页幻灯片"，从中可选择要预览讲义的版式（见图 5-24）。

（2）编辑讲义母版

对讲义母版所做的更改一般包括重新定位、调整大小或设置页眉和页脚等，对讲义母版做的任何更改都会在打印大纲的时候显示出来。编辑讲义母版的具体操作步骤如下。

Step1：在"视图"选项卡的"母版视图"组中单击"讲义母版"，切换到"讲义母版"视图（如图 5-77 所示）。

图 5-77 "讲义母版"视图

Step2：在"页面设置"组中设置幻灯片大小、讲义方向、每页幻灯片数量。

Step3：在页眉和页脚区域输入页眉和页脚内容，方法与在幻灯片中设置的方法类似。

Step4：设置讲义背景。在"背景"组中单击"背景样式"，在下拉列表中可以直接选择系统预设的背景，也可以单击"设置背景格式"，从弹出的对话框中对背景样式进行自定义设置。

Step5：讲义母版设置完成后，单击"关闭母版视图"，退出讲义母版视图模式。对讲义母版所做的修改即可应用到演示文稿的讲义中。

3．备注母版

前面已经在备注页视图中讲述过备注页的作用。用户不仅可以使用备注页视图查看幻灯片和对应的备注内容，还可以在播放演示文稿时设置 PowerPoint 在计算机上显示幻灯片备注，在投影仪上则只显示全屏的幻灯片，这样有助于演讲者轻松完成演示。编辑备注母版的操作步骤如下。

Step1：在"视图"选项卡的"母版视图"组中单击"备注母版"，切换到备注"备注母版"

视图（如图 5-78 所示）。

图 5-78　备注母版视图

Step2：在"页面设置"组中可以设置幻灯片大小、备注页方向。

Step3：在"占位符"组中可以设置页眉和页脚、幻灯片图像、日期、正文、页码等内容；在"编辑主题"组中可以对主题的颜色、字体和效果进行设置；在"背景"组中可以设置背景样式。设置方法与幻灯片母版、讲义母版类似。

Step4：单击"关闭母版视图"，返回到普通视图中。

5.6　PowerPoint 2016 的幻灯片动态效果设置

5.6.1　设置切换效果

幻灯片切换效果是在幻灯片放映视图中从一个幻灯片移到下一个幻灯片时出现的类似动画的效果。可以控制每个幻灯片切换效果的速度，还可以添加声音。在进行演示文稿设计时，可以向所有幻灯片添加相同的幻灯片的切换效果，也可以为每页幻灯片添加不同的切换效果。

1．添加幻灯片切换效果

在 PowerPoint 2016 中，根据制作需要可以为每张幻灯片添加切换效果，从而增强演示文稿的放映效果。下面以在演示文稿中的一张幻灯片添加"推进"效果为例，介绍添加幻灯片切换效果的操作方法。

Step1：打开演示文稿，在普通视图窗口中选择需设置的幻灯片。

Step2：在"切换"选项卡的"切换到此幻灯片"组中单击 按钮，选择应用于该幻灯片的"推进"切换效果（如图 5-79 所示）。

图 5-79　幻灯片切换效果

通过上述操作即可为演示文稿中的该张幻灯片添加"推进"效果。在幻灯片浏览视图中，该幻灯片缩略图序号下方显示已添加幻灯片切换效果的图标。若要更改切换效果，可进行重新选择。

如果对所选择切换效果的默认设置不太满意，可单击"效果选项"来更改播放效果。如在下拉列表中选择"自左侧"，可以让幻灯片的切换顺序变为从左侧开始，如图5-80所示。

在PowerPoint 2016中，可以为演示文稿中的全部幻灯片应用同样的切换效果。为演示文稿中的一张幻灯片添加切换效果后，在"计时"组中单击"全部应用"按钮即可。

2．设置幻灯片切换的声音效果

幻灯片切换声音效果是指在演示文稿播放时，由一张幻灯片过渡到另一张幻灯片时播放的声音。下面以在演示文稿中的一张幻灯片设置"风铃"声音效果为例，介绍设置幻灯片切换效果的操作方法，操作步骤如下。

Step1：在普通视图窗口中单击"幻灯片"选项卡，选择要向其添加声音的幻灯片缩略图。

Step2：在"切换"选项卡的"计时"组中单击 声音：[无声音] 旁的箭头，然后选择所需的声音"风铃"（如图5-81所示）。若要添加列表中没有的声音，则单击"其他声音"，找到要添加的声音文件，然后单击"确定"按钮。

图 5-80　幻灯片切换

图 5-81　声音效果选项

选择"播放下一段声音之前一直循环"，可循环播放该声音直到开始播放下一段声音。

3．设置切换效果的计时

幻灯片切换效果的计时是指在播放演示文稿时，由一张幻灯片过渡到另一张幻灯片时的持续时间。操作步骤如下。

Step1：打开演示文稿，在普通视图中选择需设置的幻灯片。

Step2：在"切换"选项卡的"计时"组的"持续时间"框中输入或选择所需的时间（如图5-82所示）。

图 5-82　计时选项

还可以指定当前幻灯片在多长时间后切换到下一张幻灯片：

❖ 如果在单击鼠标时换幻灯片，则在"切换"选项卡的"计时"组中勾选"单击鼠标时"复选框。

❖ 如果在经过指定时间后切换幻灯片，则在"切换"选项卡的"计时"组的"设置自动换片时间"后面的框中输入所需的秒数。

4．删除幻灯片切换效果

如果不准备在幻灯片的放映过程中应用幻灯片切换效果，可以删除幻灯片切换效果。操作步骤为：在普通视图的左侧窗格中单击"幻灯片"，在"切换"选项卡的"切换到此幻灯片"组中单击"无"。如果要删除所有幻灯片的幻灯片切换效果，则重复上面步骤，然后在"切换"选项卡的"计时"组中单击"全部应用"即可。

5.6.2 设置动画效果

在幻灯片中完成添加切换效果的操作后，还可以根据制作需要设置动画效果。动画效果是指对幻灯片中的对象设置进入、强调或退出等动态效果，使幻灯片中的对象"动"起来。

PowerPoint 2016 演示文稿中的文本、图片、形状、表格、SmartArt 图形和其他对象制作成动画，赋予它们进入、退出、改变大小或颜色甚至移动等视觉效果。

PowerPoint 2016 中有以下 4 种类型的动画效果。

❖ 进入：使对象逐渐淡入焦点、从边缘飞入幻灯片或者跳入视图中。

❖ 退出：使对象飞出幻灯片、从视图中消失或者从幻灯片旋出。

❖ 强调：使对象缩小或放大、更改颜色或沿着其中心旋转。

❖ 动作路径：使对象上下移动、左右移动，或者沿着星形或圆形图案移动（与其他效果一起）。

可以单独使用任何一种动画，也可以将多种效果组合在一起。例如，可以对一行文本同时应用"强调"进入效果及"陀螺旋"强调效果。

1．对象"进入"动画

对象的进入效果指设置在幻灯片放映过程中，对象进入放映界面时的动画效果。

Step1：在"普通视图"下选择需设置的幻灯片，然后选择需要设置动画的对象。

Step2：在"动画"选项卡中直接单击动画效果，也可以在"高级动画"组中单击"添加动画"，从列表中选择动画效果（如图 5-83 所示）。如果查看更多进入的动画效果，可以单击"更多进入效果"，在弹出的"添加进入效果"对话框（如图 5-84 所示）中选择。

在设置完动画效果后，还有一系列设置可以完善和改进动画效果（如图 5-85 所示）。

① 设置动画开始时间：添加动画效果后，可以在"计时"选项卡的"开始"下拉列表中选择"单击时""与上一动画同时"或"上一动画之后"选项。"单击时"表示该动画效果在单击鼠标时才开始播放；如果开始时间设置为"与上一动画同时"，则该动画与上一动画同时进行；如果开始时间设置为"上一动画之后"，则前一个动画结束之后才开始进行。

② 设置动画方向："效果选项"下拉列表中提供了不同的方向。例如，"百叶窗"效果的方向列表中有"水平"和"垂直"选项，"圆形扩展"效果的方向列表为"放大"和"缩小"。

图 5-83　选择进入效果

图 5-84　添加进入效果

图 5-85　动画效果选项

③ 设置动画速度：用于控制动画过场的播放时间。可单击"持续时间"框右侧的上下箭头来调整动画的播放时长，也可以直接填入数字（以秒为单位）。

④ 设置动画的效果选项：在"动画窗格"中选择列表框中的动画效果选项，单击右侧的下拉按钮，在列表中选择"效果选项"选项（如图 5-86 所示），弹出动画效果的对话框。

对话框名称和个别设置因动画效果而有所差别，图 5-87 为"百叶窗"效果的对话框，可以通过下拉列表框设置动画的声音和动画播放后的效果，以及动画文本的设置。

在"计时"选项卡中（如图 5-88 所示），"延迟"选项可以设置动画的延迟时间，如设置延迟 5 秒，表示上一动画结束后 5 秒，该动画开始播放。"期间"下拉列表框除了提供"非常慢（5 秒）""慢速（3 秒）""中速（2 秒）""快速（1 秒）""非常快（0.5 秒）"常规选项，还允许直接输入时间，如输入数字"10"，然后按 Enter 键，表示设置的速度为 10 秒。用户可以根据实际需要设置具体的时间。

图 5-86　设置动画的效果选项　　　　　　　　　图 5-87　百叶窗效果选项

如果希望循环播放动画，可以单击"重复"列表中的选项（如图 5-89 所示）。用户可以根据实际需要选择或输入具体的数字，也可以选择"直到下一次单击"或"直到幻灯片末尾"。

图 5-88　百叶窗计时　　　　　　　　　　　　图 5-89　重复效果设置

如果希望动画播放后自动返回开头，可以勾选"播完后快退"复选框。

> 若勾选"播完后快退"复选框，动画播放后该动画项目将返回其原始状态。例如，如果应用"飞入"效果，项目将飞入，但接着它会重新回到未飞入之前的状态，就像该动画效果没有出现过一样。

图 5-90　查看播放进度

单击"动画"选项卡的"预览"组中的"预览"或"播放"按钮，可以查看播放进度，此时在动画任务窗格中显示了动画播放的帧数（如图 5-90 所示），并在幻灯片窗格中显示动画效果。

2．对象"退出"动画

想对于设置对象的进入效果，同样可以为幻灯片中的对象设置退出放映界面的动画效果。设置对象的退出效果与设置对象进入的效果相似，在此不再详细讲述。

3．对象"强调"动画

用户在进行幻灯片放映时，如果需要对某个对象进行强调，那么可以利用对象的强调效果来增加对象的表现力度。设置对象的强调效果与设置对象的进入或退出的效果相似，在此不再赘述。

4．删除、更改和重新排序动画效果

为幻灯片的对象设置了某种动画效果后，若对现有动画效果不满意，可以将其更改为其他动画效果；如果想取消某个动画效果，可以将其删除；还可以调整动画效果的先后顺序。

① 更改动画效果：单击"动画窗格"，在打开的任务窗格中选择需要更改的动画效果，在下拉列表中选择新的动画效果即可；若要删除动画效果，则选中动画效果选项，单击右键，在弹出的快捷菜单中选择"删除"，或按 Delete 键删除。

② 调整动画效果的顺序：在动画任务窗格的动画效果列表框中，选中需要调整顺序的动画效果，然后在"动画"选项卡中的"计时"组中单击"对动画重新排序"的"向前移动"按钮（如图 5-91 所示），即可向上移动一个位置，再次单击，可再次向上移动。单击"向后移动"按钮，可向下移动动画效果。选中动画效果，按住鼠标左键，拖动到需要的位置松开鼠标，也可实现动画顺序的调整。

图 5-91　调整动画顺序

5．利用动作路径设置对象的动画

除了进入、退出、强调动画效果，PowerPoint 2016 还提供了动作路径功能，可以为对象指定运动路径。应用动作路径后，会出现动作路径的控制线轨迹。用户可以通过控制线来调整动作路径的方向、尺寸和位置。PowerPoint 2016 中预设了多种动作路径，分为基本图形、直线和曲线、特殊图形三种类型。

（1）添加动作路径

Step1：在幻灯片中选中要添加动作路径的对象，在"动画"选项卡中单击右侧的向下箭头，打开任务窗格。

Step2：在任务窗格中的第四组中显示了常见的几种动作路径，选择一种需要的动作路径效果即可。如果在列表中没有合适的动作路径效果，可以选择"其他动作路径…"选项，弹出如图 5-92 所示的对话框，其中提供了更丰富的动作路径。选择后单击"确定"按钮即可。

Step3：将动作路径应用到当前幻灯片的对象后，会出现一条路径控制线，如图 5-93 所示，被添加动作路径的对象将按这条控制线轨迹来运动。

Step4：按住鼠标左键，拖动路径控制线的句柄可以调整它的大小，拖动控制线的中间部位可以移动它的位置。

（2）编辑动作路径

动作路径可以通过调整编辑顶点来改变它的移动路线。

Step1：打开需要编辑动作路径对象的幻灯片。

Step2：选中需要编辑顶点的动作路径控制线并单击右键，弹出如图 5-94 所示的快捷菜单。也可以在"动画"任务窗格的"效果选项"下拉列表中选择"编辑顶点"选项。

Step3：选择"编辑顶点"命令，此时在此路径控制线上出现可编辑的顶点。

Step4：将鼠标指向某个编辑顶点，按住鼠标左键，将其拖动到合适的位置释放鼠标。如果添加编辑顶点，则将鼠标指向控制线并单击右键，在弹出的快捷菜单中选择"添加顶点"命令（如图 5-95 所示）。

图 5-92　添加动作路径

图 5-93　动作路径效果

图 5-94　动作路径控制线的快捷菜单

图 5-95　添加顶点的快捷菜单

Step6：编辑完成后，在控制线之外的任意位置单击鼠标，即可退出路径编辑状态。

如果让动画以与原来相反的方向运动，则在路径控制线上单击右键，从弹出的快捷菜单中选择"反转路径方向"命令。也可以在"动画"任务窗格的"效果选项"下拉列表框中选择"反转路径方向"选项。

6．高级日程表的应用

图 5-96　高级日程表

在 PowerPoint 2016 中，用户除了可以使用"计时"选项设置动画的时间效果，还可以使用高级日程表功能。通过选择"动画窗格"列表框中的效果，可以更方便地调整动画的开始、延迟、播放或结束的时间。

在 PowerPoint 2016 高级日程表中，在每个动画操作的时间显示区可以显示以幻灯片时间轴为基准的动画开始时间和结束时间（如图 5-96 所示）。利用高级日程表对幻灯片中各动画操作进行时间的安排，就可以做出复杂的动画。

① 调整延迟时间：将鼠标指针置于绿色的时间条上，待指针变成左右双箭头时，向后拖动表示增加延迟时间，向前拖动表示减少延迟时间。

② 调整时间尺度：单击时间标尺左侧的"秒"按钮，在下拉列表中选择"放大"或"缩小"选项，可调整时间尺度。另外，在绿色时间条的最左端和最右端，按住鼠标进行拖动，也可调整延迟时间和时间尺度。

5.6.3　设置幻灯片放映

制作演示文稿的目的是放映和演示。演示文稿是由一系列的幻灯片组合而成的,怎样通过幻灯片的放映达到演示的目的?如何在幻灯片放映的时候使用各项放映效果?本节主要介绍如何设置演示文稿的放映方式、如何为幻灯片添加旁白及排练计时等。

1.幻灯片放映方式

放映方式是指演示文稿放映时的方式。在 PowerPoint 2016 中,演示文稿的放映方式有 3种:演讲者放映方式、观众自行浏览方式和展台浏览方式,如表 5.4 所示。

表 5.4　演示文稿的放映方式

放映方式	特　　点	适用场合
演讲者放映方式	全屏幕放映演示文稿,演讲者可以控制放映进程	最常用的幻灯片放映方式,适用于演讲、上课或会议等
观众自行浏览方式	演示文稿出现在一个小窗口内,在菜单中提供了相关命令,可以直接查看幻灯片的放映效果,拖动窗口右侧的垂直滚动条可以切换到其他幻灯片中查看	用于小规模演示
展台浏览方式	全屏幕放映演示文稿,演示文稿为自动放映状态,每次放映完毕后会自动重新放映。鼠标等大多数控制命令不可用,在键盘按 Esc 键即可退出放映方式	用于展览会场

了解了幻灯片不同的放映方式后,用户可以根据不同的情况选择不同的放映方式。

Step1:打开需要设置的演示文稿,选择"幻灯片放映"选项卡,在"设置"组中单击"设置幻灯片放映"按钮(如图 5-97 所示),打开如图 5-98 所示的对话框。

图 5-97　幻灯片放映设置

图 5-98　设置放映方式

Step2:设置放映类型。在"放映类型"组中选择适合的放映方式。

Step3:选择放映的幻灯片。如果放映全部幻灯片,则选中"全部";如果放映演示文稿中特定的一组幻灯片，则选中"从"，然后在其数值框中输入要放映的第一张幻灯片的编号，在"到"数值框中输入要放映的最后一张幻灯片的编号。

Step4：设置放映选项。在"放映选项"组中根据需要勾选相关选项。如果连续播放演示文稿，则勾选"循环放映，按 Esc 键终止"复选框；如果放映演示文稿而不播放嵌入的解说，则勾选"放映时不加旁白"复选框；要放映演示文稿时不播放动画，则勾选"放映时不加动画"复选框。

Step5：设置换片方式。在"换片方式"栏中可以进行设置换片方式，若要在演示过程中手动前进到每张幻灯片，则选中"手动"；若要在演示过程中使用幻灯片排练时间前进到每张幻灯片，则选中"如果存在排练计时，则使用它"。

Step6：设置绘图笔颜色。单击"绘图笔颜色"下拉列表，在展开的颜色列表框中选择需要的颜色，设置完成后单击"确定"按钮。

2．录制幻灯片演示

PowerPoint 2016 的录制幻灯片演示是一项新功能，可以记录幻灯片的放映时间，也允许用户使用鼠标或激光笔或麦克风为幻灯片加上注释。制作者对 PowerPoint 2016 的一切相关的注释都可以使用录制幻灯片演示功能记录下来，从而使得 PowerPoint 2016 的幻灯片的互动性能大大提高。而其最实用的地方在于，录好的幻灯片可以脱离演讲者来放映。

Step1：在"幻灯片放映"选项卡的"设置"组中单击"录制幻灯片演示"，可以选择"从头开始录制"，也可选择"从当前幻灯片开始录制"（如图 5-99 所示）。

Step2：选择好开始录制的幻灯片，单击之后出现录制幻灯片演示的对话框，默认勾选"幻灯片动画和计时"和"旁白、墨迹和激光笔"（如图 5-100 所示），此处需要用户根据实际需要去选择。单击"开始录制"按钮，开始放映幻灯片，直到幻灯片放映结束。

图 5-99　录制旁白

图 5-100　录制幻灯片演示

3．排练计时

在制作自动放映的演示文稿时，幻灯片切换时间常常较难控制。PowerPoint 2016 的"排练计时"功能能够方便地设置在每张幻灯片在屏幕上的停留时间。用户可以使用"预演"工具栏预先排练放映演示文稿，系统会自动记录每张幻灯片的放映时间和整个演示文稿的播放时间，然后在向实际观众演示时使用记录的时间自动播放幻灯片。

图 5-101　"预演"工具栏

对演示文稿的播放进行排练计时的具体操作如下。

Step1：在"幻灯片放映"选项卡的"设置"组中单击"排练计时"按钮。

Step2：设置幻灯片放映时间。此时进入幻灯片放映视图，并显示"预演"工具栏（如图 5-101 所示），并且"幻灯片放映时间"框中开始对演示文稿计时。

Step3：在对演示文稿计时时，在"预演"工具栏上可以执行以下一项或多项操作。

❖ 要移动到下一张幻灯片，单击"下一张"。

❖ 要临时停止记录时间，单击"暂停"。

❖ 要在暂停后重新开始记录时间，单击"暂停"。

❖ 要重新开始记录当前幻灯片的时间，单击"重复"。

Step4：设置最后一张幻灯片的时间后，将出现一个消息框（如图 5-102 所示），其中显示演示文稿的总时间，并提示是否保存幻灯片计时时间，要保存记录的幻灯片计，则单击"是"按钮；要放弃记录的幻灯片计时，则单击"否"按钮。此时将打开"幻灯片浏览"视图，并显示演示文稿中每张幻灯片的计时。

图 5-102　是否保留计时时间

在进行演示前关闭记录的幻灯片计时，如果不希望通过使用记录的幻灯片计时来自动演示演示文稿中的幻灯片，可以在"幻灯片放映"选项卡的"设置"组中单击"录制幻灯片演示"→"清除"，则清除当前幻灯片或所有幻灯片中的计时。

5.6.4　幻灯片链接

对于拥有多张幻灯片的演示文稿，如果想实现查找或直接指向某一张幻灯片是一件很烦琐的事，甚至可以影响幻灯片的放映进程。超链接能帮助我们实现幻灯片的跳转。在 PowerPoint 2016 中，超链接是从一张幻灯片到同一演示文稿中的另一张幻灯片的连接，或从一张幻灯片到不同演示文稿中的另一张幻灯片、电子邮件地址、网页或文件的链接。PowerPoint 2016 可以选择文本或一个对象（如图片、图形、形状或艺术字等）创建链接。

1．创建链接到相同演示文稿中的幻灯片的超链接

创建链接到相同演示文稿中幻灯片的超链接主要用于同一演示文稿内各幻灯片之间的交互作用，方便地从一张幻灯片跳转到目标幻灯片中。

Step1：在普通视图中，选择要用于超链接的文本或对象。

Step2：在"插入"选项卡的"链接"组中单击"超链接"按钮。

Step3：在"链接到"下单击"本文档中的位置"。

Step4：在"请选择文档中的位置"下单击要用于超链接目标的幻灯片（如图 5-103 所示）。

图 5-103　插入超链接

如果链接到当前演示文稿中的自定义放映，则在"请选择文档中的位置"列表框中选择要用于超链接目标的自定义放映，勾选"显示并返回"复选框，单击"确定"按钮，完成超链接设置。

2．创建链接到不同演示文稿中的幻灯片的超链接

有时候，我们需要在不同演示文稿之间创建链接，应该怎么做呢？

Step1：在"普通"视图中，选择要用于超链接的文本或对象。

Step2：在"插入"选项卡的"链接"组中单击"超链接"，在"链接到"下单击"现有文件或网页"。

Step3：找到包含要链接到的幻灯片的演示文稿。

Step4：单击"书签"，然后选择要链接到的幻灯片的标题，单击"确定"即可。

3．创建链接到电子邮件地址的超链接

Step1：在"普通"视图中，选择要用于超链接的文本或对象。

Step2：在"插入"选项卡的"链接"组中单击"超链接"。

Step3：单击"链接到"的"电子邮件地址"，在"电子邮件地址"框中输入要链接到的电子邮件地址，或在"最近用过的电子邮件地址"框中单击电子邮件地址。

Step4：在"主题"框中输入电子邮件的主题。

4．创建链接到网站上的页面或文件的超链接

我们可以将幻灯片链接到丰富多彩的网站页面或者其他文件，操作步骤如下。

Step1：在"普通"视图中，选择要用于超链接的文本或对象。

Step2：在"插入"选项卡的"链接"组中单击"超链接"。

Step3：单击"链接到"中的"现有文件或网页"，然后单击"浏览 Web"。

Step4：找到并选择要链接到的页面或文件，然后单击"确定"按钮。

5．创建到新文件的链接

在进行幻灯片设计时，如果需要将某一对象链接到某一文档上，而该文档还没有建立，用户准备在完成演示文稿制作后再建立该文档，应该如何操作？

Step1：在"普通"视图中，选择要用于超链接的文本或对象。

Step2：在"插入"选项卡的"链接"组中单击"超链接"。

Step3：单击"链接到"中的"新建文档"，在"新建文档名称"框中输入要创建并链接到的文件的名称。

Step4：如果在不同的位置创建文档，可以在"完整路径"下单击"更改"，浏览到要创建文件的位置，然后单击"确定"按钮。

6．编辑超链接

如果对已设置的超链接不满意，还可对它进行修改。右击代表超链接的文本或对象，在弹出的快捷菜单中选择"编辑超链接"，打开"编辑超链接"对话框，重新设置链接对象即可。

7．取消超链接

方法 1：选中带有超链接功能的文字或图片，在"插入"选项卡的"链接"组中单击"超

链接"，然后单击"删除链接"。

方法 2：右击代表超链接的文本或对象，在弹出的快捷菜单中选择"取消超链接"（如图 5-104 所示）。

8．动作按钮

动作按钮是一个现成的按钮，可将其插入到演示文稿中，也可以为其定义超链接。PowerPoint 的"形状"库中提供了一组现成的动作按钮，如"前一项""下一项""播放声音"等，在幻灯片放映时单击这些动作按钮，就能激活另外一个程序。添加动作按钮的具体操作步骤如下。

Step1：选择动作按钮。在"插入"选项卡的"插图"组中单击"形状"，从下拉列表的"动作按钮"中单击要添加的按钮。

Step2：绘制动作按钮。单击幻灯片上的一个位置，然后通过拖动为该按钮绘制形状。

Step3：设置超链接信息。绘制好动作按钮后，弹出"操作设置"对话框（如图 5-105 所示）。若要选择鼠标移过时动作按钮的行为，单击"鼠标悬停"选项卡；若要选择单击鼠标或鼠标移过动作按钮时所发生的操作，单击"单击鼠标"选项卡，可进行如下选择：

图 5-104　取消超链接　　　　　　　图 5-105　动作设置

❖ 如果不想进行任何操作，单击"无动作"。

❖ 要创建超链接，单击"超链接到"，然后选择超链接的目标。

❖ 要运行程序，单击"运行程序"→"浏览"，然后找到要运行的程序。

❖ 要播放声音，勾选"播放声音"复选框，然后选择要播放的声音。

Step4：设置完成后单击"确定"按钮。进入幻灯片放映视图时，将鼠标指针置于动作按钮上，鼠标指针将呈手形，单击该动作按钮，可以跳转至超链接设置的幻灯片或其他设置。

5.7　幻灯片中多媒体的使用

在幻灯片中，除了可以添加图片、文本、表格、图表等静态对象，还可以插入美妙的音乐和趣味的影片，使幻灯片更具动感和吸引力，从而达到很好的视听效果。

5.7.1 在幻灯片中添加音频

为了增强演示文稿的效果，可以添加音频，以达到强调或实现特殊效果的目的。PowerPoint 2016 既可以添加来自文件、剪贴画中的音频，还可以自己录制音频并将其添加到演示文稿中。

在幻灯片中插入音频时，将显示一个表示所插入声音文件的图标。若要在进行演示时播放声音，可以将声音设置为在显示幻灯片时自动开始播放、在单击鼠标时开始播放、在一定的时间延迟后自动开始播放或作为动画序列的一部分播放。表 5.5 中列出了 PowerPoint 2016 兼容的一些音频文件格式。

表 5.5　PowerPoint 2016 兼容的音频文件格式

文件格式	扩展名	简　　介
AIFF 音频文件	.aiff	最初用于 Apple 和 Silicon Graphics 计算机。这种格式不进行压缩，因此会导致文件很大
AU 音频文件	.au	通常为 UNIX 计算机或网站创建声音文件
MIDI 文件	.mid 或 .midi	用于乐器、合成器和计算机之间交换音乐信息的标准格式
MP3 音频文件	.mp3	使用 MPEG Audio Layer 3 编解码器进行压缩的声音文件
Windows 音频文件	.wav	将声音作为波形存储
Windows Media Audio 文件	.wma	使用 Microsoft Windows Media Audio 编解码器进行压缩的声音文件，用于发布录制的音乐（通常发布到 Internet 上）

1．添加声音

Step1：单击要添加声音的幻灯片，在"插入"选项卡的"媒体"组中单击"声音"，弹出下拉列表（如图 5-106 所示）。

Step2：选择声音来源。

❖ 如果从硬盘中选择需要的声音文件，那么单击"PC 上的音频"，找到需要添加的文件。

❖ 如果需要为幻灯片录制声音，那么单击"录制音频"，弹出"录制声音"对话框。声音录制完成后单击"确定"按钮，即可保存并自动插入声音。

Step3：播放音频。插入音频文件后，可以播放该音频文件，以试听效果。播放音频的方法有以下两种：

❖ 选中插入的音频文件后，单击音频文件图标 下的"播放"按钮，即可播放音频。另外，单击"向前/向后移动"按钮 可以调整播放的速度，也可以使用 按钮来调整声音的大小（如图 5-107 所示）。

❖ 在"音频工具"下，单击"播放"选项卡的"预览"组中的"播放"按钮 ▶。

图 5-106　插入音频

图 5-107　播放音频

如果在演示文稿中添加了多个音频，音频图标会叠放在一起，音频会按照添加顺序依次播放。如果希望每个音频都在单击时播放，可以在插入音频后拖动音频图标，将它们分开。

2．播放设置

在添加音频后，可以设置音频的播放方式，可以设置为在显示幻灯片时自动开始播放、在单击音频图标时播放，还可以设置音频在几张幻灯片中直接播放，即跨幻灯片播放，甚至可以循环连续播放，直到停止。

Step1：选中音频图标。插入音频文件后，单击选中音频图标，切换至"音频工具"。

Step2：设置播放音频方式。在"播放"选项卡的"音频选项"组中单击"开始"按钮右侧的下拉按钮，可以选择播放音频方式（如图 5-108 所示）。如勾选"跨幻灯片播放"复选框，用户进行幻灯片放映时，在放映后续幻灯片时，添加的音频依旧播放。

如果需要在放映幻灯片时需要隐藏音频图标，可以在"音频选项"组中勾选"放映时隐藏"复选框。单击"音量"按钮，在下拉列表中可以选择音量大小。

单击"预览"组中的"播放"按钮 ▶ ，可以试听音频效果。

3．音频编辑

插入音频文件后，可以在每个音频文件的开头和结尾处对音频进行修剪。

Step1：选择幻灯片中要进行裁剪的音频文件，在"播放"选项卡的"编辑"组中单击"裁剪音频"，弹出"裁剪音频"对话框（如图 5-109 所示），其中显示了音频文件的持续时间、开始时间、结束时间、音频的起点（最左侧的绿色标记）。

图 5-108　设置音频播放方式

图 5-109　裁剪音频

Step2：当鼠标指针显示为双向箭头时，将箭头拖动到所需的音频剪辑起始位置处释放，即可裁剪音频文件的开头部分；单击音频的终点（最右侧的红色标记），当鼠标指针显示为双向箭头时，将箭头拖动到所需的音频剪辑结束位置处释放，即可裁剪音频文件的结尾部分。

也可以在"开始时间"微调框和"结束时间"微调框中输入精确的数值来裁剪音频文件。

Step3：单击"播放"按钮，可以试听调整效果。单击"确定"按钮，完成音频的裁剪。

4．添加淡入、淡出效果

在演示文稿中添加音频文件后，除了可以设置播放选项，还可以在"播放"选项卡的"编辑"组中为音频文件添加淡入和淡出的效果（如图 5-110 所示）。

在"淡化持续时间"区域的"淡入"文本框中输入数值，可以设置在音频剪辑开始的几秒钟内使用淡入效果；在"淡出"文本框中输入数值，可以设置在音频剪辑结束的几秒钟内使用淡出效果。

5．在音频中插入书签

在添加的音频文件中可以插入书签，以指定音频剪辑中的关注时间点，也可以在放映幻灯片时利用书签快速查找音频剪辑中的特定时间点。具体操作如下：选择幻灯片中要进行裁剪的音频文件，在"播放"选项卡的"书签"组中单击"添加书签"按钮，即可为当前时间点的音频剪辑添加书签，书签显示为黄色圆球状（如图 5-111 所示）。

图 5-110　添加淡入淡出效果　　　　　　　　　　图 5-111　添加书签

5.7.2　在幻灯片中添加视频

除了音频文件，幻灯片中还可以添加视频。PowerPoint 2016 支持多种视频文件格式（如表 5.6 所示）。

表 5.6　PowerPoint 2016 支持的视频文件格式

文件格式	扩展名	更多信息
Adobe Flash Media	.swf	通常用于 Adobe Flash Player 通过 Internet 传送视频
Windows Media 文件	.asf	存储经过同步的多媒体数据，并可用于在网络上以流的形式传输音频和视频内容、图像及脚本命令
Windows 视频文件	.avi	多媒体文件格式，用于存储格式为 Microsoft 资源交换文件格式（RIFF）的声音和运动画面。这是最常见的格式之一
电影文件	.mpg 或 .mpeg	运动图像专家组开发的一组不断发展变化的视频和音频压缩标准，是为与 Video-CD 和 CD-i 媒体一起使用而专门设计的
Windows Media Video 文件	.wmv	使用 Windows Media Video 编解码器压缩音频和视频，这是一种压缩率很大的格式，需要的计算机硬盘存储空间最小

PowerPoint 2003/2007 中只能插入视频。发给别人时要把视频和 PPT 打包一起发送。从 PowerPoint 2016 开始，可以嵌入视频，这样不必担心在传递演示文稿时会丢失视频文件。

图 5-112　插入视频

Step1：打开添加视频对话框。在"普通"视图中单击要添加视频的幻灯片，在"插入"选项卡的"媒体"组中单击"视频"（如图 5-112 所示）。

Step2：选择影片文件。如果要添加硬盘中的视频，单击"PC 上的视频"，找到包含所需文件的文件夹，然后双击要添加的文件；如果要添加来自网络的视频，单击"联机视频"。

Step3：设置影片播放方式。在"视频选项"组中单击"开始"按钮右侧的下拉按钮，选择播放视频方式："自动"或"单击时"。

Step4：调整视频的大小和位置。选中幻灯片中的视频图标，在图标四周出现控制点，拖动鼠标可以调整视频的大小，在视频区域中按住鼠标左键移动可调整视频的位置。

在幻灯片中添加视频后，可以播放该视频文件以查看效果。播放视频的方法有以下 3 种：

❖ 选中插入的视频文件，在"播放"选项卡的"预览"组中单击"播放"按钮。

❖ 选中插入的视频文件，在"格式"选项卡的"预览"组中单击"播放"按钮。

❖ 选中插入的视频文件，单击视频文件左下方的"播放"按钮▶。

除了添加视频（嵌入）方式，还可以从 PowerPoint 2016 演示文稿中链接到外部视频文件，从而减少演示文稿的大小。添加链接视频的步骤如下。

Step1：打开添加视频对话框。在"普通"视图中单击要添加视频的幻灯片，在"插入"选项卡的"媒体"组中单击"视频"。

Step2：选择影片文件。在弹出的"插入视频文件"对话框中单击"插入"按钮的下三角按钮，然后选择"链接到文件"命令，后续步骤与添加视频文件类似。

视频播放的控制方法与音频播放的控制方法相似，在此不再赘述。

5.8　SmartArt 图形

在制作演示文稿时，为了帮助观众或阅读者理解内容，常常采用图片或图形来表达相关信息。但是创建合适的、具有专业水准的图片比较困难，使用 PowerPoint 2003 及以前的版本来制作相关图形也比较费时。PowerPoint 从 2007/2010 版本开始增加了 SmartArt 图形功能，可以创建出具有设计师水准的插图。SmartArt 图形是信息和观点的视觉表示形式，可以通过从多种布局中进行选择来创建 SmartArt 图形，从而轻松、准确、有效地表达信息。

5.8.1　初识 SmartArt 图形

PowerPoint 2016 的 SmartArt 图形工具有 180 多套图形模板，分为"列表""流程""循环""层次结构""关系""矩阵""棱锥图"等（如图 5-113 所示），可以设计出各式各样的专业图形，能够快速地为幻灯片的特定对象或者所有对象设置多种动画效果，并即时预览。

图 5-113　选择 SmartArt 图形

在创建 SmartArt 图形之前，对那些最适合显示数据的类型和布局进行可视化。在创建之前最好思考下面几个问题：希望通过 SmartArt 图形传达哪些内容？是否要求特定的外观？由于用户可以快速轻松地切换布局，因此可以尝试不同类型的不同布局，直至找到一个最适合对信息进行图解的布局（如表 5.7 所示）为止。还要考虑文字量，因为文字量通常决定了所用布局以及布局中所需的形状个数。通常，在形状个数和文字量仅限于表示要点时，SmartArt 图形最有效。如果文字量较大，则会分散 SmartArt 图形的视觉吸引力，难以直观地传达用户的信息。但某些布局（如"列表"类型中的"梯形列表"）适用于文字量较大的情况。

表 5.7　信息图解布局

图形类型	图形的用途	图形类型	图形的用途
列表	显示无序信息或分组信息	关系	反映事物及其特性直接相互联系
流程	在流程或日程表中显示步骤	矩阵	显示各部分如何与整体关联
循环	显示连续、环环相扣、相互影响的流程	棱锥图	显示与顶部或底部最大部分的比例关系
层次结构	显示决策树、创建组织结构图	—	—

某些 SmartArt 图形布局包含的形状个数是固定的。例如，"关系"类型中的"平衡箭头"布局用于显示两个对立的观点或概念，只有两个形状可以包含文字，并且不能将该布局改为显示多个观点或概念。

如果需要传达多个观点，可以切换到另一个布局，其中包含多个用于文字的形状，如"棱锥图"类型中的"基本棱锥图"布局。更改布局或类型会改变信息的含义。例如，带有右向箭头的布局（如"流程"类型中的"基本流程"），其含义不同于带有环形箭头的 SmartArt 图形布局（如"循环"类型中的"连续循环"）。

5.8.2　创建 SmartArt 图形

1. 创建 SmartArt 图形

Step1：打开需要插入 SmartArt 图形的幻灯片，在"插入"选项卡的"插图"组中单击"SmartArt"按钮（如图 5-114 所示）。

图 5-114　插入 SmartArt 图形

Step2：选择 SmartArt 图形的类型。在弹出的"选择 SmartArt 图形"对话框中单击所需的类型和布局，如选择"循环"中的"基本循环"。

Step3：输入文本。此时在幻灯片中插入了指定类型的 SmartArt 图形，在默认 SmartArt 图形上方显示了文本，单击之即可激活文本框，可以在其中输入需要的文本。

Step4：更改颜色。选中插入的 SmartArt 图形，选择"设计"选项卡，单击"SmartArt 样式"组中的"更改颜色"按钮，在下拉列表中选择更改颜色。

Step5：应用 SmartArt 样式。单击"SmartArt 样式"组的下拉按钮，在展开的样式库中选择"文档的最佳匹配对象"（如图 5-115 所示）。

图 5-115　应用 SmartArt 样式

设置完成后，即可查看应用 SmartArt 样式后的效果。

上面的操作步骤中采用了直接在图形上添加文本的方法，还可以利用"文本"窗格为 SmartArt 图形添加文字。"文本"窗格就像大纲和项目编号列表一样，可以关注信息，而不必担心生成的 SmartArt 图形。在文本窗格中按 Enter 键创建新行，使用"设计"选项卡的"创建图形"组中的"升级"和"降级"按钮可以增加或减少文本缩进。这些操作会直接在右侧的 SmartArt 图形中得以应用（如图 5-116 所示）。

如果看不到"文本"窗格，可以单击 SmartArt 图形，然后在"设计"选项卡的"创建图形"组中单击"文本窗格"按钮。

图 5-116   文本窗格

2. 将文本内容转换为 SmartArt 图形

将文本转换为 SmartArt 图形是一种将现有幻灯片转换为专业设计的插图的快速方法。例如，通过一次单击，可以将议程文本幻灯片转换为 SmartArt 图形（如图 5-117 所示）。我们可以从许多内置布局中进行选择，以便有效传达消息。

图 5-117   文本转换示例

Step1：单击包含要转换的幻灯片文本的占位符。

Step2：在"开始"选项卡的"段落"组中单击"转换为 SmartArt 图形"按钮。

Step3：在打开的 SmartArt 图形布局库中选择需要的布局样式。若查看完整的布局列表，则选择"其他 SmartArt 图形"选项。

例如，图 5-117 的幻灯片选择的是"流程"类型中的"向上箭头"样式。也可以选中文本并单击右键，在弹出的快捷菜单中选择"转换为 SmartArt"中的样式进行选择。

5.8.3   编辑 SmartArt 图形

创建好 SmartArt 图形后，用户还可以根据实际需要，对创建的图形的布局、结构、样式等进行编辑。

1. 形状的添加和删除

在插入 SmartArt 图形时，如果系统默认的形状个数不足，用户可以添加形状，如果形状个数冗余，可以删除多余的形状。

Step1：选中 SmartArt 图形中的形状，在"设计"选项卡的"创建图形"组中单击"添加形状"按钮。

Step2：在下拉列表中选择合适的选项，即可在相应位置添加形状（如图 5-118 所示）。

Step3：如果更改图形的布局，则在"创建图形"组中单击"从右到左"按钮；如果改变图形中某个部分的级别，则单击"升级"按钮升级，单击"降级"按钮进行降级。

Step4：如果用户在创建的 SmartArt 图形中有多余的形状，可以选中该形状，按 Delete 键，将其删除即可。

2．更改 SmartArt 图形的布局

如果对现有的 SmartArt 图形不满意，则可以直接将其切换到另一个布局，在切换的过程中不需要重新设置 SmartArt 图形的样式。

Step1：选中需要更改的 SmartArt 图形。

Step2：选择布局样式。在"设计"选项卡的"板式"组中单击"其他布局"（如图 5-119 所示），在弹出的"选择 SmartArt 图形"对话框（见图 5-113）中选择要更改的选项。

图 5-118　添加形状

图 5-119　更改布局

3．设置 SmartArt 图形的样式

如果对提供的 SmartArt 样式不满意，则可以对 SmartArt 图形中的形状进行单独的形状更改、形状填充、形状轮廓、形状效果、艺术字等设置。用户可以利用"格式"选项卡进行自定义 SmartArt 图形样式。

Step1：选中需要更改的形状，如 SmartArt 图形中的圆形。

Step2：更改形状。在"格式"选项卡的"形状"组中单击"更改形状"（如图 5-120 所示），在展开的形状样式库中选择"心形"（如图 5-121 所示）。

图 5-120　"格式"选项卡

Step3：更改其他形状。使用相同方法，将该 SmartArt 图形中的其他形状均改为心形，得到如图 5-122 所示的效果。

图 5-121　更改形状

图 5-122　更改后的 SmartArt 样式

5.9　进一步学习 PowerPoint 2016

5.9.1　演示文稿的高级应用

1. 打包成 CD

有时候会遇到这样的难题：在计算机 A 上制作完成了一份演示文稿，需要用计算机 B 进行放映，可计算机 B 没有安装 PowerPoint 软件。此时可以使用 PowerPoint 软件自带的"打包"工具将演示文稿压缩并携带演示文稿播放器一同复制到 B 上，解压缩后放映。

"打包成 CD"功能是将一个或多个演示文稿随同支持文件复制到 CD 中。

Step1：选择"文件"→"导出"→"将演示文稿打包成 CD"命令，然后双击"打包成 CD"按钮。

Step2：弹出"打包成 CD"对话框（如图 5-123 所示），在"将 CD 命名为"框中输入要将演示文稿复制到其中的 CD 或文件夹的名称，单击"添加文件"，选择要添加的演示文稿，在"要复制的文件"中将显示添加的 PowerPoint 文件，然后单击"添加"按钮。如果需要添加多个演示文稿，则重复此步骤。

Step3：单击"选项"按钮，打开"选项"对话框（如图 5-124 所示）。为了确保其中包括与演示文稿相链接的文件，需勾选"链接的文件"复选框。与演示文稿相链接的文件可以包括链接有图表、音频、视频及其他内容的 Excel 工作表等。

图 5-123 "打包成 CD"对话框

图 5-124 选项设置

Step4：若要求其他用户在打开或编辑任何复制演示文稿之前先提供密码，可在"增强安全性和隐私保护"栏中设置在打开/修改每个演示文稿时需要的密码。

Step5：要检查演示文稿中是否存在隐藏数据和个人信息，需勾选"检查演示文稿中是否有不适宜信息或个人信息"复选框。

Step6：完成设置后，单击"确定"按钮即可。

> 如果将演示文稿复制到网络或计算机上的本地磁盘驱动器，则在图 5-123 中单击"复制到文件夹"按钮，输入文件夹名称和位置，然后单击"确定"按钮；如果将演示文稿复制到 CD，则单击"复制到 CD"按钮进行设置。

5.9.2 优秀演示文稿设计的若干原则

随着计算机的普及，演示文稿的应用也变得越来越广泛。演示文稿作为一种互动的交流工具，提供了一种互动的交流途径。

演示文稿根据分类标准的不同，从整个风格设计到对象设计都有着较大的差别。因此，在制作演示文稿之前先确定其用途。

一般说来，当演示文稿呈现为课件或者方案时，经常会有两种用途：演示和阅读。有时我们写演示文稿是为了理清思路，在讲课或者讲解方案时做演示之用；更多的时候则是为了提交给别人阅读，而无须讲解。

演示用的演示文稿和阅读用的演示文稿，两种文档的做法存在着很多区别。比如，演示用的幻灯片中文字不宜过多，一般只要提纲挈领即可，细节部分主要靠演讲者来发挥，如果文字过多，观众会把注意力从演讲人身上转移到演示文稿，得不偿失。另外，由于演示文稿一般采用投影的方式进行播放，因此文档中的字体不能太小，除了一些不想让听众仔细阅读的文字，其他文字最好不要小于 18 号；如果担心投影机的亮度不够，就不要在演示中把文字和背景的字体颜色设置得过于接近。相对地，阅读用的幻灯片则可以尽量细致，排版布局也可以做得更美观，从而给阅读者留下好的印象。

演示文稿是由文字、图片、图标、表格等多种类型的对象组成的。如果一直重复使用相似的幻灯片，就无法把观众的注意力集中在演示文稿上，因此必须有效地结合使用多种对象。

1．使用文字的原则

文字是演示文稿中使用的最基本的手段。文字在排版设计中，不仅局限于传达信息，已经提升到启迪性和宣传性的视角。文字根据字体、大小和间距的不同有着不同的传达效果。演示文稿中使用的文字有许多限制。

（1）文字的字号

字号是表示字体大小的术语。计算机字体的大小通常采用号数制、点数制等。如常用的三号、小五等就是号数制的表示形式。点数制是世界流行计算字体的标准制度。"点"也称为磅（pt）。

因为幻灯片的版面大小有限制，字号应根据文字的内容和长度调整。如果一张幻灯片有过多内容，就会显得复杂，字号过小读者也会看不清楚。不同文本类型的字号也不一样，详细情况见表5.8。如果字号太大，可能有人抱怨；如果字号太小，所有人都会抱怨。

表5.8　文字字号

文本类型	字号建议
封面标题文本	44pt 以上
目录、简页文本	36pt 以上
幻灯片标题文本	28pt 以上
幻灯片副标题文本	20pt 以上
幻灯片内容文本	18pt 以上

（2）字体

演示文稿中的文本易采用较为厚重的字体，这样能提高文本的可读性和视觉效果。有代表性的演示文稿字体如表5.9所示。

表5.9　文字字体

字　体	特　点	示　例
宋体	客观、雅致、大气，多用于正文内容	宋体
黑体	厚重、严肃、容易引起注意，多用于标题或强调	**黑体**
楷体	圆润、清秀、平和	楷体
微软雅黑	简约时尚，富有现代感，易阅读	微软雅黑
Arial	端庄大方、间距合适，多用于标题	Arial
Times New Roman	柔和，方便阅读，多用于大段文本	New Roman

在制作幻灯片时常常用到比较漂亮的字体，为了能够在其他计算机上同样显示出字体的效果，可以选择在幻灯片中嵌入字体的方式。具体方法是：选择"文件"→"选项"，弹出"PowerPoint 选项"对话框，在"保存"选项卡中勾选"将字体嵌入文件"即可。

（3）合适的行距

如果行距太小，就会显得拥挤，如果行距太大，则显得空洞。在演示文稿设计中，一般将行距调整在 1.2 行或以上，如果行距在 1.2 行以下，就会使上下行之间显得狭窄，文字的可读性也会随之下降。

2．演示文稿的色彩选择

丰富的演示文稿由文字、图形、图形、音频、视频等多媒体元素组成，用户在组合多种元素的时候，可以利用 PowerPoint 丰富的色彩进行搭配。但色彩的使用并非越多越好，在进行色彩选择时还要注意若干事项。

（1）关于色彩的直觉理解

颜色作为信息表达的有效工具，可以表达信息并增强文稿的效果，所选择的颜色及使用方式可以有效地感染观众的情绪。色彩直觉是指色彩给人的直观感知。根据人们的心理和视觉判断，颜色可分为冷色（如蓝、绿等）和暖色（如橙、红）两类，冷色最适合做背景色，因为它们不会引起我们的注意；暖色最适合用在显著位置的主题上（如文本），因为可造成扑面而来的效果。

（2）颜色的使用原则

在制作演示文稿时要注意色彩的搭配。同一个演示文稿中的主要色调要统一，虽然丰富的色彩能增强视觉效果，但是如果使用色彩过多，反而显得杂乱，也突出不了重点，因此制作演示文稿时要注意色彩的搭配。

关于选择颜色的方法有各种不同的情况和技巧，一般情况可参考下面的观点进行选择：

❖ 考虑演示文稿的基本色彩，即演示文稿的主题色调（背景色）。

❖ 采用与基本色彩相近的颜色进行补充。

❖ 决定一个强调色彩，即能突出对比度的色彩。例如，在演示文稿中采用了冷色的背景色，那么强调色最好采用暖色。

3．演示文稿的版式设计

5.5 节中讲述过演示文稿的版式，包括占位符、SmartArt 图形、表格、图表、形状、图片等对象。版式设计就是在版面（幻灯片）上将幻灯片上的对象进行有次序的排列，个性化地表现出来。在演示文稿中设计版式时需要遵循一定的原则，概括起来有以下 5 方面。

（1）形式与内容统一

版式设计追求的表现形式必须符合版面所要表达的主题，这是版式设计的前提。只讲完美的表现形式而脱离内容，或者只讲内容而没有艺术的体现，都会失去版式设计的意义。

（2）主题鲜明突出

版式设计的目的之一是使版面有清晰的条理性，能够更好地突出主题，达到最佳的表达效果。将幻灯片中的多种对象进行整体编排设计，有助于增强读者对版面的注意，增进对内容的理解，同时有助于主要内容形象的建立。

（3）强化整体布局

文字、图片与色彩是版式设计中最经常处理与编排的三大构成要素，这三者之间的关系必须进行一致性考虑。如何获得版面的整体性，可以从以下两方面考虑：

❖ 加强整体的组织结构和方向秩序，如水平结构、曲线结构、垂直结构等。

❖ 加强对象的集合性，将幻灯片中的对象进行有次序的组合，使版面更具条理性。

（4）突出美感

在版式设计的艺术形式上，突出美感是非常重要的一条原则，即用各种手段营造出一种与内容相适应的气氛，满足读者的审美心理要求，使读者在轻松愉快的心境下进行阅读。

（5）最佳视域

在人们注意版面时，版面的上部比下部的注目价值高，左侧比右侧的注目价值高。因此，版面的左上侧位置最引人注目，这一位置也成为幻灯片主要内容在版面中安排的最佳位置，可使幻灯片主次分明、一目了然。图 5-125 为版式的不同位置的注目程度百分比。

4．动画—互动的核心

用户可以方便地使用对象或幻灯片转换中所需的动画效果是演示文稿的最大优点之一。但是动画应该符合观众的要求，而不是以满足发表者或演讲人的方便为目的。表 5.10 列出了动画效果的优点和缺点。

使用动画的原则如下。

<table>
<tr><td>60%</td></tr>
<tr><td>40%</td></tr>
</table>

<table>
<tr><td>56%</td><td>40%</td></tr>
</table>

<table>
<tr><td>33%</td><td>28%</td></tr>
<tr><td>23%</td><td>16%</td></tr>
</table>

<table>
<tr><td>17%</td></tr>
<tr><td>44%</td></tr>
<tr><td>28%</td></tr>
<tr><td>17%</td></tr>
</table>

图 5-125　版式的注目程度

表 5.10　动画效果的优点和缺点

动画效果的优点	动画效果的缺点
可以吸引观众的视线	无节制的动画效果会成为观众理解内容的障碍
可以强调表现内容	过分的重复也会导致乏味
可以防止演示文稿枯燥乏味	有可能打断演示文稿的整体流程
有助于观众的记忆	如果动画效果时间过长，会延长时间

- ❖ 顺序：指文字、图形元素柔和出现的方式。屏幕上的文字通常都是归纳的条理层次分明，为了保持一定的悬念和吸引观众的注意力，而不致让观众一览无余，所以有时候需要一条一条显示，在显示的过程中，要使用大家熟悉和易于观众理解的顺序。
- ❖ 强调：用合适的方式让强调的重点内容"动"起来，这样容易吸引观众的注意力，从而达到醒目的效果。
- ❖ 简明：使用动画可以将复杂的内容简单化；但是不要滥用动画效果，尽量简单明了。

5．幻灯片的若干设计原则

制作演示文稿时，幻灯片的设计原则对优秀幻灯片的设计有着巨大而积极的影响。常见的幻灯片的设计原则有以下几项。

（1）KISS 原则

KISS 是计算机编程中的一个很有名的原则，是 Keep It Simple and Stupid 的简写，可以翻译为"保持简单并一目了然"。KISS 原则同样适用于幻灯片的制作。用户在制作幻灯片时最好将幻灯片的内容尽量简洁。以图 5-126 所示幻灯片为例，左侧的幻灯片列出了一系列文字信息，内容很重要，但还是要忍痛割爱，因为观众的一次性关注能力有限。把内容提炼再提炼、缩减再缩减，保留精华部分，其余用语言跟观众解释。观众记住了关键词，也就记住了演示。

图 5-126　KISS 原则的应用

如果幻灯片中的文字实在简化不了，怎么办？我们可以采取把原来一次呈现出来的信息通过多个页面放送的方法，变成多次呈现少量的信息，这样也能达到"保持简单"的效果。

（2）一个中心

同一时刻，只让一个点吸引所有观众的注意，其余都是点缀。

人在同一时刻关注一个焦点，这样才容易理解、容易记忆、也便于进行深入交流。

（3）Magic Seven 原则

每张幻灯片传达 5 个概念效果最好，7 个概念人脑恰恰好可以处理，超过 9 个概念负担太重，必须重新对幻灯片内容进行组织。

（4）对比原则

对比原则是指：如果两项不完全相同，就应当使之不同，而且应当是截然不同。换句话说，对比一定要强烈，千万不要畏畏缩缩。不管是有意无意，新手很少用到对比原则，反而常常在这个问题上犯下错误。需要注意：如果对比不强烈（如三号字体和四号字体），就不能算作对比，而会成为冲突，在观众看来，这种设计更像是一个失误。

在幻灯片设计中，对比可以通过很多方法实现，如字号、字体、字体颜色、文本框底色和艺术字特效等。通常，我们需要使用以上多种方式来实现对比。

（5）对齐原则

对齐原则是指：任何元素都不能在页面上随意安放，每项都应该与页面上某个内容存在某种视觉联系。

而且很多情况下，你用到的都可能是居中对齐，但是左右对齐给人的视觉效果更为强烈。在有配图的情况下，文字边缘与图片偏远对齐往往有更好的效果。

（6）信噪比原则

信噪比（SNR）是一个常用于电子通信领域的术语。但信噪比蕴含的理念几乎可以被应用于每个领域，包括幻灯片设计。对于幻灯片设计，信噪比等同于幻灯片上相关内容与无关内容的比率，而我们的目标是使该比率达到最大值。过多的内容往往会造成认知上的理解困难。虽然我们拥有高效处理新事物或新信息的能力，但这种能力毕竟是有限的。追求更高的信噪比意味着减轻人们在认知上的负担，使他们感到更加轻松自如。在很多情况下，就算没有过多非实质性内容的视觉轰炸，要使观众真正理解幻灯片也不是件容易的事情。

为确保幻灯片中相关内容与无关内容的比率达到最大值，幻灯片的内容应力求清晰明了，还应尽可能避免使用削弱主题的内容。造成主题削弱的原因有很多，如使用了不恰当的图表和模棱两可的标记，或错误地强调了线条、造型或符号标记等对主题起不到烘托作用的元素等。换言之，如果去掉幻灯片上的某些元素后不会妨碍人们理解，那么我们可以考虑把它们最小化，或者干脆不使用。以图 5-127 为例，左边是原始的幻灯片中的图表，右边是剔除了无关内容后的图表，通过比较，右边图表的信噪比大大提升了。

（7）视觉化

幻灯片中的绝大部分内容都是用文字和图片表达出来的。经验告诉我们，演示文稿要做到"图文并茂"，才能吸引读者。视觉化原则可以参考如下（如图 5-128 所示）。

❖ Visual（可视性）：采用的字体要够大，让观众或读者能清晰看到。

❖ Interest（兴趣）：使用图表、图案、色彩等方式增强幻灯片的趣味性。

❖ Simple（简单）：内容简单明了，突出关键信息。

图 5-127 信噪比原则的应用

图 5-128 视觉化的应用

❖ Use（实用）：帮助演讲者和听众保持介绍的同步。

❖ Accurate（准确）：演示文稿和听众使用材料内容吻合。

❖ Long（持久）：让人们对演示内容产生深刻的记忆。

6．其他一些小技巧

（1）在演示文稿中复制幻灯片

要复制演示文稿中的幻灯片，先在普通视图的"大纲"或"幻灯片"中选择要复制的幻灯片，如果希望按顺序选取多张幻灯片，请在单击时按住 Shift 键；若不按顺序选取幻灯片，在单击时按 Ctrl 键；然后选择"插入"→"新建幻灯片"→"复制选定幻灯片"，或者按 Ctrl+Shift+D 组合键，则选中的幻灯片将直接以插入方式复制到选定的幻灯片之后。

（2）让幻灯片自动播放

要让幻灯片自动播放，只需右击这个文稿，然后在弹出的菜单中选择"显示"命令即可，或者在打开文稿前将该文件的扩展名从 pptx 改为 ppsx 后，再双击它即可。这样避免了每次都要先打开这个文件才能进行播放所带来的不便和烦琐。

（3）增加"后悔药"

在编辑演示文稿时，如果操作错误，只要单击工具栏的"撤销"按钮，即可恢复到操作前的状态。然而，默认情况下，PowerPoint 最多只能恢复最近的 20 次操作。其实，PowerPoint 允许用户最多可以"反悔"150 次，但需要用户事先进行如下设置：选择"文件"→"选项"，弹出"PowerPoint 选项"对话框，单击"高级"选项卡，将"编辑选项"的"最多可取消操作数"改为"150"，单击"确定"按钮。

（4）快速定位幻灯片

在播放演示文稿时，如果要快进到或退回到第 5 张幻灯片，可以这样实现：按数字 5 键，再按 Enter 键。若要从任意位置返回到第 1 张幻灯片，还有一种方法：同时按下鼠标左右键并停留 2 秒钟以上。

（5）快速调节文字大小

如果在幻灯片中输入的文字大小不合乎要求或者看起来效果不好，一般情况是通过选择字体和字号加以解决，其实有一个更简洁的方法：选中文字后，按快捷键 Ctrl+] 是放大文字，按快捷键 Ctrl+[是缩小文字。

（6）编辑放映两不误

能不能一边播放幻灯片，一边对照着演示结果对幻灯片进行编辑呢？答案是肯定的，只需按住 Ctrl 键不放，单击"幻灯片放映"选项卡中的"开始放映幻灯片组"就可以了，此时幻灯片将演示窗口缩小至屏幕左上角。修改幻灯片时，演示窗口会最小化，修改完成后再切换到演示窗口，就可看到相应的效果了。

（7）将演示文稿保存为图片

保存幻灯片时通过将保存类型选择为"Web 页"，可以将幻灯片中的所有图片保存下来，如果想把所有的幻灯片以图片的形式保存下来，该如何操作呢？

打开要保存为图片的演示文稿，选择"文件"→"另存为"→"浏览/这台电脑"，在弹出的对话框中将"保存类型"选择为"JPEG 文件交换格式"，单击"保存"按钮，此时系统会询问用户"想导出演示文稿中的所有幻灯片还是仅导出当前的幻灯片？"，根据需要，单击其中的相应按钮就可以了。

（8）图表也能用动画展示

PowerPoint 中的图表是一个完整的图形，如何将图表中的各部分分别用动画展示出来了呢？其实只需右击图表，在弹出的快捷菜单中选择"组合"→"取消组合"，就可以将图表拆分开，接下来可以对图表中的每个部分分别设置动作。

（9）隐藏重叠的图片

如果在幻灯片中插入很多精美的图片，在编辑的时候将不可避免地重叠在一起，妨碍我们工作，怎样让它们暂时消失呢？

在"开始"选项卡的"编辑"组中单击"选择"→"选择窗格"，在工作区域的右侧会出现"选择和可见性"窗格，其中列出了所有当前幻灯片上的"形状"，并且在每个"形状"右侧都有一个"眼睛"的图标。单击想隐藏的"形状"右侧的"眼睛"图标，就可以把挡住视线的"形状"隐藏起来。

7．PowerPoint 2016 的快捷键

（1）幻灯片编辑的快捷键

Ctrl+T：弹出字体对话框（可修改字体大小样式颜色及其效果和字符间距）。

Shift+F3：更改字母大小写。

Ctrl+B：应用粗体格式。

Ctrl+U：应用下画线格式。

Ctrl+l：应用斜体格式。

Ctrl+等号：应用下标格式（自动调整间距）。

Ctrl+Shift+加号：应用上标格式（自动调整间距）。

Ctrl+空格键：删除手动字符格式，如下标和上标。

Ctrl+Shift+C：复制文本格式。

Ctrl+Shift+V：粘贴文本格式。

Ctrl+E：段落居中对齐。

Ctrl+J：段落两端对齐。

Ctrl+L：段落左对齐。

Ctrl+R：段落右对齐。

（2）幻灯片放映控制快捷键

N、Enter、PageDown、→、↓或空格键：执行下一个动画或换页到下一张幻灯片。

P、PageUp、←、↑或Backspace键：执行上一个动画或返回到上一个幻灯片。

数字+Enter键：链接到该数字编号幻灯片上。

B或.键：黑屏或从黑屏返回幻灯片放映。

W或,键：白屏或从白屏返回幻灯片放映。

Esc、Ctrl+Break：退出幻灯片放映。

E：擦除屏幕上的注释。

H：到下一张隐藏幻灯片。

T：排练时设置新的时间。

O：排练时使用原设置时间。

M：排练时使用鼠标单击切换到下一张幻灯片，同时按下两个鼠标按钮几秒钟，则返回到第一张幻灯片。

Ctrl+P：重新显示隐藏的指针，或将指针改变成绘图笔。

Ctrl+A：重新显示隐藏的指针，并将指针改变成箭头。

Ctrl+H：立即隐藏指针和按钮。

Ctrl+U：在15秒内隐藏指针和按钮。

Shift+F10（相当于单击右键）：显示快捷菜单。

Tab：转到幻灯片的第一个或下一个超链接。

Shift+Tab：转到幻灯片的最后一个或上一个超链接。

5.10 Word、Excel、PowerPoint 之间的协同使用

前面讨论了 Word、Excel、PowerPoint 在学习和生活中的应用，其实在实际中的一些问题往往不是一个软件都能解决的。例如，我们要在 Word 文档中使用一些在 Excel 表格中已经存在的数据，是否会在 Word 文档中重新输入这些数据呢？当然不必要这样做。这样不但费时费力，而且可能增加数据出错的概率。

本节主要介绍在 Office 中各软件之间数据的共享和相互引用，突出 Office 集成办公特性与各组件之间的相互联系，不是把 Word、Excel、PowerPoint 等当成一个个的独立软件来对待，而是着眼于 Office 是一个完整的办公系统。

5.10.1 Office 剪贴板的使用

1. 剪贴板

剪切、复制、粘贴是 Windows 中一些最常用的操作，大大方便了对文件和文件夹的调整、调用。利用剪切、复制、粘贴的操作，我们可以轻松实现文字、数据、图片等资料在相同或不同的 Office 文档之间传递。Office 提供的剪贴板功能可以使调用变得轻松。

Office 剪贴板与系统剪贴板有如下联系：

❖ 当向 Office 剪贴板复制多个项目时，所复制的最后一项将同时被复制到系统剪贴板上。

❖ 当清空 Office 剪贴板时，系统剪贴板也将同时被清空。

❖ 当使用"粘贴"命令时，单击"粘贴"按钮或按快捷键 Ctrl+V，所粘贴的是系统剪贴板的内容，而非 Office 剪贴板上的内容。

若向 Office 剪贴板中复制项目，必须在 Office 程序的任务窗格中打开 Office 剪贴板。可单击"开始"选项卡的"剪贴板"组右下角的箭头 ，打开 Office 剪贴板（如图 5-129 所示）。可从 Office 剪贴板逐项粘贴，或一次性粘贴全部内容。"粘贴"命令只粘贴最后复制的项目。"全部粘贴"将粘贴存储在 Office 剪贴板中的所有项目。单击剪贴板中项目右侧的下拉按钮并选择"删除"，或右击剪贴板中的项目，在弹出的快捷菜单中选择"删除"，可删除当前项目。

在 Office"剪贴板"任务窗格中单击"选项"按钮，可以显示"选项"菜单（如图 5-130 所示）。

图 5-129 Office 剪贴板

图 5-130 "选项"菜单

表 5.11 是 Office"剪贴板"的"选项"菜单中各命令在选中状态时的功能说明。

表 5.11   "选项"菜单中各命令在选中状态时的功能

选　项	说　明
自动显示 Office 剪贴板	复制项目时，自动显示 Microsoft Office 剪贴板
按 Ctrl+C 两次后显示 Office 剪贴板	按 Ctrl+C 键两次后自动显示 Office 剪贴板
收集而不显示 Office 剪贴板	自动将项目复制到 Office 剪贴板，而不显示 Office 剪贴板
在任务栏上显示 Office 剪贴板的图标	Office 剪贴板处于活动状态时，在系统任务栏的状态区域显示 Office 剪贴板图标
复制时在任务栏附近显示状态	当将项目复制到 Office 剪贴板时，显示所收集项目的消息

2. 粘贴选项

在 Office 文档中完成粘贴后，粘贴对象的右下方将显示"粘贴选项"按钮。单击这个按钮，将显示一个命令列表，让用户确定如何将信息粘贴到文档中（如图 5-131～图 5-133 所示）。命令列表的选项取决于用户粘贴的内容类型、粘贴源的程序和粘贴处的文字格式。

图 5-131　在 Word 中粘贴　　图 5-132　在 Excel 中粘贴　　图 5-133　将 Excel 的单元格粘贴在 Word 中

5.10.2　Word、Excel、PowerPoint 的协同

1．Word 与 Excel 的协同

在 Word 和 Excel 之间可以交互数据和信息，主要形式包括在 Word 中创建 Excel 工作表、在 Word 中调用 Excel 文件、在 Word 中调用 Excel 资源，还可以在 Excel 中将 Word 表格行列互换等。

（1）在 Word 中创建 Excel 工作表

我们可以在 Word 中创建 Excel 工作表，并能像在 Excel 中一样对 Excel 工作表进行编辑。

Step1：打开或新建一个 Word 文档，在"插入"选项卡的"文本"组中单击"对象"按钮，弹出"对象"对话框（如图 5-134 所示）。

图 5-134　"对象"对话框

Step2：在"对象类型"列表中选择"Microsoft Excel 工作表"选项，单击"确定"按钮，可插入由 Excel 创建的工作表。

双击工作表区域，可像在 Excel 中一样对工作表进行编辑，并且功能区的选项卡也变为 Excel 中的选项卡。单击 Excel 工作表以外的区域，可以退出 Excel 编辑状态，返回到 Word 编辑状态。

（2）在 Word 中调用 Excel 工作簿

除了可以创建 Excel 工作表，我们还可以在 Word 中插入 Excel 工作簿，并对工作表进行编辑。

Step1：打开或新建一个 Word 文档，在"插入"选项卡的"文本"组中单击"对象"按钮，在弹出的"对象"对话框中选择"由文件创建"选项卡（如图 5-135 所示）。

图 5-135 "由文件创建"选项卡

Step2：单击"浏览"按钮，弹出"浏览"对话框，选择要插入的 Excel 文件，然后单击"插入"按钮，返回到"对象"对话框，这时在"对象"对话框中显示了要调用的 Excel 文件的路径。可以勾选"链接到文件"和"显示为图标"两个复选框。"链接到文件"表示将文件内容插入到文档并创建源文件的快捷方式，对源文件的更改会反映到文档中。如果勾选"显示为图标"复选框，在文档中会显示插入代表文件内容的图标。

Step3：单击"确定"按钮，在 Word 文档中插入选择的 Excel 文件。

（3）在 Word 中调用 Excel 部分资源

如果将文档的部分资源链接或嵌入到其他 Office 组件中，可以使用"选择性粘贴"命令。

Step1：打开要调用资源的 Excel 文件，选择其中要复制的内容，在"开始"选项卡的"剪贴板"组中单击"复制"按钮。

Step2：切换到 Word 窗口，将光标定位到要粘贴 Excel 数据的位置。在"开始"选项卡的"剪贴板"组中单击"粘贴"按钮，从中选择"选择性粘贴"（如图 5-136 所示）。

Step3：弹出"选择性粘贴"对话框（如图 5-137 所示），"粘贴"选项表示嵌入文档，"粘贴链接"选项表示链接文档，然后在"形式"列表框中选择对象。

图 5-136 选择性粘贴

图 5-137 "选择性粘贴"对话框

Step4：单击"确定"按钮，可将选择的 Excel 工作表中的内容粘贴到 Word 文档中。

（4）表格行列互换

Word 作为一个专业的文字处理组件，如果要在其中进行表格的行列互换，操作比较复杂。而 Excel 作为电子表格组件，在表格处理方面的功能比较强大。我们可以在 Excel 中使用"选择性粘贴"命令，方便、快捷地完成 Word 表格的行列互换。

Step1：打开要进行行列转换的 Word 文档，选择需要进行转换的 Word 表格，在"开始"选项卡的"剪贴板"组中单击"复制"按钮，复制表格。

Step2：切换到 Excel 窗口，单击工作表中的某单元格，在"开始"选项卡的"剪贴板"组中单击"粘贴"按钮，或使用 Ctrl+V 快捷键，将 Word 表格粘贴到 Excel 工作表中。

Step3：转置数据。单击复制区域外的任一单元格，在"开始"选项卡的"剪贴板"组中单击"粘贴"按钮，从中选择"选择性粘贴"命令，弹出"选择性粘贴"对话框（如图 5-138 所示），勾选"转置"复选框。

图 5-138　Excel 的"选择性粘贴"对话框

Step4：单击"确定"按钮，可在 Excel 中实现表格的行列互换。选择新表格，复制其数据，将其粘贴到 Word 文档中即可。粘贴完毕，可根据需要调整表格的边框、位置及文字大小。

2．Word 与 PowerPoint 的协同

Word 与 PowerPoint 之间可以交互数据和信息，主要形式包括在 Word 中调用演示文稿、在 Word 中调用单张幻灯片、将演示文稿转换为 Word 文档等。

（1）在 Word 中调用演示文稿

可以将整个演示文稿插入到 Word 文档中，与在 PowerPoint 中一样，可以在 Word 中对插入的演示文稿进行编辑和放映操作。

Step1：打开或新建一个 Word 文档，在"插入"选项卡的"文本"组中单击"对象"按钮，在弹出的"对象"对话框中选择"由文件创建"选项卡。

Step2：单击"浏览"按钮，弹出"浏览"对话框，选择要插入的演示文稿文件，然后单击"插入"按钮，返回到"对象"对话框，这时在"对象"对话框中显示了要调用的演示文稿文件的路径。

Step3：单击"确定"按钮，在 Word 文档中插入选择的演示文稿文件。

Step4：若要编辑该演示文稿，可右击 Word 文档中的演示文稿，在弹出的快捷菜单中选择

图 5-139　选择"编辑"命令

"'幻灯片'对象"→"编辑"命令，如图 5-139 所示。切换至演示文稿编辑状态，对演示文稿进行相应的编辑操作。

Step5：如果要播放演示文稿，可在"演示文稿对象"的子菜单中选择"显示"，或者通过双击演示文稿实现幻灯片放映。

（2）在 Word 中调用单张幻灯片

如果不需要在 Word 文档中调用整个演示文稿，而只需要插入某一张幻灯片，使用复制和粘贴功能就能完成。

Step1：打开要调用幻灯片的演示文稿，在"幻灯片/大纲"浏览窗格中右击需要调用的幻灯片，在弹出的快捷菜单中选择"复制"命令。

Step2：切换到 Word 窗口，在"开始"选项卡的"剪贴板"组中单击"粘贴"，在下拉菜单中选择"选择性粘贴"命令。

Step3：弹出"选择性粘贴"对话框，选中"粘贴"选项，在"形式"列表框中选择"Microsoft Office PowerPoint 幻灯片对象"选项。

Step4：单击"确定"按钮，即可在 Word 文档中插入所选择的幻灯片。

在 Word 文档中可以对调用的单张幻灯片进行编辑，但是不能进行播放（"演示文稿对象"的子菜单中没有"显示"命令）。

（3）将演示文稿转换为 Word 文档

PowerPoint 演示文稿可以在各种会议、讲座中利用幻灯片的方式形象直观地展示信息。但在许多演示中，为了便于研究和讨论，需要将演讲的内容以文稿方式发给每位参与者，制作这种演示文稿当然 Word 更方便。一些读者可能马上就会想到，本节前面介绍的 Office 剪贴板可以大显身手了。通过 Office 剪贴板，可以将演示文稿中的内容复制到 Word 文档中，但需要经过一定的排版处理。其实 PowerPoint 提供了一种更简单有效的方法，可以将 PowerPoint 中的内容按特定的方式发送到 Word 文档中，为与会者编辑一份参考文稿。

Step1：在 PowerPoint 2016 中选择"文件"→"导出"→"创建讲义"（如图 5-140 所示），单击"创建讲义"，弹出如图 5-141 所示的对话框。

图 5-140　创建讲义

图 5-141　发布到 Word

Step2：选择 Microsoft Word 使用的版式。

❖ 若要发送备注，则选中"备注在幻灯片旁"或"备注在幻灯片下"单选按钮。

❖ 若要发送讲义，则选中"空行在幻灯片旁"或"空行在幻灯片下"单选按钮。

❖ 若要发送大纲，则选中"只使用大纲"单选按钮。

Step3：选择粘贴方式。要以静态方式（固定）粘贴原始 PowerPoint 2016 演示文稿中的更新内容，则选中"粘贴"；要确保对原始 PowerPoint 2016 演示文稿所做的所有更新都反映在 Word 2010 文档中，则选中"粘贴链接"。

Step4：单击"确定"按钮，将演示文稿转为 Word 文档。

3．Excel 与 PowerPoint 的协同

Excel 与 PowerPoint 之间可以交互数据和信息，主要形式包括在演示文稿中调用 Excel 工作表、在 PowerPoint 中调用 Excel 图表。

（1）在演示文稿中调用 Excel 工作表

如果要在演示文稿中调用 Excel 工作表，或将 Excel 中的表格做成幻灯片进行演示，可以通过在 PowerPoint 演示文稿中调用 Excel 工作表实现。

Step1：打开 Excel 文件，选择要复制的数据区域，单击右键，利用快捷菜单进行复制，或按 Ctrl+C 快捷键进行复制。

Step2：切换到 PowerPoint 窗口，在"开始"选项卡的"剪贴板"组中单击"粘贴"按钮，或按 Ctrl+V 快捷键进行粘贴，即可将 Excel 中的数据粘贴到演示文稿中。

Step3：单击幻灯片中的表格，对其大小、位置和字体等根据需要进行调整。

（2）在 PowerPoint 中调用 Excel 图表

如果要在 PowerPoint 中显示 Excel 图表，可以通过将 Excel 的图表复制到 PowerPoint 演示文稿中来实现。

Step1：选定 Excel 文件中要复制的图表，利用快捷菜单或按 Ctrl+C 快捷键进行复制。

Step2：切换到 PowerPoint 窗口，在"开始"选项卡的"剪贴板"组中单击"粘贴"按钮，或按 Ctrl+V 快捷键进行粘贴，即可将 Excel 图表粘贴到演示文稿中。

Step3：单击幻灯片中的图表，对其大小、位置等根据需要进行调整。

本章小结

本章对演示软件 PowerPoint 2016 的使用进行了详细论述。PowerPoint 以幻灯片的形式提供了一种演示和演讲手段，可以制作图、文、音频、视频、动画等并茂的演讲稿。

本章主要内容包括认识 PowerPoint 2016、如何设计好幻灯片、在幻灯片中使用文本、在幻灯片中使用图片、在幻灯片中使用 SmartArt 图形、在幻灯片中插入表格和图表、在幻灯片中插入影音文件、编辑幻灯片母版、为幻灯片添加动画效果、幻灯片的放映与输出以及幻灯片的高级应用等，以提高读者的综合应用能力。

第 6 章　网络与搜索

蒂姆·伯纳斯-李（Tim Berners-Lee）　1955 年 6 月 8 日出生于英国伦敦，爵士，不列颠帝国勋章佩戴者，英国皇家学会会员。蒂姆·伯纳斯-李是万维网的发明人，被称为"万维网之父"，也是万维网联盟（World Wide Web Consortium）的发起人。1990 年，他在日内瓦的欧洲粒子物理实验室里开发出了世界上第一个网页浏览器。

随着人类社会的不断进步、经济的快速发展和计算机的广泛应用，特别是个人计算机的日益普及，人们对信息的需求也越来越强烈，而孤立的、单个的计算机功能有限，越来越不适应社会发展的需要，因此要求大型计算机的硬件和软件资源及它们所管理的信息资源能够被众多的微型计算机共享，以便充分利用这些资源。正是这些原因促使计算机向网络化发展，将分散的计算机连接成网，组成计算机网络。

从 20 世纪 90 年代开始，随着 Internet 的兴起和快速发展，计算机网络已经成为人们生活中不可缺少的一部分。

6.1　计算机网络基础知识

1．计算机网络定义

计算机网络从组成结构来看，是通过外围设备和连线，将分布在不同区域的多台计算机连接在一起的集合；从计算机网络的功能来看，网络中的各台计算机之间可以进行信息交换，并可以访问网络中其他计算机中的共享资源。由此可以概括得出：所谓计算机网络，就是把分布在不同地理位置上，具有独立功能的多台计算机连接起来，再通过相应的网络软件，以实现计算机相互通信和资源共享的系统。

2．计算机网络的形成与发展

计算机网络是计算机技术与通信技术紧密结合的产物，经历了从简单到复杂、从低级到高级的发展过程，总体来说可以分成 4 个阶段。

第 1 阶段：20 世纪 60 年代末到 70 年代初，计算机网络发展的萌芽阶段。其主要特征是：为了增加系统的计算能力和资源共享，把小型计算机连成实验性的网络。第一个远程分组交换网叫 ARPANET，是由美国国防部于 1969 年建成的，第一次实现了由通信网络和资源网络复合构成的计算机网络系统。这标志计算机网络的真正产生，ARPANET 是这一阶段的典型代表。这一阶段是一个面向终端的计算机网络。

第 2 阶段：20 世纪 70 年代中后期，局域网（LAN）发展的重要阶段。其主要特征为：局域网作为一种新型的计算机体系结构开始进入产业部门。局域网技术是从远程分组交换通信网络和 I/O 总线结构计算机系统派生出来的。1976 年，美国 Xerox 公司的 Palo Alto 研究中心推出以太网（Ethernet），成功采用了夏威夷大学 ALOHA 无线电网络系统的基本原理，使之发展成为第一个总线竞争式局域网。1974 年，英国剑桥大学计算机研究所开发了著名的剑桥环局域网（Cambridge Ring）。这些网络的成功实现，一方面标志着局域网络的产生，另一方面，它们形成的以太网及环型网对以后局域网的发展起到了导航的作用。该阶段是计算机到计算机的简单网络。

第3阶段：20世纪80年代，计算机局域网的发展时期。其主要特征是：局域网完全从硬件上实现了ISO的开放系统互连（OSI）模式。计算机局域网及其互连产品的集成，使得局域网与局域网互连、局域网与各类主机互连、局域网与广域网互连的技术越来越成熟。综合业务数据通信网络（ISDN）和智能化网络（IN）的发展，标志着局域网络的飞速发展。1980年2月，IEEE（美国电气和电子工程师学会）下属的802局域网络标准委员会宣告成立，并相继提出IEEE 801.5和IEEE 802.6等局域网络标准草案，其中绝大部分内容已被ISO正式认可。作为局域网络的国际标准，它标志着局域网协议及其标准化的确定，为局域网的进一步发展奠定了基础。该阶段是开放式标准化的易于普及和应用的网络。

第4阶段：20世纪90年代初至今，计算机网络飞速发展的阶段。其主要特征是：计算机网络化，协同计算能力发展及国际互联网（Internet）的盛行。计算机的发展已经完全与网络融为一体，体现了"网络就是计算机"的口号。目前，计算机网络已经真正进入社会各行各业，为社会各行各业所采用。另外，虚拟网络FDDI及ATM技术的应用，使网络技术蓬勃发展并迅速走向市场，走进平民百姓的生活。此阶段是网络的高速化发展阶段。

现今计算机网络进入了一个高速发展阶段，以太网的传输速率从早期的10 Mbps到100 Mbps的普及，到现在的Gbps，数据的传输速率得到了极大的提高。此外，计算机网络从早期传输字符信息，到现在图片、声音和影像等多媒体信息的传输。对于多媒体信息的传输，对网络的传输速率（高带宽）、延迟时间、时间抖动和服务质量等方面提出了更高要求。

随着电子商务、淘宝、网上书店、网上购物、电子银行等新应用的出现，计算机网络得到了更充分的发挥。

随着平板电脑、智能手机的大量普及，高速无线网络的使用更普遍，今后在任何地点、时间都可以高速接入网络，计算机网络将会有更广阔的发展前景。

3．计算机网络的分类

计算机网络的分类标准很多，从不同的角度和观点出发，可以被分为多种类型。

（1）按地理范围分类

根据网络覆盖地范围的大小，计算机网络可分为广域网、局域网和城域网。

① 广域网。广域网（Wide Area Network，WAN）又称为远程网，所涉及的地区大、范围广，往往是一个城市、一个国家，甚至全球。为节省建网费用，广域网通常借用传统的公共通信网（如电话网），因此数据传输率较低，响应时间较长。国际互联网（Internet）就是广域网中的一种，它利用行政辖区的专用通信线路将多个广域网互连在一起构成。广域的组成已非个人或团体的行为，而是一种跨地区、跨部门、跨行业、跨国的社会行为。

② 局域网。局域网（Load Area Network，LAN）又称为局部网，是指在有限的地理区域内建立的计算机网络。例如，把一个实验室、一座楼、一个大院、一个单位或部门的多台计算机连接成计算机网络。局域网通常采用专用电缆连接，有较高的数据传输率。局域网的覆盖范围一般不超过10 km。

20世纪80年代末开始，局域网和广域网趋向组合连接，即构成"结合网"。在结合网中，每个用户可以同时享用局域网内和广域网内的资源。

③ 城域网。城域网（Metropolitan Area Network，MAN）是介于局域网与广域网之间的一种高速网络，一般覆盖一个地区或一座城市。例如，一所学校有多个分校分布在城市的几个城区，每个分校都有自己的校园网，这些网络连接起来就形成了一个城域网。

（2）按拓扑结构分类

网络的拓扑结构是指网络的物理连接形式。如果不考虑网络的地理位置，把网络中的计算机、外部设备及通信设备看成一个节点，把通信线路看成一根连线，这就抽象出了计算机网络的拓扑结构。按网络的拓扑结构，计算机网络通常可以分为总线型、环型、星型、混合型，如图6-1所示。

图 6-1　网络拓扑结构

① 总线型结构：所有节点都连在一条主干电缆（称为总线）上，任何一个节点发出的信号均可被网络上的其他节点所接收。总线成了所有节点的公共通道。总线型网络的优点是：结构简单灵活，网络扩展性好，节点增删、位置变更方便，当某个工作节点出现故障时不会影响整个网络的工作，可靠性高。其缺点是：故障诊断困难，尤其是总线故障可能导致整个网络不能工作。在这种结构中，总线的长度有一定的限制，一条总线只能连接一定数量的节点。

② 环型结构：各节点通过公共传输线形成闭合的环，信号在环中单向流动，可实现任意两点间的通信。环型网络的优点是：每个节点地位平等，每个节点可获得平行控制权，易实现高速及长距离传送。其缺点是：由于通信线路的自我闭合，扩充不方便，一旦环中某处出了故障，就可能导致整个网络不能工作。

③ 星型结构：以中央节点为中心，网络的其他节点都与中央节点直接相连，各节点之间的通信都通过中央节点进行，中央节点通常为一台主控计算机或网络设备（如集线器、交换机等）。星型网络的优点是：外部节点发生故障时对整个网不产生影响，数据的传输不会在线路上产生碰撞。其缺点是：整个网络对中心节点的依赖性，当中央节点发生故障时，会导致整个网络瘫痪。

④ 混合型结构。在实际使用中，网络的拓扑结构不一定是单一形式，往往是几种结构的组合（称为混合型拓扑结构），如总线型与星型混合连接、总线型与环型混合连接等。

（3）按网络的工作模式分类

计算机网络通常采用两种工作模式：客户—服务器（Client/Server，C/S）模式和对等（Peer-to-Peer）模式。划分依据主要是看网络中有无服务器，无服务器的网络称为对等网络，有服务器的网络称为客户—服务器网络。

采用客户—服务器模式的网络也称为基于服务器的网络。一台能够提供和管理可共享资源的计算机称为服务器（Server），而能够使用服务器上可共享资源的计算机称为客户机（Client）。通常，多台客户机连接到同一台服务器上，它们除了能运行自己的应用程序，还可以通过网络获得服务器的服务，如查看服务器的硬盘上的资料，把文件存储到服务器的硬盘上，以及通过服务器上的打印机进行打印等。

在这种以服务器为中心的网络中，一旦服务器出现故障或者被关闭，整个网络将无法正常运行。目前，大多数企业网采用客户—服务器模式，这种网络非常适合企业的信息管理需要，既能适应企业内部机构的分散独立管理，又有利于公共信息的集中管理。

对等网络模式不使用服务器来管理网络共享资源。在这种网络系统中，所有的计算机都处于平等地位，任何一台计算机既可以作为服务器，也可以作为客户机。例如，当用户从其他用户的硬盘上获取信息时，用户的计算机就成为网络客户机；如果是其他用户访问用户的计算机硬盘，那么用户的计算机就成为服务器；无论哪台计算机被关闭，都不会影响网络的运行。

4．计算机网络中的基本元素

（1）网络硬件

网络硬件一般包括服务器、工作站、计算机外设、网卡、传输介质、网络互连设备等。

① 服务器和工作站。根据计算机在网络中担负的任务，计算机可分为服务器和工作站（又称为客户机）两类。服务器在计算机网络中担任重要角色，为网络中的其他计算机和用户提供服务；工作站是用户实际操作的计算机，网络中的用户可以通过工作站访问网络上的各种信息资源。

② 计算机外设。计算机外设是指在网络中的一些共享设备，如打印机、扫描仪等。

③ 网卡。网卡又称为网络适配器或网络接口卡，是计算机与网络传输介质的物理接口，主要作用是接收和发送数据。网卡可以将计算机连接到网络中，实现网络中各计算机相互通信和资源共享的目的。

④ 传输介质。传输介质是指网络中数据传输的物理通路，根据传输介质的性质，可分为有线传输介质和无线传输介质。有线传输介质包括双绞线、同轴电缆和光纤等，无线传输介质包括无线电、微波、红外线和卫星等。

⑤ 网络互连设备。网络互连设备通过传输介质将网络中所有的计算机和服务器连接起来，以实现这些设备之间的相互通信。常见的网络互连设备有中继器、集线器、交换机、路由器和网关等。

中继器（repeater）是局域网环境下用来延长网络距离的最简单、最廉价的互连设备，工作在 OSI 参考模型的物理层，作用是对传输介质上传输的信号接收后，经过放大和整形，再送到其传输介质上。经过中继器连接的两段电缆上的工作站就像在一条加长的电缆上工作一样。

集线器（hub）可以说是一种特殊的中继器，区别在于，集线器能够提供多端口服务，每个端口连接一条传输介质，也称为多端口中继器。集线器上的端口彼此相互独立，不会因某一端口的故障影响其他用户。用户可以用双绞线或 RJ-45 线连接到集线器上。

交换机发展迅猛，基本取代了集线器和网桥，并增强了路由选择功能。交换和路由的主要区别在于，交换发生在 OSI 参考模型的数据链路层，而路由发生在网络层。交换机的主要功能包括物理编址、错误校验、帧序列及流控制等，外观与集线器相似。从应用领域来分，交换机可分为局域网交换机和广域网交换机；从应用规模来分，交换机可分为企业级交换机、部门级交换机和工作组级交换机。

路由器（router）是在网络层提供多个独立的子网间连接服务的一种存储/转发设备，工作在 OSI 参考模型的网络层，用路由器连接的网络可以使用在数据链路层和物理层协议完全不同的网络中。路由器提供的服务比网桥更完善。路由器可根据传输费用、转接时延、网络拥塞或终点间的距离来选择最佳路径。

网关（gateway）在互连网络中起到高层协议转换的作用，如 Internet 上用简单邮件传输协议（SMTP）进行传输电子邮件时，如果与微软的 Exchange 进行互通时需要电子邮件网关，Oracle 数据库的数据与 Sybase 数据进行交换时需要数据库实现。

（2）网络软件

网络软件的主要功能是控制和分配网络资源、实现网络中各种设备之间的通信、管理网络设备和实现网络应用等，主要包括网络操作系统、网络协议、网络管理软件和网络应用软件等。

① 网络操作系统。网络操作系统是向网络计算机提供网络通信和网络资源共享功能的操作系统，运行在服务器上，因此有时被称为服务器操作系统。常用的网络操作系统有 UNIX、Netware、Windows 2000/2003 Server 等。

② 网络协议。网络协议是指网络设备用于通信的一套规则、专门负责计算机之间的相互通信，并规定计算机信息交换中信息的格式和含义。常用的网络协议有 TCP/IP、IPX/SPX（网间数据包传送/顺序数据包交换）协议、NetBEUI 协议等。

TCP/IP（Transmission Control Protocol/Internet Protocol）即传输控制协议/网际协议，是实现 Internet 连接的基本规则，是目前最完整、最被普遍接受的通信协议标准，可以让使用不同硬件结构、不同操作系统的计算机之间相互通信。正是由于各计算机使用相同的 TCP/IP，因此 Internet 中不同的计算机才能互相通信，进行信息交流。

TCP/IP 是一种不属于任何国家和公司拥有和控制的协议标准，它有独立的标准化组织支持改进，以适应飞速发展的网络的需要。

IPX/SPX（网间数据包传送/顺序数据包交换）协议是 Novell 公司开发的通信协议集，是 Novell NetWare 网络使用的一种传输协议，可以与 NetWare 服务器连接。IPX/SPX 协议在开始设计时就考虑了多网段的问题，具有强大的路由功能，在复杂环境下具有很强的适应性，适合大型网络的使用。

NetBEUI 协议是 Microsoft 网络的本地网络协议，常用于由 200 台计算机组成的局域网。NetBEUI 协议占用内存小、效率高、速度快，但是此协议是专门为几台到百余台计算机所组成的单网段部门级小型局域网而设计的，因此不具有跨网段工作的功能，即无路由功能。

③ 网络应用软件。网络应用软件是指为网络用户提供服务并为网络用户解决实际问题的软件。常用的网络应用软件有网页浏览器、NetMeeting 等。

④ 网络管理软件。网络管理软件是指对网络资源进行管理和对网络进行维护的软件，如 SUN NetManager、IBM Tivoli NetView 等。

6.2 Internet 基础

Internet 是当今世界上最大的计算机网络，由多个不同的网络通过标准协议和网络互连设备连接而成的、遍及世界各地的、特定的一个大网络。Internet 具有资源共享的特性，它使人们跨越时间和空间的限制，快速地获取各种信息。随着电子商业软件和工具软件的不断成熟，Internet 将成为世界贸易的公用平台。Internet 的发展将会对社会、经济、科技和文化带来巨大的推动和冲击，如产业结构的重组，社会组织模式的变革，生产、工作及生活方式的改变，不同文化的碰撞等，其影响的广度和深度将是空前的。

6.2.1 IP 地址和域名系统

无论是从使用 Internet 的角度还是从运行 Internet 的角度看，IP 地址和域名都是十分重要的概念。为了实现 Internet 上计算机之间的通信，每台计算机都必须有一个地址，就像每部电话要有一个电话号码一样，每个地址必须是唯一的。Internet 中有两种主要的地址识别系统，即 IP 地址和域名系统。

1．IP 地址

（1）IP 地址的概念

Internet 中不同计算机的相互通信必须有相应的地址标志，这个地址标志称为 IP 地址。IP 地址是 IP 协议提供的一种统一格式的地址，为 Internet 上的每个网络和每台主机分配一个网络地址，以屏蔽物理地址的差异。每个 IP 地址在 Internet 上是唯一的，是运行 TCP/IP 协议的唯一标志。

（2）IP 地址的结构

目前使用的 IP 版本是 IPv4（IP 第 4 版本），规定了 IP 地址长度为 32 位。IP 地址是一个 32 位的二进制（4 字节）地址，通常用 4 个十进制数来表示，十进制数之间用“.”分开，这种标志方法称为点分十进制。

【例 6-1】 11001010　01110010　11001110　11001010
　　　　　　　202　.　114　.　206　.　202

IP 地址是 Internet 主机的一种数字型标志，由两部分构成，一部分是网络标志（netid），另一部分是主机标志（hostid），如图 7-2 所示。

图 6-2　IP 地址一般格式

（3）IP 地址的分类

通常，Internet 的 IP 地址可分为 5 类，即 A 类、B 类、C 类、D 类、E 类。前 3 类由各国互联网信息中心在全球范围内统一分配，后 2 类为特殊地址。每类网络中 IP 地址的结构即网络标志长度和主机标志长度都有所不同。

① A 类地址。网络标志占 1 字节，第 1 位为“0”，允许有 126（2^7–2）个 A 类网络，每个网络大约允许有 1670（2^{24}–2）万台主机。A 类地址通常分配给国家级网络和大型的拥有大量主机的网络，如一些大公司（如 IBM 公司等）和因特网主干网络。

A 类地址格式：

0	网络地址（7 位）	主机地址（24 位）

② B 类地址。网络标志占 2 字节，前 2 位为“10”，前 2 字节表示网络类型和网络标志号，后 2 字节为主机标志号，允许有 16382（2^{14}–2）个网络，每个网络允许约 65534（2^{16}–2）台主机。B 类地址适合主机数量较大的中型网络，通常分配给节点比较多的网络，如区域网。

B 类地址格式：

10	网络地址（14 位）	主机地址（16 位）

③ C 类地址。网络标志占 3 字节，前 3 位为"110"，前 3 字节表示网络类型和网络标志号，最后 1 字节为主机标志号，允许约 200 万（2^{21}–2）个网络，每个网络大约允许有 254（2^8–2）台主机。C 类地址适用于小型网络，通常分配给节点比较少的网络，如公司、院校等。一些大的校园网可以拥有多个 C 类地址。

C 类地址格式：

110	网络地址（21 位）	主机地址（8 位）

④ D 类地址（特殊的 IP 地址）。D 类地址为组播地址，前 4 位为"1110"，用于多址投递系统（组播）。目前使用的视频会议等应用系统都采用了组播技术进行传输。

⑤ E 类地址（特殊的 IP 地址）。E 类地址为地址预留，前 4 位为"1111"，保留未用。

对上述 5 类 IP 地址进行归纳，可得出表 6.1。

表 6.1　IP 地址类型和应用

类　型	第 1 字节 IP 范围	网络类型
A 类	1～126	大型网络
B 类	128～191	中型网络
C 类	192～223	小型网络
D 类	224～239	组播寻址保留
E 类	240～254	实验应用保留

其中，网络号 127 作为循环测试用，不可他用。例如，发信息给 IP 地址 127.0.0.1，则此信息将传给本地机器，检验网卡是否连通。

2．域名系统

IP 地址用 4 个十进制数来表示，不便于人们的记忆和使用，为此，Internet 引入了一种字符型的主机命名机制——域名系统，用来表示主机的地址。当用户访问网络中的某个主机时，只需按名称访问，不需关心它的 IP 地址。

【例 6-2】　www.sysu.edu.cn 是中山大学的 WWW 服务器主机名（对应的 IP 地址是202.116.64.9），因特网用户只要使用 www.sysu.edu.cn 就可访问到该服务器。

（1）域名地址的构成

完整的域名地址由若干部分组成，各部分之间由"."隔开，每部分有一定的含义，且从右到左各部分之间大致上是上层与下层的包含关系，域名的级数通常不超过 5。其基本结构为：主机名.单位名.机构名.国家名。

【例 6-3】　域名地址 www.sysu.edu.cn。其中，顶级域名 cn 代表中国，子域名 edu 代表教育科研网，sysu 代表单位名中山大学，www 代表 Web 服务器。

为了表示主机所属的机构的性质，Internet 的管理机构 IAB 给出了 7 个顶级域名，美国之外的其他国家的互联网管理机构还使用 ISO 组织规定的国别代码作为域名后缀来表示主机所属的国家。大多数美国以外的域名地址中都有国别代码，美国的机构直接使用 7 个顶级域名。表 6.2 给出了标志机构性质的组织域名的标准。

（2）域名系统（Domain Name System，DNS）

域名系统主要由域名空间的划分、域名管理和地址转换三部分组成。

域名系统采用层次式的管理机制。如 cn 域代表中国，它由中国互联网信息中心（CNNIC）管理，其子域 edu.cn 由 CERNET 网络中心负责管理，edu.cn 的子域 sysu.edu.cn 由中山大学网

表 6.2　7 个顶级域名

域　名	含　义	域　名	含　义
com	商业机构	mil	军事机构
edu	教育机构	net	网络服务提供者
gov	政府机构	org	非营利组织
int	国际机构（主要指北约组织）	—	

络中心管理。域名系统采用层次结构的优点是：每个组织可以在它们的域内再划分域，只要保证组织内的域名唯一，就不用担心与其他组织的域名冲突。

对用户来说，有了域名地址就不必去记 IP 地址了。但对于计算机来说，数据分组中只能是 IP 地址而不是域名地址，这就需要把域名地址转化为 IP 地址。一般来说，Internet 服务提供商（ISP）的网络中心中都会有一台专门完成域名地址到 IP 地址转化的计算机，这台计算机叫作域名服务器。域名服务器上运行着一个数据库系统，数据库中保存的是域名地址与 IP 地址的对应。用户的主机在需要把域名地址转化为 IP 地址时向域名服务器提出查询请求，域名服务器根据用户主机提出的请求进行查询并把结果返回给用户主机。

（3）IP 地址与域名服务器之间的对应关系

Internet 上 IP 地址是唯一的，一个 IP 地址对应着唯一的一台主机。相应地，给定一个域名地址也能找到一个唯一对应的 IP 地址。这是域名地址与 IP 地址之间的一对一的关系。有时用一台计算机提供多个服务，如既作为 WWW 服务器又作为邮件服务器，这时计算机的 IP 地址仍然是唯一的，但可以根据计算机所提供的多个服务给予不同的域名，这时 IP 地址与域名间可能是一对多关系。

6.2.2　子网掩码

子网掩码也是一个 32 位的二进制数，若它的某位为 1，表示该位所对应 IP 地址中的一位是网络地址部分中的一位；若某位为 0，表示它对应 IP 地址中的一位是主机地址部分中的一位。通过子网掩码与 IP 地址的逻辑"与"运算，可分离出网络地址。如果一个网络没有划分子网，子网掩码是网络号各位全为 1，主机号各位全为 0，这样得到的子网掩码为默认子网掩码。A 类网络的默认子网掩码为 255.0.0.0，B 类网络的默认子网掩码为 255.255.0.0，C 类网络的默认子网掩码为 255.255.255.0。

6.2.3　常用术语

1. URL

在 Internet 上，每个信息资源都有统一的且在网络上唯一的地址，该地址就叫统一资源定位器 URL（Uniform Resources Locator），用来表示网络资源的地址。其功能相当于日常使用的通信地址，因此也有人将 URL 称为网址。URL 由三部分组成：资源类型、存放资源的主机域名和资源文件名。例如，http://www.pku.edu.cn/news1/index.htm，其中 http 表示该资源类型是超文本信息，www.pku.edu.cn 是北京大学的主机域名，news1 为存放新闻的目录，index.htm 为主页文件名。

2. HTTP

HTTP（HyperText Transfer Protocol，超文本传输协议）是国际互联网中浏览器和服务器之间的应用层通信协议。HTTP 是标准的万维网传输协议，是用于定义万维网的合法请求与应答的协议。

3．WWW

WWW（World Wide Web，万维网）服务也称为 Web 服务，是 Internet 上最方便和最受欢迎的服务类型，其影响力已远远超出了专业技术的范畴，并且已进入了广告、新闻、销售、电子商务与信息服务等诸多领域。WWW 的出现是 Internet 发展中的一个里程碑，已经成为国际互联网的代名词。WWW 主要由遍布全球的 Web 服务器组成，每个 Web 服务器通常称为 WWW 站点或网站，每个网站既包括自己的信息，又提供指向其他 WWW 服务器信息的链接，由此构成了庞大的互相交织的环球信息网络。

4．电子邮件

通过通信网络（如局域网或 Internet 广域网）进行发送和接收的电子信件，都称为电子邮件。通常情况下所指的电子邮件，是指在 Internet 上发送和接收的电子信件，常缩写为 E-mail。

邮件服务器包括 POP 服务器和 SMTP 服务器。SMTP 服务器指发送电子邮件的服务器，专门负责为其他用户发送电子邮件。POP 服务器指接收电子邮件的服务器，专门负责为其他用户接收电子邮件。与 POP 不同，IMAP（Interactive Mail Access Protocol，交互邮件访问协议）不把电子邮件复制到某台具体的计算机上，而是允许多台计算机访问这个邮箱，查看同一封邮件内容。

使用电子邮件要有一个电子邮件信箱，用户可向 Internet 服务提供商申请。邮件信箱实际上是在邮件服务器上为用户分配的一块存储空间，每个电子信箱对应着一个信箱地址（或称为邮件地址），其格式形如"用户名@域名"。用户名是用户申请电子信箱时与 ISP 协商的一个字母与数字的组合。域名是 ISP 的邮件服务器。字符"@"是一个固定符号，发音为英文单词"at"。例如，hw@inner.cn 和 hwce@wx.public1.net.cn 是两个 E-mail 地址。

很多站点提供免费的电子信箱服务，登录这些站点，用户可以免费申请建立并使用自己的电子信箱。这些站点大多是基于 Web 页式的电子邮件，即用户要使用建立在这些站点上的电子信箱时，必须首先使用浏览器进入主页，登录后，在 Web 页上收发电子邮件，这就是在线电子邮件收发。电子邮件也可以通过电子邮件程序收发，电子邮件程序有多种，如 Microsoft Outlook Express、Foxmail 等。

5．端口

在网络技术中，端口（Port）大致有两种意思：一是物理意义上的端口，如 ADSL Modem、集线器、交换机、路由器及用于连接其他网络设备的端口，如 RJ-45 端口、SC 端口等。二是逻辑意义上的端口，一般是指 TCP/IP 中的端口，端口号的范围为 0～65335，如用于浏览网页服务的 80 端口，用于 FTP 服务的 21 端口等。

6.2.4　IPv6

互联网面临的一个严峻问题是地址消耗，即没有足够的地址来满足全球所需。由于 Internet 所用 IP 的当前版本是 IPv4，其地址是 32 位的，可用的地址十分有限。IPv6 中的 IP 地址格式要求使用 128 位地址，这大大增加了地址空间。要使现行因特网使用的 IPv4 很快过渡到 IPv6

是不现实的。事实上，IPv6 被设计成与 IPv4 是兼容的。在相当长的时间内，IPv6 将会与 IPv4 共存。

IPv6 是 Internet Protocol version 6 的缩写，即"互联网协议第 6 版"。IPv6 是 IETF（Internet Engineering Task Force，互联网工程任务组）设计的用于替代现行版本 IPv4 的下一代 IP 协议。目前使用的 IPv4 的核心技术属于美国。该技术最大问题是网络地址资源有限，从理论上讲，编址 1600 万个网络、40 亿台主机。但采用 A、B、C 三类编址方式后，可用的网络地址和主机地址的数目大打折扣，以致目前的 IP 地址近乎枯竭。其中北美占 3/4，约 30 亿个，而人口最多的亚洲只有不到 4 亿个，中国只有 3000 多万个，只相当于美国麻省理工学院的数量。地址不足严重制约了我国及其他国家互联网的应用和发展。

随着电子技术和网络技术的发展，计算机网络已经进入人们的日常生活，可能身边的每一样东西都需要接入全球互联网。在这样的环境下，IPv6 应运而生。单从数字上来说，IPv6 所拥有的地址容量是 IPv4 的约 8×10^{28} 倍，达 $2^{128}-1$ 个。这不但解决了网络地址资源数量的问题，同时为除计算机外的设备接入互联网在数量限制上扫清了障碍。如果说 IPv4 实现的是人机对话，那么 IPv6 则扩展到任意事物之间的对话，不仅可以为人类服务，还将服务于众多硬件设备，如家用电器、传感器、远程照相机、汽车等。

6.3 Internet 的接入方式

Internet 接入方式是指把计算机连接到 Internet 的方法，也就是日常生活中所说的"上网"。一般来说，上网的途径有两种：通过局域网或个人单机上网。目前常见的接入方式有以下几种：ADSL 宽带上网、无线上网、专线上网、拨号上网和局域网接入方式，其中拨号上网方式现已很少用。

6.3.1 ADSL 宽带上网

ADSL 宽带上网是目前使用较广的上网方式。ADSL（Asymmetric Digital Subscriber Line）技术即非对称数字用户环路技术，是一种充分利用现有的电话铜质双绞线（即普通电话线）来开发宽带业务的非对称民生的因特网接入技术，为用户提供上、下行非对称的传输速率（带宽）。非对称主要体现在上行速率（最高 640 kbps）和下行速率（最高 8 Mbps）的非对称性上。上行（从用户到网络）为低速的传输，可达 640 kbps；下行（从网络到用户）为高速传输，可达 8 Mbps。有效传输距离为 3～5 km。ADSL 最初主要是针对视频点播业务开发的，随着技术的发展，逐步成为一种较方便的宽带接入技术，为电信部门所重视。这种接入方式的特点是：上网与打电话互不干扰；电话线虽然同时传递语音和数据，但其数据并不通过电话交换机，因此用户不用拨号一直在线，不需交纳拨号上网的电话费用；能为用户提供上、下行不对称的宽带传输。

使用 ADSL 宽带上网的用户，在申请 ADSL 上网业务并缴纳相应费用后，网络服务商将会派专员进行上门服务，主要是安装 ADSL 设备和进行相关网络参数配置。ADSL 设备通常按照使用说明书将相关电源线，网线连接即可，这里主要介绍在 Windows 中的设置。

Step1：单击"任务栏"右侧的"网络"按钮，弹出"当前连接到"提示框。

Step2：单击"打开网络和共享中心"链接，弹出"网络和共享中心"窗口。

Step3：单击"设置新的连接或网络"选项，弹出"设置连接或网络"对话框。

Step4：在该对话框中，单击"连接到 Internet"选项，单击"下一步"按钮，弹出"您想如何连接"对话框。

Step5：选择"宽带 PPPoE"选项，弹出"键入您的 Internet 服务提供商 ISP 提供的信息"对话框，在"用户名"和"密码"框内输入网络服务商提供"用户名"和"密码"，在"连接名称"框内输入相应名称。

Step6：单击"连接"按钮，则弹出"正在连接到宽带连接…"对话框，稍等片刻后，连接成功即可上网。

6.3.2　无线上网

随着无线网络技术的发展，以及智能手机和平板电脑的普及，无线上网这种方式受到越来越多用户的青睐，打破了时间和空间的限制，使用户能随时随地应用 Internet 服务。通常所说的无线上网有两种方式，一种是：手机开通数据功能，计算机需要安装无线上网卡，通过中国电信的 EVDO、联通的 WCDMA、移动的 TD-SCDMA 实现无线上网，此种方式的优点是没有时间和地点限制，只要有手机信号就可以上网，缺点是上网速度不如宽带，且费用较为昂贵；另一种是：通过无线网络设备，以传统局域网为基础，以无线 AP 和无线网卡来构建的无线上网方式。更通俗地讲，就是将以前局域网所使用的路由器换成无线路由器，然后进行相关设置即可，此种方式的优点是上网速度快，费用低，在一定范围内可摆脱网线的限制，缺点是当超出无线网络覆盖范围时，将不能进行无线上网。

6.3.3　专线上网

专线上网适用于拥有局域网的大型单位或业务量较大的个人。这种上网方式需向 ISP 租用一条专线，并申请 IP 地址和注册域名。其特点是速度快、上网不受限制、专线 24 小时开通。像 DDN、ISDN 和 ATM 等都统称为专线上网。

ISDN（Integrated Service Digital Network，窄带综合数字业务数字网，俗称"一线通"）采用数字传输和数字交换技术，除了可以打电话，还可以提供诸如可视电话、数据通信、会议电视等多种业务，从而将电话、传真、数据、图像等多种业务综合在一个统一的数字网络中进行传输和处理。这种接入方式的特点是：综合的通信业务，利用一条用户线路，就可以在上网的同时拨打电话、收发传真，就像两条电话线一样；由于采用端到端的数字传输，传输质量明显提高；使用灵活方便，只需一个入网接口，使用一个统一的号码，就能从网络得到所需要的各种业务；用户在这个接口上可以连接多个不同种类的终端，而且有多个终端可以同时通信；上网速率可达 128 kbps（相对于 ADSL 和 LAN 等接入方式来说，并不够快）。

DDN（Digital Data Network，数字数据网）是利用光纤、数字微波、卫星等数字信道，以传输数据信号为主的数字通信网络。DDN 利用数字信道提供永久性连接电路，可以提供 2 Mbps 以内的全透明数据专线，并承载语音、传真、视频等多种业务。其特点是：传输速率高，在 DDN 网内的数字交叉连接复用设备能提供 2 Mbps 或 $n \times 64$ kbps≤2 Mbps）速率的数字传输信道；传输质量较高，数字中继大量采用光纤传输系统，用户之间专有固定连接，网络时延小；协议简单，采用交叉连接技术和时分复用技术，由智能化程度较高的用户端设备来完成协议灵活的连接方式，可以支持数据、语音、图像传输等多种业务；不仅可以与用户终端设备进行连接，也可以与用户网络连接，为用户提供灵活的组网环境。用户若要租用 DDN 业务需要申请开户，费用较高，普通用户一般负担不起，因此主要面向集团公司用户。

6.3.4　局域网接入

如果本地的计算机较多而且有很多人同时需要使用 Internet，可以考虑把这些计算机连成一个以太网（如常用的 Novell 网），再把网络服务器连接到主机上。以太网技术是当前具有以太网布线的小区、小型企业、校园中用户实现因特网接入的首选技术。如 LAN 接入技术目前已比较成熟，这种方式是一种比较经济的多用户系统，而且局域网上的多个用户可以共享一个 IP 地址。当然，给局域网中的每个主机分配一个 IP 地址也是可能的，但这种接入方式的特点是传输距离短，投资成本较高。

6.4　网页浏览器

当计算机接入 Internet 后，就可以进入 Internet 世界。若要浏览网页，则需要使用浏览网页的工具——浏览器。浏览器是一种用于搜索、查找、查看和管理网络上的信息的带图形交互界面的应用软件。Windows 系统中自带了 IE 浏览器。用户在上网的时候可以通过更改 Internet Explorer 的设置来满足自己的需要，以便能够更方便、更安全地使用 Internet Explorer。

网页是存放在 Web 服务器上供大家浏览的页面。网页上是一些连续的数据片段，包含文字、图形、图像、声音、动画等多媒体信息，还包含指向其他网页的链接。主页是指 WWW 服务器上的第一个页面，引导用户访问本地或其他 Web 服务器上的页面。

除了 Windows 10 中自带的 Edge 浏览器，还有很多其他浏览器，如 360 浏览器、Google Chrome 浏览器等，这些浏览器需要下载并安装。本章主要介绍微软最新开发的 Edge 浏览器。

1．设置浏览器主页

浏览器主页是指每次启动浏览器时默认访问的页面，如果希望在每次启动浏览器时都进入"搜狐"的页面，可以把该页设为主页。

Step1：单击浏览器左上角的…按钮，在弹出的下拉菜单中选择"设置"选项。

Step2：在"设置"窗格中，选择下方的"查看高级设置"按钮。

Step3：在打开的"高级设置"窗格中，启用"显示主页按钮"选项的开关 ，然后在下方文本框中输入"http://www.sohu.com"（如图 6-3 所示），单击"保存"按钮。

2．收藏网页

用户在上网过程中经常会遇到自己十分喜欢的网站，为了方便以后能访问这个网站，通常采取记下该网站网址的方法，为此浏览器为用户提供了一个保存网址的工具——收藏夹。

Step1：打开一个需要保存的网页。

Step2：单击地址栏后方的"添加到收藏夹或阅读列表"按钮 ，在弹出的下拉列表中选择"收藏夹"选项卡，如图 6-4 所示。

Step3：在"名称"文本框中修改网站的名称。注：浏览器默认把当前网页的标题作为收藏夹名称，单击"添加"按钮即可。

图 6-3　设置主页

图 6-4 "添加到收藏夹" 窗格

3．Web 笔记

Edge 浏览器具有 "Web 笔记" 的功能，意思是在浏览网页时，如果想保存当前网页的信息，可以通过 "Web 笔记" 的功能保存网页信息，具体步骤如下。

Step1：打开 Edge 浏览器，单击浏览器页面的 "Web 笔记" 按钮，进入浏览器的 Web 笔记环境，如图 6-5 所示。

图 6-5　Web 笔记环境

Step2：使用页面左上角的 "笔" 按钮 ▽ 可以对页面做标记，使用 "添加笔记" 按钮 ▢ 可以做笔记。

Step3：笔记做完后，则可单击 "剪辑" 按钮 ，则进入剪辑状态。

Step4：按住鼠标左键，拖动鼠标可以复制想要复制的区域。

Step5：单击页面右上角的 "保存" 按钮，将做好的笔记保存起来。

6.5　局域网应用

在局域网设置好以后，就可以访问网络中的共享资源，或者将用户的资源共享给网络的其他用户使用。网络中资源的共享包括文件/文件夹、磁盘和打印机的共享。用户可以将这些资源设置成共享资源，方便其他用户使用。

1．设置共享文件夹的方法

Step1：打开文件夹窗口，选中要共享的文件夹。

Step2：单击右键，在弹出的快捷菜单中选择 "共享" → "特定用户" 命令，弹出 "文件共享" 对话框（如图 6-6 所示）。

图 6-6　共享文件夹的属性设置

Step3：在"文件共享"对话框中单击"选择要与其共享的用户"下拉列表，可对用户进行选择，也可对用户的权限进行操作（用户指本机上的账户，权限是指读取、写入、删除操作，若选择 Everyone 用户，则网络上其他计算机访问该文件夹时不需用户名和密码）。

Step4：设置完后，单击"共享"按钮，弹出"共享项目"对话框，稍等片刻，共享设置成功。单击"完成"按钮，即可将其设置为共享文件夹。

2．网络打印机的安装、设置

用户如果使用网络上的共享打印机，就必须先在计算机上安装该打印机的驱动程序。

Step1：在"控制面板"中选择"设备和打印机"，打开"设备和打印机"窗口；右击目标打印机，在弹出的快捷菜单中选择"打印机属性"选项，则弹出"目标打印机属性"对话框。

Step2：选择"共享"选项卡，勾选"共享这台打印机"复选框，则在"共享名"后会出现默认打印机名称，当然也可以修改打印机名称。

Step3：单击"确定"按钮，则完成网络打印机的共享操作。

3．查找网络上的计算机和共享文件资源

要查找网络上的计算机和共享文件资源，可通过以下操作来查找网上的共享资源。

Step1：右击 ⊞ 按钮，然后选择"文件资源管理器"，在打开的"文件资源管理"窗口中，单击左侧导航窗格中的"网络"，则在右侧窗口中可显示当前网络中存在的共享资源的计算机。

Step2：双击要访问的计算机图标，在输入正确的用户名和密码后，就可以看到该计算机中所设定的共享资源。

6.6　文件传输操作

一般来说，人们要在网络上下载资料，都是从网络上获取迅雷、网络蚂蚁、网际快车等专用的工具软件，来实现资料的下载。依据所使用的工具，下载文件的方法可以分为两大类：用浏览器下载文件和使用专门工具下载文件。

1．使用浏览器传输文件

Step1：打开要下载的网页（前提：能正常浏览网页），单击要下载的文件超链接，在下载地址列表中单击所选择的下载地址，将出现"新建下载任务"对话框，如图6-7所示。

Step2：单击"浏览"按钮，将弹出"浏览计算机"对话框，如图6-8所示。

图6-7 "新建下载任务"对话框　　　　　　图6-8 "浏览计算机"对话框

Step3：选择要保存下载文件的目录，输入要保存的文件名，并选择文件类型，单击"确定"按钮，则回到之前"新建下载任务"对话框，单击"下载"按钮，则弹出"下载"对话框（如图6-9所示），其中将显示下载剩余时间和传输速度等信息。

图6-9 "下载进度"对话框

2．文件传输协议 FTP

FTP（File Transfer Protocol）服务解决了远程传输文件的问题，Internet上的两台计算机在地理位置上无论相距多远，只要两台计算机都加入互联网并且都支持FTP，它们之间就可以进行文件传输。只要两者都支持FTP，网络上的用户既可以把服务器上的文件传输到自己的计算机上（即下载），也可以把自己计算机上的信息发送到远程服务器上（即上传）。

FTP实质上是一种实时的联机服务。与远程登录不同的是，用户只能进行与文件搜索和文件传输等有关的操作。用户登录到目的服务器上就可以在服务器目录中寻找所需文件，FTP几乎可以传输任何类型的文件，如文本文件、二进制文件、图像文件、声音文件等。匿名FTP是最重要的Internet服务之一。匿名登录不需要输入用户名和密码，许多匿名FTP服务器上都有免费的软件、电子杂志、技术文档及科学数据等供人们使用。

要采用FTP客户软件进行文件传输，首先必须安装FTP客户软件，CuteFTP就是Windows下非常流行的客户软件。在安装好FTP客户软件后，就可以进行文件传输了。

Step1：双击"此电脑"图标，在地址栏中输入"ftp://默认域名"（注意不是"http://"），按Enter键，将登录到相应的FTP服务器，如图6-10所示。

图6-10　FTP服务器

Step2：如果该服务器不支持匿名登录，将要求输入用户名和密码。用户名和密码由服务器管理员提供。如果匿名登录后要以其他用户身份登录，可执行"文件"→"登录"菜单命令，将出现"登录"对话框，然后重新登录即可。

Step3：在图6-10所示窗口中，用户可以将本地计算机中的文件和目录复制到FTP服务器的目录中，实现文件的上传；也可以将FTP服务器中的文件和目录复制到本地计算机的目录中，实现文件的下载。

6.7　网络安全

随着计算机的普及和网络的日益发展，网络安全问题已经成为全球面临的重大问题。有网络的地方就有病毒，就有黑客的攻击，因此加强网络安全防范刻不容缓。事实上，对于网络安全问题一直都是业界关注的重点，现在几乎每个局域网都安装了复杂的防火墙、网关保护和反病毒软件等，即便如此，还是不断出现一些安全问题和漏洞。

（1）网络安全的基础知识

病毒是一些程序，是一些人利用计算机软硬件方面的一些漏洞编写出来破坏计算机的具有特殊功能的程序。计算机一旦中毒，轻则导致系统响应速度变慢，重则会导致系统崩溃，更严重的会使计算机硬件遭到破坏。常见的计算机病毒分类、病毒的传播途径、计算机感染病毒的表现详见本书1.5节。

目前，市面上的病毒防治软件很多，国内比较有名的杀毒软件有360、瑞星杀毒软件、金山毒霸等，国外比较出名的则是Norton杀毒软件、Kaspersky杀毒软件等。

（2）如何提高网络的安全性

要提高网络的安全性，主要是要做好防护工作，下面介绍几种基本的防护措施。

① 建立良好的安全习惯。不要轻易下载小网站上的软件与程序；不要随意打开来历不明的邮件以及附件；安装正版的杀毒软件，安装防火墙；不要在线启动、阅读某些文件；使用移动存储器之前先杀毒。

② 安装专业的杀毒软件。在病毒肆意的今天，安装防毒软件进行防毒是越来越经济的选择，在安装了防毒软件之后，要注意经常升级，并对一些主要监控项目要经常打开。

③ 使用复杂的密码。有些网络病毒是通过猜测简单密码的方法攻击系统的，因此使用复杂密码可以大大提高计算机的安全系数。

④ 迅速隔离受感染计算机。当发现计算机中毒或有异常情况时，应立即断网，以防止其他计算机中毒。

⑤ 关闭或删除系统中不需要的服务。在默认情况下，操作系统会安装一些辅助服务，如FTP 客户端、Telnet 和 Web 服务器。这些服务对用户没有太大用处，但是可以为攻击者提供方便，删除这些服务就可以减少被攻击的可能性。

⑥ 经常升级补丁。根据数据显示，有 80%的网络病毒是通过系统的安全漏洞进行传播的，如红色代码病毒。因此，应该定期下载最新的安全补丁，防患于未然。

6.8 常见网络故障的诊断

如今网络故障很普遍，故障种类也十分繁杂，把常见故障进行归类，无疑能够加快查找故障根源，解决网络故障。

1．常见网络故障分类

根据网络故障的性质，网络故障可分为物理故障和逻辑故障。

（1）物理故障

物理故障一般是指网络线路或网络设备损坏、插头松动、线路受到严重电磁干扰等情况。

① 线路故障：通常包括线路损坏或线路受到严重电磁干扰。在日常网络维护工作中，网络线路出现故障的几率非常高。

② 端口故障：通常包括插头松动和端口本身的物理故障。这是最常见的硬件故障。

③ 交换机或路由器故障：指设备遭到物理损坏，无法工作，导致网络不通。

④ 主机物理故障：又可归为网卡故障，因为网卡多装在主机内，靠主机完成配置和通信，即可以看成网络终端。此类故障通常包括网卡松动、网卡物理故障、主机的网卡插槽故障和主机本身故障，导致网络不通。

（2）逻辑类故障

逻辑故障中的最常见情况是配置错误，即由于网络设备的配置错误而导致的网络异常或故障。

① 主机逻辑故障。主机逻辑故障造成的网络故障率是较高的，通常包括网卡的驱动程序安装不当、网卡设备有冲突、主机的网络地址参数设置不当、主机网络协议或服务安装不当、主机安全性故障等。

网卡的驱动程序安装不当：包括网卡驱动未安装或安装了错误的驱动出现不兼容，从而导致网卡无法正常工作。

网卡设备有冲突：指网卡设备与主机其他设备有冲突，从而导致网卡无法工作。

主机的网络地址参数设置不当：这是常见的主机逻辑故障。例如，主机配置的 IP 地址与其他主机冲突，或 IP 地址根本不在子网范围内，从而导致该主机不能连通。

主机网络协议或服务安装不当：主机安装的协议必须与网络上的其他主机相一致，否则会出现协议不匹配、无法正常通信的情况；还有一些服务如"文件和打印机共享服务"，不安装会使自身无法共享资源给其他用户，"网络客户端服务"不安装，会使自身无法访问网络其他用户提供的共享资源。

主机安全性故障：通常包括主机资源被盗、主机被黑客控制、主机系统不稳定等。

② 路由器逻辑故障。路由器逻辑故障包括路由器端口参数设定有误、路由器路由配置错误、路由器 CPU 利用率过高和路由器内存余量太小等。

③ 重要进程或端口关闭。一些有关网络连接数据参数的重要进程或端口受系统或病毒影响而导致意外关闭。例如，路由器的 SNMP 进程意外关闭，这时网络管理系统不能从路由器中采集到任何数据，因此网络管理系统失去了对该路由器的控制，或者线路中断，没有流量。

2．网络故障的处理

当网络故障发生以后，对于普通用户来讲，通常按照以下步骤进行处理。

Step1：首先检查网络故障是不是由以下原因引起。

❖ 网卡灯有没有正常闪烁，如果没有，可能是网卡驱动程序没有装好或网卡已经损坏，也可能是网线插头松动或双绞线误接及损坏。

❖ 错误的设置 IP 导致与其他用户冲突而被网络中心封闭了端口。

❖ 更换了端口，且没有到网络中心注册。

❖ 重装了操作系统，且没有配置网络，包括 IP，网关，DNS 等。

以上情况只需重新设置或更换相应网络设备，即可正常上网。

Step2：如果网络故障的原因并不是上述故障基本情况时，可先 ping 本机的 IP 地址。具体操作是：选择 ⊞ →"Windows 系统"→"命令提示符"命令，弹出"命令提示符"窗口，则弹出如图 6-11 所示的窗口，输入"ipconfig"命令，弹出如图 6-12 所示的窗口。

图 6-11　命令提示符窗口

图 6-12　执行 ipconfig 命令的结果

ipconfig 命令可用于显示当前的 TCP/IP 配置的设置值，这些信息一般用来检验人工配置的 TCP/IP 是否正确，如计算机当前的 IP 地址、子网掩码和默认网关等。

通过执行 ipconfig 命令可以知道所使用计算机当前的 IP 地址，以及子网掩码和网关的设置是否有误。如果正确，则在图 6-12 窗口中输入 "ping [自己的 IP 地址]" 命令，若弹出如图 6-13 所示的信息，则表明 ping 通，本地机器支持上网的 TCP/IP 运行正常。如果出现如图 6-14 所示的信息，则需要确认是否存在前面网络故障基本情况中描述的问题。

图 6-13　ping 通结果　　　　　　　　　　　　　　　图 6-14　没有 ping 通

当确认网卡没有问题，网络配置无误后，网卡指示灯仍然不亮，可能是因为网线与交换机之间的连接存在问题，这时可以检查一下网线。如果还有问题，则需联络网络管理员。

Step3：ping 网络邻居的 IP 地址。在 ping 通本机的基础上，可以 ping 网络邻居上的 IP，看能否找到本网段的其他计算机，如果不能 ping 通邻居或找不到其他计算机，说明本机还是存在前面基本情况中描述的问题。

确认网卡没有问题，网络配置无误后，网卡指示灯仍然不亮，可能是因为网线与交换机之间的连接存在问题，这时可以检查一下网线。如果还有问题，则需联络网络管理员。

Step4：ping 网络邻居的 IP 地址。在 ping 通本机的基础上，可以 ping 网络邻居上的 IP，看能否找到本网段的其他机器，如果不能 ping 通邻居或找不到其他机器，说明本地计算机还是存在前面基本情况中描述的问题。

当网上邻居的机器装有防火墙时，会出现 ping 不通的现象，关闭防火墙后，再运行 ping 命令。如果可以 ping 通自己，也可以 ping 通邻居或能看到其他机器，表明本地设置是正确的，此时再去测试与网关的连通。

Step5：测试与网关的连通。

网关（Gateway）是将两个使用不同协议的网络段连接在一起的设备，其作用就是对两个网络段中的使用不同传输协议的数据进行互相翻译转换。

首先 ping 本机的网关，如 "ping 192.168.1.1 -t"；如果网关 ping 不通，说明本地机器与网关的连接有问题，这时需找网络管理员来解决。如果网关可以 ping 通，则可试一试 ping 所用的内部服务器。

Step6：测试与所用内部服务器的连通。例如，所用内部服务器的 IP 为 10.1.1.1 的机器为 DNS（域名服务器）和 Mail 服务器，则输入 "ping 10.1.1.1" 命令，若能 ping 通，也能正常收发邮件，但用 IE 不能正常访问外部网页，则检查以下情况：是否已经取消 IE 浏览器的代理服务设置；检查本机网络设置中 DNS 的设置是否正确。

Step7：测试与局域网外的连通。如果不能正常访问外网，这就是局域网外边的故障了。通常的做法就是致电网络中心，请求排除故障。

6.9 搜索引擎

1990 年，加拿大麦吉尔大学（University of McGill）计算机学院的师生开发出 Archie。当时，万维网（WWW）还没有出现，人们通过 FTP 来共享交流资源。Archie 能定期搜集并分析 FTP 服务器上的文件名信息，提供查找分别存在各 FTP 主机中的文件。用户必须输入精确的文件名进行搜索，Archie 告诉用户哪个 FTP 服务器能下载该文件。虽然 Archie 搜集的信息资源不是网页（HTML 文件），但与搜索引擎的基本工作方式是一样的：自动搜集信息资源，建立索引，提供检索服务。所以，Archie 被公认为现代搜索引擎的鼻祖。

各搜索引擎的网站图标搜索引擎（search engine）是指根据一定的策略、运用特定的计算机程序搜集互联网上的信息，在对信息进行组织和处理后，并将处理后的信息显示给用户，是为用户提供检索服务的系统。

1．搜索引擎分类

（1）全文索引

全文搜索引擎是名副其实的搜索引擎，国外代表有 Google，国内则有著名的百度搜索。它们从互联网提取各网站的信息（以网页文字为主），建立起数据库，并能检索与用户查询条件相匹配的记录，按一定的排列顺序返回结果。

根据搜索结果来源的不同，全文搜索引擎可分为两类：一类拥有自己的检索程序（indexer），俗称"蜘蛛"（spider）程序或"机器人"（robot）程序，能自建网页数据库，搜索结果直接从自身的数据库中调用，上面提到的 Google 和百度就属于此类；另一类则是租用其他搜索引擎的数据库，并按自定的格式排列搜索结果，如 Lycos 搜索引擎。

（2）目录索引

目录索引虽然有搜索功能，但严格意义上不能称为真正的搜索引擎，只是按目录分类的网站链接列表而已。用户完全可以按照分类目录找到所需要的信息，不依靠关键词（keywords）进行查询。目录索引中最具代表性的莫过于大名鼎鼎的 Yahoo、新浪分类目录搜索。

（3）元搜索

元搜索引擎（META Search Engine）接受用户查询请求后，同时在多个搜索引擎上搜索，并将结果返回给用户。著名的元搜索引擎有 InfoSpace、Dogpile、Vivisimo 等，中文元搜索引擎中具代表性的是搜星搜索引擎。在搜索结果排列方面，有的直接按来源排列搜索结果，如 Dogpile，有的则按自定义的规则将结果重新排列组合，如 Vivisimo。

其他非主流搜索引擎包括如下。

- ❖ 集合式搜索引擎：类似元搜索引擎，但它并非同时调用多个搜索引擎进行搜索，而是由用户从提供的若干搜索引擎中选择，如 HotBot 在 2002 年底推出的搜索引擎。
- ❖ 门户搜索引擎：AOL Search、MSN Search 等虽然提供搜索服务，但自身既没有分类目录也没有网页数据库，其搜索结果完全来自其他搜索引擎。
- ❖ 免费链接列表（Free For All Links，FFA）：一般只简单地滚动链接条目，少部分有简单的分类目录，不过规模要比 Yahoo 等目录索引小很多。

2．搜索引擎工作原理

（1）抓取网页

每个独立的搜索引擎都有自己的网页抓取程序（spider）。Spider 顺着网页中的超链接，连续地抓取网页。被抓取的网页被称为网页快照。由于互联网中超链接的应用很普遍，理论上，从一定范围的网页出发，就能搜集到绝大多数的网页。

（2）处理网页

搜索引擎抓到网页后，还要做大量的预处理工作，才能提供检索服务。最重要的就是提取关键词、建立索引文件，还包括去除重复网页、分析超链接、计算网页的重要度。

（3）提供检索服务

用户输入关键词进行检索，搜索引擎从索引数据库中找到匹配该关键词的网页，为了用户便于判断，除了网页标题和 URL，还会提供一段来自网页的摘要和其他信息。

6.9.1　常用的搜索引擎

1. 常用中文搜索引擎

（1）谷歌：http://www.google.com.hk

Google 是目前世界上最优秀的支持多语种的搜索引擎之一。Google 的主要特点是容量大和查询准确。Google 目录收录了 10 亿多个网址，这些网站的内容涉猎广泛，无所不有。Google 擅长于为常见查询找出最准确的搜索结果，单击"手气不错"按钮，会直接进入最符合搜索条件的网站，省时又方便。Google 存储网页的快照，当存有网页的服务器暂时出现故障时仍可浏览该网页的内容。

（2）百度：http://www.baidu.com

百度，2000 年 1 月创立于北京中关村。百度在中文互联网拥有优势，是世界上最大的中文搜索引擎。对重要中文网页实现每天更新，用户通过百度搜索引擎可以搜到世界上最新最全的中文信息。百度在中国各地分布的服务器，能直接从最近的服务器上，把所搜索信息返回给当地用户，使用户享受极快的搜索传输速度。

（3）雅虎：http://www.yahoo.com

雅虎是世界上最著名的目录搜索引擎。雅虎中国于 1999 年 9 月正式开通，是雅虎在全球的第 20 个网站。雅虎目录是一个 Web 资源的导航指南，包括 14 个主题大类的内容。

（4）网易有道：http://www.yodao.com

网易于 2006 年 12 月推出的独立技术中文搜索引擎—有道搜索，是业内第一家推出了网页预览和即时提示功能的中文搜索引擎。目前，有道搜索已推出的产品包括网页搜索、图片搜索、音乐搜索、新闻搜索、购物搜索、海量词典、博客搜索、地图搜索、视频搜索、有道工具栏、有道音乐盒、有道阅读、有道快贴等。在中文搜索领域的多项创新，以及网易十年来的互联网服务经验和优势资源支持，有道成为中文互联网用户快捷易用的搜索新选择。

（5）搜狐：http://search.sohu.com

搜狐于 1998 年推出中国首家大型分类查询搜索引擎，到现在已经发展成为中国影响力最大的分类搜索引擎，每日页面浏览量超过 800 万，可以查找网站、网页、新闻、网址、软件、黄页等信息。

（6）新浪：http://search.sina.com.cn

新浪是互联网上规模最大的中文搜索引擎之一，设大类目录 18 个，子目录 1 万多个，收录网站 20 余万，提供网站、中文网页、英文网页、新闻、汉英辞典、软件、沪深行情、游戏等多种资源的查询。

（7）搜狗：http://www.sogou.com

搜狗是搜狐公司于 2004 年 8 月 3 日推出的完全自主技术开发的全球首个第三代互动式中文搜索引擎，是一个具有独立域名的专业搜索网站。搜狗以一种人工智能的新算法，分析和理解用户可能的查询意图，给予多个主题的"搜索提示"，在用户查询和搜索引擎返回结果的人机交互过程中，引导用户更快速、准确地定位自己所关注的内容，帮助用户快速找到相关搜索结果，并可在用户搜索冲浪时给用户未曾意识到的主题提示。

（8）Bing（必应）：http://bing.com.cn

必应是一款微软公司推出的用以取代 Live Search 的搜索引擎。微软 CEO 史蒂夫·鲍尔默（Steve Ballmer）于 2009 年 5 月 28 日在《华尔街日报》于圣迭戈（San Diego）举办的"All Things D"公布，简体中文版 Bing 于 2009 年 6 月 1 日正式对外开放访问。微软方面声称，此款搜索引擎将以全新姿态面世，将带来新革命，中文名称被定为"必应"，即"有求必应"的寓意。

（9）中国搜索：http://www.zhongsou.com

中国搜索（原慧聪搜索）2002 年正式进入中文搜索引擎市场，实现主要功能包括：桌面搜索、个性化定制新闻专题、行业资讯、对接即时通（IMU）、自写短信功能、智能搜索（按照用户天气预报设置的城市，在目标城市范围内进行搜索）。中国搜索目前提供网页、新闻、行业、网站、MP3、图片、购物、地图等搜索，其中行业搜索较有特色。

2．常用的外文搜索引擎

（1）Yahoo：http://www.yahoo.com

Yahoo 有英、中、日、韩、法、德、意、西班牙、丹麦等 10 余种语言版本，各版本的内容互不相同，提供类目、网站及全文检索功能。目录分类比较合理，层次深，类目设置好，网站提要严格清楚，但部分网站无提要。其网站收录丰富，检索结果精确度较高，有相关网页和新闻的查询链接；全文检索由 Inktomi 支持；有高级检索方式，支持逻辑查询，可限时间查询；设有新站、酷站目录。

（2）AltaVista：http://www.altavista.com/

AltaVista 有英文版和其他几种西文版，提供纯文字版搜索，提供全文检索功能，并有较细致的分类目录。其网页收录极其丰富，有英、中、日等 25 种文字的网页；搜索首页不支持中文关键词搜索，但有支持中文关键词搜索的页面；能识别大小写和专用名词，且支持逻辑条件限制查询。AltaVista 高级检索功能较强，提供检索新闻、讨论组、图形、MP3/音频、视频等检索服务以及进入频道区（zones），对诸如健康、新闻、旅游等类进行专题检索；有英语与其他语言的双向在线翻译等服务；有可过滤搜索结果中有关毒品、色情等不健康的内容的"家庭过滤器"功能。

（3）Excite：http://www.excite.com/

Excite 是一个基于概念性的搜索引擎，在搜索时不只搜索用户输入的关键字，还可"智能性"地推断用户要查找的相关内容进行搜索；除了美国站点，还有中国及法国、德国、意大利、英国等多个站点；查询时支持英、中、日、法、德、意等 11 种文字的关键字；提供类目、网站、全文及新闻检索功能。其目录分类接近日常生活，细致明晰，网站收录丰富；网站提要清楚完整；搜索结果数量多，精确度较高；有高级检索功能，支持逻辑条件限制查询（AND 及 OR 搜索）。

（4）InfoSeek：http://www.infoseek.com/（http://infoseek.go.com/）

InfoSeek 提供全文检索功能，并有较细致的分类目录，还可搜索图像。其网页收录极其丰富，以西文为主，支持简体和繁体中文检索，但中文网页收录较少；查询时能够识别大小写和成语，且支持逻辑条件限制查询（AND、OR、NOT 等）；高级检索功能较强，另有字典、事件查询、黄页、股票报价等多种服务。

（5）Lycos：http://www.lycos.com/

Lycos 是多功能搜索引擎，提供类目、网站、图像及声音文件等多种检索功能。其目录分类规范细致，类目设置较好，网站归类较准确，提要简明扼要，收录丰富；搜索结果精确度较高，尤其是搜索图像和声音文件上的功能很强；有高级检索功能，支持逻辑条件限制查询。

（6）AOL：http://search.aol.com/

AOL 提供类目检索、网站检索、白页（人名）查询、黄页查询、工作查询等多种功能。其目录分类细致，网站收录丰富，搜索结果有网站提要，按照精确度排序，方便用户得到所需结果；支持布尔操作符，包括 AND、OR、AND NOT、ADJ 和 NEAR 等；有高级检索功能，有些选项可针对用户要求在相应范围内进行检索。

（7）HotBot：http://hotbot.lycos.com/

HotBot 提供有详细类目的分类索引，网站收录丰富，搜索速度较快；功能较强的高级搜索，提供多种语言的搜索功能，以及时间、地域等限制性条件的选择等；提供音乐、黄页、白页（人名）、E-mail 地址、讨论组、公路线路图、股票报价、工作与简历、新闻标题、FTP 检索等专类搜索服务。

6.9.2　搜索引擎的使用技巧

1．搜索习惯问题

（1）在类别中搜索

许多搜索引擎（如 Yahoo）都显示类别，如计算机和 Internet、商业和经济。如果单击其中一个类别，再使用搜索引擎，可以选择搜索当前类别。显然，在一个特定类别下进行搜索所耗费的时间较少，而且能够避免大量无关的 Web 站点。

（2）使用具体的关键字

如果想要搜索以鸟为主题的 Web 站点，可以在搜索引擎中输入关键字"bird"。但是，搜索引擎会因此返回大量无关信息，如谈论高尔夫的"小鸟球（birdie）"等网页。为了避免这种问题的出现，请使用更为具体的关键字，如"ornithology"（鸟类学，动物学的一个分支）。所提供的关键字越具体，搜索引擎返回无关 Web 站点的可能性就越小。

（3）使用多个关键字

比如，想了解北京旅游方面的信息，输入"北京　旅游"这样才能获取与北京旅游有关的信息；如果想了解北京居住证方面的信息，可以输入"北京　居住证"进行搜索；如果要下载名叫"绿袖子"的 MP3，就输入"绿袖子　下载"来搜索。

例如，如果想搜索有关佛罗里达州迈阿密市的信息，则输入两个关键字"Miami"和

"Florida"。如果只输入其中一个关键字，搜索引擎会返回诸如 Miami Dolphins 足球队或 Florida Marlins 棒球队的无关信息。一般而言，提供的关键字越多，搜索引擎返回的结果越精确。

2．搜索语法问题

（1）基本的搜索语法

专业的搜索引擎一般会实现一个搜索语法，基本的搜索语法有以下逻辑运算符。

❖ 与（+、空格）：查询词必须出现在搜索结果中。

❖ 或（OR、|）：搜索结果可以包括运算符两边的任意一个查询词。

❖ 非（-）：要求搜索结果中不含特定查询词。

例如，搜索"干洗 AND 连锁"（AND 可以用空格代替），将返回以干洗连锁为主题的 Web 网页。如果想搜索所有包含"干洗"或"连锁"的 Web 网页，只需输入关键字"干洗 OR 连锁"（OR 可以用"|"代替，百度中使用"|"比较准），搜索会返回与干洗有关或者与连锁有关的 Web 站点。

又如，搜索"射雕英雄传"，希望得到的是关于武侠小说方面的内容，却发现很多关于电视剧的网页，那么可以改为"射雕英雄传-电视剧"。用减号语法可以去除所有这些含有特定关键词的网页。前一个关键词和减号之间必须有空格，否则减号会被当成连字符处理，而失去减号语法的功能。减号和后一个关键词之间有无空格均可。

（2）把搜索范围限定在网页标题中 intitle

网页标题通常是对网页内容提纲挈领式的归纳。把查询内容范围限定在网页标题中，有时能获得良好的效果。使用的方式是把查询内容中特别关键的部分用"intitle:"修饰。

例如，找刘谦的魔术，就可以这样查询"魔术 intitle:刘谦"。注意："intitle:"与后面的关键词之间不要有空格。

（3）把搜索范围限定在特定站点中 site

有时候，如果知道某个站点中有自己需要找的东西，就可以把搜索范围限定在这个站点中，以提高查询效率。使用的方式是在查询内容的后面加上"site:站点域名"。

例如，要从查询 QQ 聊天工具的下载，可以这样查询"qq site:skycn.com"。"site:"后面跟的站点域名不要有"http://"，"site:"与站点名之间不要有空格。

site 语法的另一个用处是查看一个网站被搜索引擎收录的情况，如通过 site:search.rayli. com.cn 可以看出 Google 中收录了多少条瑞丽搜索的信息。这些信息对于搜索引擎优化（SEO）是有参考价值的。

（4）把搜索范围限定在 URL 链接中 inurl

网页 URL 中的某些信息常常具有某种有价值的含义。如果对搜索结果的 URL 做某种限定，就可以获得良好的效果。实现的方式是用"inurl:"后跟需要在 URL 中出现的关键词。

例如，查找关于 Word 的使用技巧，可以这样查询"Word inurl:技巧"。上面这个查询串中的"Word"可以出现在网页中的任何位置，"技巧"则必须出现在网页 URL 中。注意："inurl:"与后面所跟的关键词之间不要有空格。

（5）精确匹配——双引号和书名号

如果输入的查询词很长，搜索引擎在经过分析后，给出搜索结果中的查询词可能是拆分的。如果对这种情况不满意，可以让搜索引擎不拆分查询词。给查询词加上双引号，就可以达到这种效果。

例如，搜索"中山大学南方学院"，如果不加双引号，搜索结果会被拆分，效果不是很好，加上双引号后，即搜索""中山大学南方学院""，获得的结果就全是符合要求的了。

书名号是中文搜索独有的一个特殊查询语法。在有些搜索引擎中，书名号会被忽略，而在百度、谷歌等搜索中，中文书名号可被查询。加上书名号的查询词有两层特殊功能：一是书名号出现在搜索结果中；二是在书名号中的内容不会被拆分。书名号在某些情况下特别有用，如查名字很通俗和常用的那些电影或者小说。比如，搜索电影《手机》，如果不加书名号，很多情况下搜出来的是通信工具——手机，加上书名号后，搜索结果基本是关于电影方面的了。

（6）搜索特定文件类型中的关键词 filetype

以"filetype:"语法来对搜索对象做限制，冒号后是文档格式，如 PDF、DOC、XLS 等。例如，"旅游 filetype:pdf"的搜索结果将返回包含旅游的 PDF 格式的文档。注意："filetype"与前面的关键词之间必须有空格。

3．一些常见错误

（1）错别字

经常发生的一种错误是输入的关键词含有错别字。每当你觉得某种内容在网络上应该有不少却搜索不到结果时，就应该先查一下是否有错别字。

（2）关键词太常见

搜索引擎对常见词的搜索存在缺陷，因为这些词曝光率太高了，以致出现在成百万网页中，使得它们事实上不能被用来帮你找到什么有用的内容。比如，搜索"电话"，有无数网站提供跟"电话"相关的信息，从网上黄页到电话零售商到个人电话号码都有。所以当搜索结果太多太乱的时候，应该尝试使用更多的关键词或者减号来搜索。

（3）多义词

要小心使用多义词，如搜索"Java"，你要找的信息究竟是太平洋上的一个岛、一种著名的咖啡，还是一种计算机语言？搜索引擎是不能理解辨别多义词的。最好的解决办法是，在搜索之前先问自己这个问题，然后用短语、用多个关键词或者用其他词语来代替多义词作为搜索的关键词。比如，用"爪哇 印尼""爪哇 咖啡""Java 语言"分别搜索可以满足不同的需求。

（4）不会输关键词，想要什么输什么

搜索失败的另一个常见原因是类似这样的搜索："当爱已成往事歌词""南方都市报发行情况""广州到武汉列车时刻表"。其实搜索引擎是很机械的，用关键词搜索的时候，它只会把含有这个关键词的网页找出来，而不管网页上的内容是什么。

而问题在于，没有一个网页上会含有"当爱已成往事歌词"和"广州到武汉列车时刻表"这样的关键词，所以搜索引擎也找不到这样的网页。但是真正含有你想找的内容的网页，应该含有的关键词是"当爱已成往事""歌词""广州""武汉""列车时刻表"，所以应该这样搜索："当爱已成往事 歌词""南方都市报 发行""广州 武汉 列车时刻表"。

当搜索结果太少甚至没有的时候，应该输入更简单的关键词来搜索，猜测你找的网页中可能含有的关键词，然后用那些关键词搜索。

6.9.3　百度搜索引擎

在 IE 或者其他浏览器的地址栏中输入百度网站的网址"http://www.baidu.com"，按 Enter

键，进入百度搜索网站的首页，如图 6-15 所示。

图 6-15　百度首页

1．基本搜索

（1）搜索很简单

只要在搜索框中输入关键词，并单击"百度一下"按钮，就会自动找出相关的网站和资料。百度会寻找所有符合全部查询条件的资料，并把最相关的网站或资料排在前列。

小技巧：输入关键词后，可直接按 Enter 健，百度会自动找出相关的网站或资料。

（2）用好关键词

关键词，就是输入搜索框中的文字，也就是命令百度寻找的东西。可以在百度中寻找任何内容，所以关键词的内容可以是：人名、网站、新闻、小说、软件、游戏、星座、工作、购物、论文……

关键词可以是任何中文、英文、数字，或中文英文数字的混合体。例如，可以搜索"大话西游""windows""F-4 赛车"。

关键词可以是一个，也可以是两个、三个、四个词语，甚至可以是一句话。例如，可以搜索"爱""风景""电影""过关 攻略 技巧""这次第，怎一个愁字了得！"。

注意：多个关键词之间必须有一个空格。

① 使用准确的关键词。百度搜索引擎要求"一字不差"。例如，分别输入"[张宇]"和"[张雨]"，搜索结果是不同的；分别输入"[电脑]"和"[计算机]"，搜索结果也是不同的。因此，若对搜索结果不满意，建议检查输入文字有无错误，并换用不同的关键词搜索。

② 输入多个关键词搜索，可以获得更精确更丰富的搜索结果。例如，搜索"北京 居住证"，可以找到几万篇资料，而搜索"北京居住证"，则只有严格含有"北京居住证"连续 5 个字的网页才能被找出来，不但找到的资料只有几百篇，资料的准确性也比前者差得多。

因此，当要查的关键词较为冗长时，建议将它拆成几个关键词来搜索，词与词之间用空格隔开。多数情况下，输入两个关键词搜索，就已经有很好的搜索结果。

2．百度网页搜索特色

（1）百度快照

百度快照是百度网站最具魅力和实用价值的一方面。

百度搜索引擎已先预览各网站，保存网页的快照，为用户存储大量应急网页。百度快照功能在百度的服务器上保存了几乎所有网站的大部分页面，使用户在不能链接所需网站时，百度为用户暂存的网页也可救急，而且通过百度快照寻找资料要比常规链接的速度快得多。因为：

① 百度快照的服务稳定，下载速度极快，不会再受死链接或网络堵塞的影响。

② 在快照中，关键词均已用不同颜色在网页中标明，一目了然。

③ 单击快照中的关键词，还可以直接跳到它在文中首次出现的位置，使用户浏览网页更方便。

（2）相关检索

如果无法确定输入什么关键词才能找到满意的资料，百度相关检索可以提供帮助。

可以先输入一个简单词语搜索，百度搜索引擎会提供"其他用户搜索过的相关搜索词"作参考。单击任何一个相关搜索词，都能得到那个相关搜索词的搜索结果。

（3）拼音提示

如果只知道某个词的发音，却不知道怎么写，或者嫌某个词拼写输入太麻烦，可以输入查询词的汉语拼音，百度就能把最符合要求的对应汉字提示出来。它事实上是一个无比强大的拼音输入法。拼音提示显示在搜索结果下方，如输入"liqingzhao"，在下端会显示以"李清照"开头的若干信息。

（4）错别字提示

由于汉字输入法的局限性，我们在搜索时经常会输入一些错别字，导致搜索结果不佳。这时百度会给出错别字纠正提示。错别字提示显示在搜索结果上方。如输入"唐醋排骨"，提示为"您要找的是不是：糖醋排骨"。

（5）英汉互译词典

百度网页搜索内嵌英汉互译词典功能。如果想查询英文单词或词组的解释，可以在搜索框中输入想查询的"英文单词或词组"+"是什么意思"，搜索结果第一条就是英汉词典的解释，如"received 是什么意思"；如果想查询某个汉字或词语的英文翻译，可以在搜索框中输入想查询的"汉字或词语"+"的英语"，搜索结果第一条就是汉英词典的解释，如"龙的英语"。另外，可以单击搜索框右上方的"词典"链接，到百度词典中查看想要的词典解释。

（6）计算器和度量衡转换

百度网页搜索内嵌的计算器功能，能快速高效地解决我们的计算需求。只需简单地在搜索框中输入计算式，回车即可，如可以查看这个复杂计算式的结果"log((sin(5))^3)-5+pi"。

注意：如果要搜索的是含有数学计算式的网页，而不是进行数学计算，单击搜索结果上的表达式链接，就可以达到目的。

在百度的搜索框中，也可以做度量衡转换，格式为"换算数量换算前单位=?换算后单位"，如"-5 摄氏度=?华氏度"。

（7）专业文档搜索

很多有价值的资料在互联网上并非是普通的网页，而是以 Word、PowerPoint、PDF 等格式存在。百度支持对 Office 文档（包括 Word、Excel、PowerPoint）、Adobe PDF 文档、RTF 文档进行全文搜索。要搜索这类文档很简单，在普通的查询词后面加一个"filetype:"文档类型限定。"filetype:"后可以跟以下文件格式：DOC、XLS、PPT、PDF、RTF、ALL。其中，ALL表示搜索所有这些文件类型。例如，查找张五常关于交易费用方面的经济学论文，"交易费用张五常 filetype:doc"，单击结果标题，直接下载该文档，也可以单击标题后的"HTML版"快速查看该文档的网页格式内容。

也可以通过"百度文档搜索"界面（http://file.baidu.com/），直接使用专业文档搜索功能。

（8）高级搜索语法

① 排除无关资料

有时候，排除含有某些词语的资料有利于缩小查询范围。百度支持"-"功能，用于有目的地删除某些无关网页，但减号之前必须有一个空格，语法是"A-B"。例如，要搜寻关于"言情小说"，但不含"琼瑶"的资料，可使用如下查询"言情小说 -琼瑶"。

② 并行搜索

使用"A|B"来搜索"或者包含关键词A，或者包含关键词B"的网页。例如，要查询"风情"或"壁画"相关资料，无须分两次查询，只要输入"风情|壁画"搜索即可，百度会提供与"|"前后任何关键词相关的网站和资料。

③ 在指定网站内搜索

在一个网址前加"site:"，可以限制只搜索某个具体网站、网站频道或某域名内的网页。例如，"intel site:com.cn"表示在域名以"com.cn"结尾的网站内搜索与"intel"相关的资料。

④ 在标题中搜索

在一个或几个关键词前加"intitle:"，可以限制只搜索网页标题中含有这些关键词的网页。例如，"intitle:维生素C"表示搜索标题中含有关键词"维生素C"的网页。

⑤ 在URL中搜索

在"inurl:"后加URL中的文字，可以限制只搜索URL中含有这些文字的网页。例如，"inurl:mp3"表示搜索URL中含有"mp3"的网页。

（9）高级搜索

如果希望更准确地利用百度进行搜索，又不熟悉复杂的搜索语法，可以使用百度高级搜索功能。使用高级搜索可以更轻松地定义要搜索的网页的时间、地区，语言、关键词出现的位置及关键词之间的逻辑关系等。高级搜索功能将使百度搜索引擎功能更完善，使用百度搜索引擎查找信息也将更加准确、快捷。

（10）个性设置

可以自己设置在使用百度时的搜索结果是显示10条、20条还是50条，是喜欢在新窗口中打开网页还是在同一窗口中打开，是否在百度网页搜索结果中显示相关的新闻等。当完成个性设置后，下次再次进入百度进行搜索时，百度会按照所设置偏好提供个性化百度搜索。

3．其他功能

（1）新闻搜索

百度新闻（news.baidu.com）不含任何人工编辑成分，没有新闻偏见，真实地反映每时每刻的新闻热点，突出新闻的客观性和完整性。每天发布150000～160000条，365天，7×24小时，每1小时的每1分钟，永不休息，风雨无阻。

（2）MP3 搜索

百度 MP3 搜索（mp3.baidu.com）是百度在天天更新的数十亿中文网页中提取 MP3 链接从而建立的庞大 MP3 歌曲链接库。百度 MP3 搜索拥有自动验证链接有效性的卓越功能，总是把最优的链接排在前列，最大化保证用户的搜索体验。只需输入关键词，就可以搜到各种版本的相关 MP3。

（3）图片搜索

百度图片搜索（image.baidu.com）是世界上最大的中文图片搜索引擎，百度从数十亿中文网页中提取各类图片。到目前为止，百度图片搜索引擎可检索图片已经近亿张。只需输入关键词，就可以搜索到相关图片。

（4）百度搜索伴侣

百度搜索伴侣是最新一代的互联网冲浪方式。它使 IE 浏览器地址栏增加百度搜索引擎功能，用户无须登录百度网站，直接利用浏览器地址栏，可快速访问相关网站，或快速获得百度搜索结果。

（5）百度搜霸

百度搜霸工具条将安装于 IE 浏览器的工具条中，让用户在访问互联网上任何网站时，随时使用百度搜索引擎轻松查找，提供的功能有：站内搜索、新闻搜索、图片搜索、MP3 搜索、Flash 搜索、关键词高亮、页面找词、自动屏蔽弹出窗口等。

6.9.4　必应搜索引擎

必应搜索中文的网址为 https://cn.bing.com/，其首页如图 6-16 所示。必应是微软全球搜索品牌 Bing 的中文搜索品牌，于 2009 年 5 月 29 日正式推出。

图 6-16　必应搜索中文首页

1．必应搜索特点

必应搜索主要有以下特点。

（1）必应之美：每日首页美图

必应搜索将来自世界各地的高质量图片设置为首页背景，并加上与图片紧密相关的热点搜索提示，使用户在访问必应搜索的同时获得愉悦体验和丰富信息。

（2）与 Windows 操作系统深度融合

通过与 Windows 10 在操作系统层面的深度融合，必应为用户带来了全新的沉浸式搜索体验——必应超级搜索功能（Bing Smart Search）。通过该功能，用户不需打开浏览器或单击任何按钮，直接在 Windows 10 搜索框中输入关键词，就能一键获得来自互联网、本机以及应用商店的准确信息，从而颠覆传统意义上依赖于浏览器的搜索习惯，实现搜索的"快捷直达"。

（3）全球搜索与英文搜索

中国存在着大量具有英文搜索需求的互联网用户。但中国目前几乎没有搜索引擎，可为广大用户带来更好的国际互联网搜索结果体验。凭借先进的搜索技术，以及多年服务于英语用户的丰富经验，必应更好地满足了中国用户对全球搜索——特别是英文搜索的刚性需求，实现稳定、愉悦、安全的用户体验。

（4）输入中文，全球搜图

必应图片搜索一直是用户使用率最高的垂直搜索产品之一。为了帮助用户找到最适合的精美图片，必应率先实现了中文输入全球搜图。用户不需要用英文进行搜索，只需输入中文，必应将自动为用户匹配英文，帮助用户发现来自全球的合适图片。

（5）跨平台，必应服务应用产品

必应搜索与亿万中国用户相随相伴。用户可以登录必应网页，或者打开内置 Windows 10 操作系统的必应应用，或者直接按下 Windows Phone 手机的搜索按钮，均可一站直达必应搜索，轻松享有网页、图片、视频、词典、翻译、资讯、地图等全球信息搜索服务。

2．必应搜索

必应搜索方法与百度搜索相似，普通搜索通常是在搜索框中输入关键字，如搜索"高考分数线"，选中"国内版"，然后单击搜索按钮 $\mathcal{P}$（或者直接按 Enter 键），结果就出来了。

注意：文中搜索语法外面的引号仅起引用作用，不能带入搜索栏中。以上为必应搜索的基本搜索。

除了基本搜索，下面介绍常用的关键词搜索技巧。

（1）contains：只搜索包含指定文件类型的链接的网站

若搜索包含"音乐"的 WMA 文件类型的链接的网站，则输入：

```
音乐 contains:wma
```

（2）filetype：仅返回以指定文件类型创建的网页

若查找"演讲技巧"的 PDF 格式的文件，则在搜索框中输入：

```
演讲技巧 filetype:pdf
```

若查找"演讲技巧"的 PPT 格式文件，则在搜索框中输入：

```
演讲技巧 filetype:ppt
```

（3）ip：查找特定 IP 地址的网站

IP 地址必须是以英文句点分开的地址

如查找 IP 地址为 217.4.249.222 的网站，则在搜索框中输入：

```
ip:217.4.249.222
```

（4）language：返回指定语言的网页

在关键字"language:"后面直接指定语言代码。使用搜索生成器中的"语言"功能也可以指定网页的语言。

若只需查看有关"斐济"的英文网页，则在搜索框中输入：

斐济 language:en

（5）prefer：着重强调某个搜索条件或运算符，以限定搜索结果

若要查找"烤鸭"的相关网页，但搜索内容主要限定在北京，则在搜索框中输入：

烤鸭 prefer:北京

（6）site：返回属于指定网站的网页

若要搜索两个或更多域，使用逻辑运算符 OR 对域进行分组。

例如，需要在去哪儿和携程网站中搜索"夏威夷"，则在搜索框中输入：

夏威夷 site: qunar.com OR ctrip.com

3．图片搜索

在必应首页单击"图片"链接，就进入了必应的图片搜索界面，可以在搜索框中输入描述图片内容的关键字。

4．必应学术搜索

在必应首页单击"学术"链接，就进入了必应的学术搜索界面，可以在搜索框中输入所有搜索文献的关键词。

6．视频搜索

在必应首页单击"视频"链接，就进入了必应的视频搜索界面，可以在搜索框中输入描述视频内容的关键字。

7．必应词典

必应词典是微软首款中英文智能词典，不仅提供中英文单词和短语查询，还拥有词条对比等众多特色功能，能够为英文写作提供帮助。

8．必应地图

微软必应地图全面支持国内外地图浏览和出行规划，并提供地点搜索、公共交通线站查询、自驾车导航、路况查询和位置定位等功能。图 6-17 是必应地图的搜索结果。

图 6-17　必应地图搜索

6.10 文献检索

6.10.1 单库检索——中国期刊全文数据库

单库检索是指用户只选择某一数据库所进行的检索及其后续的相关操作。在进行数据库检索前，需要根据检索需求确定检索目标，然后选择数据库。例如，查找某学科领域某研究发展方向的论文综述，或查找某位作者发表的文章，可检索《中国期刊全文数据库》；查找某位研究生或某学科某方向学位论文，可检索《中国优秀博硕士学位论文全文数据库》；查找某篇会议论文或某届某个主题的会议论文，可检索《中国重要会议论文集全文数据库》。不同的数据库因收录文献不同其检索项也会不同。不同的检索项有不同的检索功能和价值，可满足不同的检索需求。下面以中国期刊全文数据库的检索为例说明如何进行检索。

CNKI（中国知识基础设施工程）中的中国期刊全文数据库是目前世界上最大的连续动态更新的中国期刊全文数据库，收录国内9100多种重要期刊，以学术、技术、政策指导、高等科普及教育类为主，同时收录部分基础教育、大众科普、大众文化和文艺作品类刊物，内容覆盖自然科学、工程技术、农业、哲学、医学、人文社会科学等领域，全文文献总量3252多万篇。产品分为十大专辑：理工A、理工B、理工C、农业、医药卫生、文史哲、政治军事与法律、教育与社会科学综合、电子技术与信息科学、经济与管理。十个专辑下分168个专题和近3600个子栏目。

可以通过CNKI的网址http://www.cnki.net，或者各高校图书馆的"数字资源"，登录中国知网数据库并进行文献检索。该数据库检索主页如图6-18所示，首页中列出了所有的数据库类型，下面以"期刊"数据库为例进行介绍。

图6-18 中国期刊全文数据库检索主页

1. 初级检索

在图6-18中单击"期刊"，跳转至期刊检索页面的初级检索窗口，初级检索是一种简单检索，这一功能不能实现多检查项的逻辑组配检索，但该系统所设初级检索具有多种功能，如简单检索、多项单词逻辑组合检索、词频控制、词扩展等。期刊及初级检索窗口如图6-19所示。

图 6-19　期刊数据库初级检索

多项单词逻辑组合检索：多项是指可选择多个检索项，通过单击"逻辑"下方的"增加一逻辑检索行"；单词是指每个检索项中只可输入一个词；逻辑是指每一检索项之间可使用逻辑与、逻辑或、逻辑非进行项间组合。

最简单的检索只需输入检索词，单击"检索"按钮，则系统将在默认的"主题"（题名、关键词、摘要）项中进行检索，任一项中与检索条件匹配者均为命中记录。

【例 6-4】　检索有关"物理学"的 2014 年期刊的全部文献。

Step1：选择"中国期刊全文数据库"。

Step2：选择检索项"主题"。

Step3：输入检索词"物理学"。

Step4：选择从"2014"到"2014"。

Step5：选择"来源类别"中的"全部期刊"。

Step6：选择"匹配"中的"精确"。

Step7：选择"排序"中的"主题排序"。

Step8：选择"每页"中的"50"，如图 6-20 所示。

Step9：单击"检索"。

图 6-20　中国期刊全文数据库单库初级检索

2．高级检索

高级检索是一种比初级检索要复杂一些的检索方式，也可以进行简单检索。高级检索特有功能如下：多项双词逻辑组合检索、双词频控制。

①　多项是指可选择多个检索项。

② 双词是指一个检索项中可输入两个检索词（在两个输入框中输入），每个检索项中的两个词之间可进行 5 种组合：并且、或者、不包含、同句、同段，每个检索项中的两个检索词可分别使用词频、最近词、扩展词。

③ 逻辑是指每个检索项之间可使用逻辑与、逻辑或、逻辑非进行项间组合。

单击图 6-19 所示页面中的"高级检索"按钮，就能进入高级检索页面，如图 6-21 所示。

图 6-21　高级检索栏

【例 6-5】　要求检索 2010 年发表的篇名中包含"化学"，不要篇名中包含"进展""综述""评述"的期刊文章。

Step1：在图 6-21 中单击"删除"按钮□，删除一个检索行。

Step2：使用三行逻辑检索行，每行选择检索项"篇名"，输入检索词"化学"。

Step3：选择"同一检索项中另一检索词（项间检索词）的词间关系"下的"不含"。

Step4：在三行中的第二检索词框中分别输入"进展""综述""评述"。

Step5：选择三行的项间逻辑关系（检索项之间的逻辑关系）"并且"。

Step6：选择检索控制条件"从 2014 到 2014"，如图 6-22 所示。

图 6-22　中国期刊全文数据库高级检索

Step7：单击"检索"按钮。

3．专业检索

专业检索比高级检索功能更强大，但需要检索人员根据系统的检索语法编制检索式进行检索，适用于熟练掌握检索技术的专业检索人员。

本系统提供的专业检索分单库和跨库。单库专业检索执行各自的检索语法表，跨库专业检索原则上可执行所有跨库数据库的专业检索语法表，但由于各库设置不同，会导致有些检索式不适用于所有选择的数据库。

单击图 6-19 所示页面中的"专业检索"按钮，就能进入专业检索页面，如图 6-23 所示。

图 6-23　专业检索栏

（1）检索项

单库专业检索表达式中可用检索项名称见检索框上方的"可检索字段"，构造检索式时应采用"()"前的检索项名称，不要用"()"括起来的名称。"()"内的名称是在初级检索、高级检索的下拉检索框中出现的检索项名称。

例如，"中文刊名&英文刊名(刊名)"代表含义：检索项"刊名"实际检索使用的检索字段为两个字段："中文刊名"或者"英文刊名"。读者使用初级检索"刊名"为"南京社会科学"，等同于使用专业检索：

中文刊名 = 南京社会科学 OR 英文刊名 = 南京社会科学

（2）逻辑组合检索

① 使用"专业检索语法表"中的运算符构造表达式，使用前请详细阅读其说明。

② 多个检索项的检索表达式可使用"AND""OR""NOT"逻辑运算符进行组合。

③ 三种逻辑运算符的优先级相同。

④ 如要改变组合的顺序，请使用"()"将条件括起。

（3）符号

① 所有符号和英文字母（包括下表所示操作符），都必须使用英文半角字符。

② 逻辑关系符号 AND（与）、OR（或）、NOT（非）前后要空一格。

③ 字符计算：按真实字符（不按字节）计算字符数，即一个全角字符、一个半角字符均算一个字符。

④ 使用"同句""同段""词频"时，请注意：用一组西文单引号将多个检索词及其运算符括起，如"'流体 # 力学'"；运算符前后需要空一格，如"'流体 # 力学'"。

【例 6-6】　检索张红在武汉大学或广州大学时发表的文章。

检索式：

作者=张红 AND (单位=武汉大学 OR 单位=广州大学)

【例 6-7】　检索张红在武汉大学期间发表的题名或摘要中都包含"化学"的文章。

检索式：

作者=张红 AND 单位=武汉大学 AND （题名=化学 OR 摘要=化学）

6.10.2 跨库检索

跨库检索首页是跨库检索各种功能最齐备的页面，可单击图 6-19 首页右上方的"跨库选择"命令，弹出如图 6-24 所示的菜单，从中可根据需要进行选择。

图 6-24 跨库检索 1

选择完成后，单击图 6-19 中的"高级检索"可进入跨库检索页面，如图 6-25 所示。跨库检索中的高级检索、专业检索等检索方式与单库检索类似。

图 6-25 跨库检索 2

本章小结

本章主要介绍了计算机网络基础知识，包括网络的定义、分类等基础知识，以及局域网的定义、网络的接入方式，介绍了 Internet 的基础知识和应用、Edge 浏览器的使用、网页收藏、Web 笔记和文件的上传和下载，以及网络安全、网络故障的诊断与排除等内容。本章还简单介绍了搜索引擎的分类、原理及一些比较常用的中英文搜索引擎，还介绍了搜索引擎的使用技巧，其中包括搜索的习惯、搜索的语法及一些常见的错误。掌握好这些知识，可以进行有效的搜索。本章详细介绍了日常生活中最常用到的百度及必应两个搜索引擎，最后对如何在中国知网中进行文献检索进行了介绍，为以后毕业设计（论文）做准备。

通过本章的学习，读者可以提高信息获取及利用最新信息的能力。

参考文献

[1]　陈意云，王行刚．计算机发展简史．北京：科学出版社，1985．

[2]　王贺明．大学计算机基础（第2版）．北京：清华大学出版社，2008．

[3]　陈良银，邢建川等．大学计算机应用基础．北京：清华大学出版社，2008．

[4]　袁方，王兵，李继民．计算机导论（第2版）．北京：清华大学出版社，2009．

[5]　J. Glenn Brokshear．Computing Science: An Overview(Seventh Edition)．北京：清华大学出版社，2004．

[6]　华文科技．新编 Office 2016 应用大全．北京：机械工业出版社，2017．

[7]　龙马高新教育．Office 2016 办公应用从入门到精通．北京：北京大学出版社，2016．

[8]　恒盛杰资讯．最新 Office 2016 高效办公三合一．北京：机械工业出版社，2016．

[9]　卞诚君．完全掌握 Office 2016 高效办公．北京：机械工业出版社，2016．

[10]　张志，刘俊，包翔．说服力——让你的 PPT 会说话．北京：人民邮电出版社，2010．

[11]　Garr Reynolds．演说之禅．北京：电子工业出版社，2009．

[12]　龙马工作室．PowerPoint 2010 从新手到高手．北京：人民邮电出版社，2011．

[13]　刘海燕，施教芳．PowerPoint 2010 从入门到精通．北京：中国铁道出版社，2011．

[14]　殷慧文．PowerPoint 2010 办公应用快易通．北京：人民邮电出版社，2012．

[15]　龙马高新教育．电脑办公（Windows 10 + Office 2013）入门与提高．北京：人民邮电出版社，2016．

[16]　龙马高新教育．Windows 10 使用方法与技巧从入门到精通．北京：北京大学出版社，2016．

[17]　武新华，李书梅．Windows 10 从入门到精通．北京：机械工业出版社，2016．

[18]　http://office.microsoft.com/zh-cn/

[19]　http://www.baidu.com

[20]　http://www.google.com.hk

[21]　http://www.cnki.net

[22]　http://www.eesc.com.cn/html/column/20071210/618.html